21世纪高等教育
数字艺术类规划教材

Rhino 5.0 & KeyShot

产品设计 实例教程

第2版

U0381797

艾萍 赵博 主编

人民邮电出版社

北 京

图书在版编目（CIP）数据

Rhino 5.0 & KeyShot 产品设计实例教程 / 艾萍,
赵博主编. -- 2版. -- 北京 : 人民邮电出版社,
2021.9（2024.1重印）
21世纪高等教育数字艺术类规划教材
ISBN 978-7-115-49593-8

Ⅰ. ①R… Ⅱ. ①艾… ②赵… Ⅲ. ①产品设计－计算
机辅助设计－应用软件－高等学校－教材 Ⅳ.
①TB472-39

中国版本图书馆CIP数据核字(2018)第228857号

内 容 提 要

本书重点介绍利用 Rhino 5.0 进行产品建模的方法和技巧。基础理论部分包括点、线、面的构成及点、线对最终模型精度与连续性的影响因素等；渲染部分重点介绍 KeyShot 渲染器的相关知识；案例部分则选择工业设计领域中较为经典的几类产品进行讲解。本书在设计理念和设计思路的引导下，通过简洁的设计知识介绍和精美实用的案例解析，引领读者掌握各种设计表达理念及技巧，轻松步入专业设计的新领域。

为方便读者学习，本书配套资源收录了书中相关案例用到的素材文件、最终渲染效果图和模型、渲染源文件等供读者参考。

本书内容翔实、图文并茂、操作性和针对性较强，主要面向从事工业产品设计工作的广大读者，也可作为高等院校工业设计专业和相关专业师生的教学、自学参考书及工业设计初、中级社会培训班的教材。

♦ 主　编　艾　萍　赵　博

　　责任编辑　李　召

　　责任印制　王　郁　马振武

♦ 人民邮电出版社出版发行　　北京市丰台区成寿寺路 11 号

　　邮编 100164　　电子邮件 315@ptpress.com.cn

　　网址 https://www.ptpress.com.cn

　　固安县铭成印刷有限公司印刷

♦ 开本：787×1092　1/16

　　印张：18.5　　　　　　　　　　2021 年 9 月第 2 版

　　字数：452 千字　　　　　　　　2024 年 1 月河北第 4 次印刷

定价：59.80 元

读者服务热线：(010)81055256　印装质量热线：(010)81055316
反盗版热线：(010)81055315
广告经营许可证：京东市监广登字 20170147 号

本书内容和特点

Rhino 是由美国 Robert McNeel & Associates 公司开发的、基于 NURBS 原理的高级建模软件，因其功能强大、上手容易、能够自由地表现设计概念等特点而被广大产品设计人员所推崇，在高校工业设计专业也有着广泛的用户群体，同时也成为学习 Alias、MAYA 等高端 NURBS 软件的必学基础内容。KeyShot 是一个互动型的光线追踪与全域光渲染软件，无须复杂设定即可产生照片般真实的 3D 渲染影像，是目前比较流行的渲染软件之一，为工业设计师提供了非常便利的工具平台。

本书以 Rhino 5.0 建模为重点，旨在让读者从基础理论开始透彻理解 Rhino 5.0，重在培养读者自行分析与研究创新能力。本书选择了工业设计领域中较为经典的几类产品作为设计案例，强调建模的精确度；通过展示建模分步图及最终渲染效果图等，使读者对建模思路有清晰的了解并掌握产品设计的一般程序和方法。渲染部分针对 KeyShot 渲染器进行讲解，围绕典型案例主要讲解各种典型材质的表现技巧，并对常用材质的特点与调节要点做经验总结。

党的二十大报告中提到："全面提高人才自主培养质量，着力造就拔尖创新人才，聚天下英才而用之。"本书以循序渐进的方式，由简单到复杂地安排案例的学习，每个案例都有详细的操作步骤，读者只要根据这些操作步骤一步步操作，就可完成每个案例，轻松掌握软件的操作技巧。随着学习的深入，案例综合性越来越强，读者学完后，能够真正达到学以致用的目的，既有了一定的成就感，也培养了学习兴趣。

配套资源内容及用法

本书附有二维码，扫一扫即可随时观看相关案例讲解视频及用到的彩图，供读者在学习过程中参考使用。本书配套资源可登录人邮教育社区 www.ryjiaoyu.com 下载，其主要内容如下。

1."Map"目录

"Map"目录下存放本书案例用到的相关视图、贴图及 HDRLS 图片。

2."案例源文件"目录

"案例源文件"目录下存放本书所有案例的制作源文件，包括案例模型源文件及相应的渲染源文件。读者在制作完成后，可以打开源文件进行比较。

3."渲染效果图"目录

"渲染效果图"目录下存放本书案例的最终渲染效果图供读者参考。读者如果在操作过程中遇到困难，可以参照这些效果进行学习。

　　参与本书编写的还有韩怀邦、于钦鹏、葛要伟、王圣江等，在此向他们表示衷心的感谢！同时也深深感谢支持和关心本书出版的所有朋友！

　　感谢您选择了本书，希望我们的努力对您的工作和学习有所帮助，也欢迎您把对本书的意见和建议告诉我们。电子邮箱：laohu@public.qd.sd.cn。

老虎工作室
2023 年 5 月

Rhino 5.0 & KeyShot

1 Chapter

第 1 章
计算机辅助工业设计概述

在科技与经济迅速发展的今天，工业设计得到了前所未有的发展机遇，设计的观念得以转变，设计的手法更是变得多样化，特别是计算机技术的迅猛发展和计算机辅助设计的广泛应用，极大地改变了工业设计的技术手段、程序与方法，使得工业设计师能更方便、更快捷、更透彻地表达自己的设计理念和创意。

1.1 工业设计的概念

自 1919 年美国设计师西奈尔首次定义"工业设计"一词开始，现代工业产品设计便有了迅猛的发展。

1964 年，国际工业设计协会联合会（International Council of Societies of Industrial Design，ICSID）将工业设计的定义阐述为："工业设计是一种创造性活动，它的目的是决定工业产品的造型质量，这些质量不但包括外部特征，而且包括结构和功能的关系，它从生产者和使用者的角度使一个系统成为连贯的统一体。工业设计可扩大到包括人类环境的一切方面，仅受工业生产可能性的限制"。

1980 年，ICSID 对工业设计的定义做出了修正："就批量生产的工业产品而言，凭借训练、技术知识、经验及视觉感受，而赋予材料结构、形态、色彩、表面加工及装饰性的品质和资格的过程，叫作工业设计"。从广义上讲，工业设计是一门多学科有机融合的边缘学科，它涵盖科学、艺术、环境、技术、材料、工艺、心理、创造发明、人机工程学及美学等各个方面，将研究重点放在人—产品—环境三者的关系上。只要是以批量化大生产方式加工出的产品，都是工业设计的设计对象。但从实用和狭义角度来看，工业设计以立体的工业产品为主要对象，因此有时工业设计也称为产品设计。

2006 年，ICSID 对工业设计的最新定义："工业设计是一种创造性的活动，其目的是为物品、过程、服务以及它们在整个生命周期中构成的系统建立起多方面的品质。因此，工业设计既是创新技术人性化的重要因素，也是经济文化交流的关键因素。"

从以上定义可以看出，创造性是工业设计的核心，工业设计实际上已成为一门集当代市场、经济、文化、艺术、科学技术等多种知识于一体的交叉科学，是企业创新开发产品的关键环节，是提高产品附加值和市场竞争力的有效手段，它实现了将原料的形态改变为更有价值的形态。工业设计师通过对人的生理、心理、生活习惯等一切自然属性和社会属性的认知，进行产品的功能、性能、形式、价格、使用环境的定位，结合材料、技术、结构、工艺、形态、色彩、表面处理、装饰及成本等因素，从社会的、经济的、技术的角度进行创意设计，在企业生产管理中保证设计质量实现的前提下，使产品既是企业的产品、市场中的商品，又是消费者的用品，达到顾客需求和企业效益的完美统一。

1.2 产品设计的流程

问题是时代的声音，回答并指导解决问题是理论的根本任务。产品设计是时代的产物，与时俱进、出新出奇是其最显著的特点。现代产品设计是有计划、有步骤、有目标、有方向的创造性活动，每一个设计过程都是一种解决问题的过程。设计的起点是原始数据的收集，其过程是各项参数的分析处理，而归宿是科学地、综合地确定所有参数而得出设计的内容。一般而言，产品设计的流程包括设计调研、设计创意、设计深入和设计完成 4 个阶段。

1.2.1　设计调研

产品设计初期需要进行周密的市场调查和市场分析，这样才能做到有的放矢。这一阶段的设计主要以 PPT 报告的形式呈现，通过视觉化、具体化目标群体、使用环境、产品定位等，建立起决策层与设计师之间的联系，使决策者能够明确设计师的初步意图。满足消费者的需求才是产品设计的目的，产品设计意图是根据实际需求来确定的，所以设计师需要明确消费者需要什么样的产品。设计调研是有效地把握设计需求的重要途径，具体包括以下内容。

1. 消费对象综合信息调查与分析

对产品的使用者进行调查，以把握其消费心理需求，开发出他们真正需要的产品。

2. 竞争产品综合信息调查与分析

对市场上现有的同类产品展开调查，分析其优劣，以便取长补短，最大限度地使产品得以完善。图 1-1 所示为以 PPT 报告的形式进行形态分析。

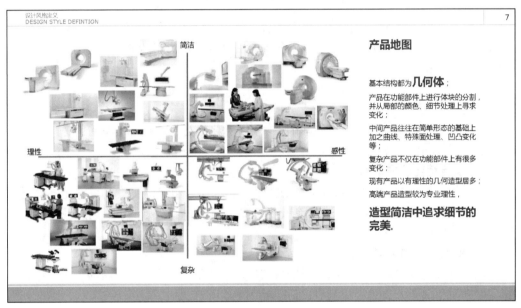

图 1-1　以 PPT 报告的形式进行形态分析

3. 产品历史资料调查与分析

分析产品从开发之初到现有状态的延承关系，从宏观的角度分析产品设计与特定历史时期的消费环境之间的关系。

4. 新技术及专利信息调查与分析

调查可用于该产品的可能的新技术、新成果，往往一些看似不相关联的现象组合在一起恰恰能催生新的创意。

5. 细分市场吸引力评估

根据以上调研结果分析市场对该类产品的需求情况，做出评估，尽量对市场进行细分，如按性别分类、按年龄分类、按收入分类等，太笼统的市场定位是没有意义的。

6. 产品开发设计定位表述

设计调研的目的就是对产品进行准确的定位，即回答为谁设计什么样的产品的问题，定位越明确、越精确，产品就越有价值。图 1-2 所示为以 PPT 报告的形式分析产品定位。

图 1-2　以 PPT 报告的形式分析产品定位

综上，产品设计调研阶段需要掌握消费者信息、相关产品现状信息、相关技术信息、市场潜力信息等，通过对调研信息进行分析和综合，对拟开发的产品进行合理的定位，为产品设计制定目标，指明方向。

1.2.2　设计创意

设计创意是在确定的设计定位的基础上，用视觉化的符号将符合定位的创意方案表现出来。这一过程包括以下内容。

1．外观与结构创意草图

该过程包含思维的发散与整合，并通过草图的形式表现出来。创意的过程无须设置太多限制，可以尽情发挥，之后再对发散思维的方案进行选择。创意包括可能的外观形式和可能的结构形式，如图 1-3 所示。

2．创意方案的效果图表现

对挑选出来的方案用较细致的效果图来表现，包括结构的展示、材料的运用、色彩的搭配等，以方便和其他人员进行交流与评估，如图 1-4 所示。

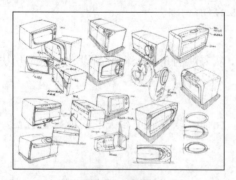

图 1-3　创意草图

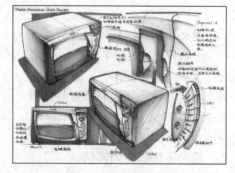

图 1-4　创意方案效果图

3．方案价值简单评估

与设计组的其他人员一起，或者邀请设计组以外的人员对方案进行评估，主要从造型、色彩、功能、市场前景等方面进行评估。

4．方案可行性简单评估

价值评估之后，需要对方案的可行性做进一步的评估，主要从结构、材料、成本等方面对方案做进一步的验证。

设计创意阶段往往需要集体的力量参与，从创意草案出台之前的创意发散到创意方案形成后的评估，都需要多人进行讨论和修订，群策群力才能最大限度地保证产品创意的价值。

1.2.3　设计深入

创意方案获得通过后，需要对产品做更为深入、细致的设计，保证整体形式的呈现和相关数据的采集。这一过程包括以下内容。

1．细节设计

细节设计就是在产品整体形式确定以后对局部的处理，产品的高贵、精致、细腻等品质，往往都在细节部分得以体现。细节也是产品设计创意点集中体现的地方。

2．结构设计

产品的外观造型和结构设计需要同时进行，因为两者相互关联、相互影响。产品结构直接关系到产品是否能被加工成型，合理的结构设计是产品美观实用的保证，同时也是产品开发成本的决定性因素之一。

3．设计方案的价值分析

在价值评估的基础之上，再对方案做进一步的、全方位的价值分析，以确保各项要素合理有据。

4．设计方案的表达

对产品设计方案进行二维效果表现（一般用 Photoshop、Illustrator、CorelDRAW 等软件）、三维建模（一般用 Rhino、3ds Max、VRay、Cinema 4D、Alias、Pro/E、UG 及 SolidWorks 等软件）及渲染表现，如图 1-5 和图 1-6 所示。

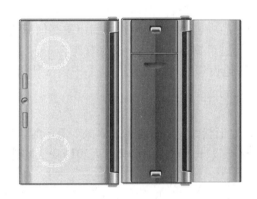

图 1-5　二维效果表现

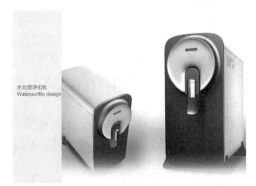

图 1-6　三维效果表现

1.2.4　设计完成

产品结构和整体效果图为设计审核、模具制作、生产加工等部门提供产品最后完成的预期技术参考，工程设计人员可以依据这些参考在 CAD/CAM 软件中构建三维模型，同时进行结构设计，并以这些数据为依据试制产品手板和样机。在设计概念数字化、实体化这一步骤完成后，基本可以得到产品生产后的预期效果，表现形式通常为三维效果图、三维实体模型及工程结构、装配图。图 1-7 所示为在 Pro/E 中实现手机的虚拟装配，图 1-8 所示为在 Pro/E 中进行机顶盒面板的结构设计。

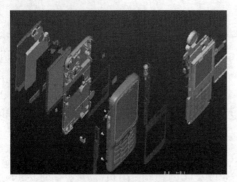

图 1-7　在 Pro/E 中实现手机的虚拟装配

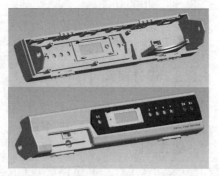

图 1-8　在 Pro/E 中进行机顶盒面板的结构设计

三维模型数据一般需要保存或转换为 STL 格式，以便直接和快速成型、模型制作、模具制作等设备连接，从而制作出产品样机、模型及模具等。产品设计展板和报告书主要用于方案展示和汇报，报告书的主要内容包括设计任务简介、设计进度规划表、产品的综合调查以及产品的市场分析、功能分析、使用分析、材料与结构介绍、设计定位、设计构思、设计展开和深入、方案确定及综合评价等。

1.3 产品设计的思维与方法

恰当地运用创造性思维能够使设计者创造出更多更好的方案。方案设计的方法一般有以下几种。

1. 移植

所谓移植，是指把现有技术应用到另外一个产品中去，或由一个东西引申出其他东西等。所谓"他山之石，可以攻玉"，运用移植法可以促进事物间的渗透、交叉、综合。设计者可以提问：它像其他什么东西吗？它是否暗示了其他设想？可以从这个产品中借鉴什么？图 1-9 所示即利用移植手法将剪刀的使用方式移植到制造雪球产品中。

2. 改变

所谓改变，是指改变原来产品的某些属性，如形状、色彩、声音、运动、气味等，以产生新的方案。如图 1-10 所示，使用塑料或金属材料设计灯罩，使灯具给人和谐安全的感觉。

3. 放大

把现有产品加高、加长、加厚或加大，这都是产生新方案的途径。能不能增加？能不能夸张？如图 1-11 所示，增大虎钳转轴部位的活动范围后，大大增加了虎钳的工作极限厚度。

4. 缩小

使现有产品变得更轻、更短、更小，也是产生新方案的途径，或者省去某些功能，对一个大的产品进行分解等。如图 1-12 所示，将传统冰箱体积缩小，使其可在办公室、汽车驾驶室等场所使用。

5. 替代

现有产品的材料、结构、能源等，有没有其他东西可以代替？如图 1-13 所示，将木质铅笔杆用软性材料替代后出现了新产品。

图 1-9　移植方法的应用

图 1-10　改变方法的应用

图 1-11　放大方法的应用

6. 重组

交换产品零件、变换产品次序、调整产品结构、改变因果关系等都是产生新方案的手段。能否将组件重新安排？交换它们之间的位置是否可行？如图 1-14 所示，茶具可以任意组合成不同的状态。

图 1-12　缩小方法的应用

图 1-13　替换方法的应用

图 1-14　重组方法的应用

7. 倒置

倒置是把前后、左右、上下的位置、关系、顺序颠倒后产生新的构思。

8. 拼合

拼合是将不同的单元、不同的功能或不同的结构组合在一起，从而产生新的产品。把不同的构思拼合在一起，可以产生新的方案。如图 1-15 所示，将充电、音乐播放、扩音、摄像等多种功能集于一体，使一种产品可满足人们的多种需求。

9. 剔除

由于某种新技术、新材料或新结构的采用，有些零部件（或费用）可以剔除，有些不必要的功能也可以剔除。从这个角度讲，它是价值分析的基本方法之一。如图 1-16 所示，磁悬浮列车利用了磁悬浮技术，对列车的车轮进行了剔除，形成不用车轮行走的列车。

图 1-15　拼合方法的应用

图 1-16　剔除方法的应用

1.4 计算机辅助工业设计的概念和特点

1. 概念

计算机辅助工业设计（Computer Aided Industrial Design，CAID）是在计算机技术和工业设计相结合形成的系统支持下，进行工业设计领域内的各类创造性活动。它是以计算机技术为支柱的信息时代环境下的产物，是以信息化、数字化为特征的计算机参与新产品开发的新型设计模式。与传统的工业设计相比，计算机辅助工业设计在设计方法、设计过程、设计质量和设计效率等各方面都发生了质的变化，其目的是提高效率，提升设计过程及结果表达的科学性、可靠性、完整性，并能积极适应日新月异的信息化的生产制造方式。

计算机辅助设计与制造（Computer Aided Design/Manufacturing，CAD/CAM）是指利用计算机分析、仿真、设计、绘图并拟定生产计划、制造程序，控制生产过程，也就是从设计到加工生产，全部借助计算机，因此 CAD/CAM 是实现自动化的重要因素，影响着工业生产力与质量。

CAD 的概念是在 20 世纪 50 年代由美国马萨诸塞理工大学提出的，目的是让计算机参与设计工作，完成设计中繁重的逻辑运算，提高工作效率，应用于航空航天、工业自动化等领域。经过几十年的发展，计算机已成为设计工作中必不可少的工具，CAD/CAM 技术使产品的设计制造和组织生产的模式发生了深刻的变革，成为产品更新换代的关键技术，被人们称为产业革命的发动机。在工业发达国家，CAD/CAM 已经形成了一个推动各行业技术进步的、具有相当规模的新兴产业。因此，CAD/CAM 技术已成为反映一个国家工业水平的标志。

计算机辅助工业设计是采用计算机进行设计的 CAD 技术的一种。普通的 CAD 工具主要用来进行产品内部零部件设计图的制图等，而计算机辅助工业设计工具的主要着眼点在于产品的形状和外观。它装载了面向工业设计的建模功能以及绘制完整图像的功能等。

由于工业设计涉及诸多学科领域，因而计算机辅助工业设计也涉及 CAD 技术、人工智能技术、多媒体技术、虚拟现实技术（Virtual Reality，VR）、敏捷制造、优化技术、模糊技术及人机工程等众多信息技术领域。从广义上来讲，计算机辅助工业设计是 CAD 的一个分支，许多 CAD 领域的方法和技术都可加以借鉴和引用。从整个产品设计与制造的发展趋势看，并行设计、协同设计、智能设计、虚拟设计、敏捷设计、全生命周期设计等设计方法代表了现代产品设计模式的发展方向。随着技术的进一步发展，产品设计模式在信息化的基础上，必然朝着数字化、集成化、网络化、智能化的方向发展。计算机辅助下的工业设计的发展趋势则必然与上述发展趋势相一致，最终建立统一的设计支撑模型。图 1-17 所示为计算机虚拟现实技术对现代设计方式的改变。

计算机辅助工业设计以工业设计知识为基础，以计算机和网络等信息技术为辅助工具，实现产品形态、色彩、宜人性设计和美学原则的量化描述，从而设计出更加实用、经济、美观、宜人的新产品，满足不同层次用户的需求。应用 CAD/CAID 技术进行产品设计，早已成为设计流程中标准作业的一环，设计师原创的设计理念，并未因作业工具采用计算机而有所改变，构想与创造力输出的质与量甚至有更高效率的提升，并且极大地增进了生产效益。

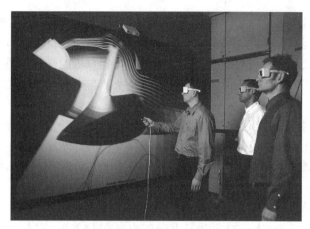

图 1-17　利用虚拟现实技术进行方案的工程评估

2. 特点

计算机辅助工业设计有别于传统的工业设计，它有以下一些特点。

（1）系统性。

首先，工业设计是一个系统，不同阶段、不同目的、不同形式的设计活动，都依赖于不同的工具和手段，因此，工业设计是由多个环节组成的系统化的设计、制造和生产活动。其次，计算机本身也是一个系统。它由中央处理器、存储器、显示系统及各种输入、输出设备组成，这些部分都是相互依赖、相互协调、共同完成信息处理工作的。计算机的软件也是一个系统，无论是系统软件还是应用软件，其自身都有一个非常严密的结构和功能，缺一不可。可以说，操作计算机的一切活动都是在这些系统中完成的。一旦某个环节出现问题，整个工作都会受到影响。计算机辅助工业设计活动中的各个环节都要与计算机紧密结合，并且各个阶段之间都要以计算机为载体来衔接。所以，系统性是计算机辅助工业设计的第一个重要的特点。

（2）逻辑性。

计算机进行的工作是一种逻辑运算，任何一个动作都要通过接收指令、高速运算来完成。逻辑性是计算机工作的本质特征，这促使用户在操作计算机时必须按照严格的顺序逐步操作，不能颠倒、省略，不能有跳跃性。所以，在学习计算机辅助工业设计时要培养严谨的逻辑思维习惯。

（3）准确性。

计算机的工作方式不同于人的工作方式。计算机是一个不知道疲劳的工作狂，只要操作平台和软件系统正常，它的结果不会有半点差错，绘图的尺寸可以精确到小数点后 4 位。这样的工具无疑给设计带来了极强的可靠性，为将来的生产制造创造了良好的条件。

（4）高效性。

计算机问世就是为了减轻人的工作强度，提高工作效率。设计中经常需要复制、阵列某一对象等，这类重复性的工作计算机瞬间就可完成。原来需要几个月甚至更长时间完成的工作，现在利用计算机在几天甚至几小时内即可完成。随着网络的应用，设计工作还可由不同的计算机联机完成，这样的效率是人工所无法比拟的。

（5）交互式。

计算机辅助工业设计其实是设计师与计算机相互配合，各取所长，应用多学科的技术方法综合有效地解决问题的一种工作方式。这种方式需要在人—机之间交换信息，设计师操作计算机，计算机将运算结果反馈给设计师，设计师做出判断后再把自己的要求传达给计算机……如此循环往复，人的判断、决策、创造能力与计算机的高效信息处理技术充分结合。所以，交互式是计算机辅助工业设计的主要形式特征。

（6）周期性。

计算机技术的高速发展，使计算机辅助工业设计的方式和方法也产生了周期性的变化，这使任何技术的先进性都成了暂时的、相对的。计算机硬件及软件的迅速发展和不断更新，更是缩短了计算机辅助工业设计的迭代周期。随着技术不断进步，设计工作也变得愈加轻松高效。

（7）标准化与学习的贯通性。

计算机硬件换代越来越快，软件的开发速度也是毫不逊色。所有软件开发商每隔一段时间就会推出新的版本，有的是局部完善，有的是全面更新，总体来说，软件的功能越来越强。但是，无论其发展如何迅速，软件的更新换代总是有继承性的，绝大部分操作习惯和界面布局都保留了下来，对新增的功能也会有详尽的说明。因此，设计师大可不必为其更新的速度感到无所适从，只要深入掌握了一个版本的用法，对新的版本就能很快适应。

这种学习的贯通性还表现在一旦熟练掌握了一个软件的用法，在学习其他软件时也会容易很多，因为计算机的标准化使得大部分软件的一般操作都是类似的。计算机辅助工业设计牵扯到许多软件，只要基础学得扎实，便能够举一反三，有些软件的学习就能无师自通，变得非常轻松。

1.5 计算机辅助工业设计的历史与现状

计算机辅助工业设计的历史其实就是计算机技术的发展历史。自从 1946 年第一台通用电子计算机出现以来，人们就一直致力于利用其强大的功能进行各种设计活动。20 世纪 50 年代，美国人成功研制了第一台图形显示器。20 世纪 60 年代，美国麻省理工学院的萨瑟兰（Ivan Sutherland）在其博士论文中首次论证了计算机交互式图形技术的一系列原理和机制，正式提出了计算机图形学的概念，奠定了计算机图形技术发展的理论基础，同时也为计算机辅助设计开辟了广泛的应用前景。20 世纪 80 年代以来，随着科学技术的进步，计算机在硬件及软件方面都产生了巨大的飞跃，计算机辅助工业设计也因其快捷、高效、准确、精密和便于储存、交流和修改的优势而广泛应用于工业设计的各个领域，大大提高了设计的效率。

CAID 就是利用计算机的精确与快速来辅助工业设计师的产品造型设计工作，凡是利用计算机来辅助设计工作的软硬件工具都可称为 CAID。CAID 相对于 CAD 发展较晚，CAID 这一名称最早出现在 1989 年发行的《革新》（Innovation）杂志，当时引起工业设计者的热烈反响，此后 CAID 的理论与应用技术得到了扩充与发展。

计算机辅助工业设计的出现，使得工业设计的方式发生了根本性的变化，这不仅体现在用计算机绘制各种设计图，用快速的原型技术来替代油泥模型，或者用虚拟现实技术进行产品的仿真演示等，更重要的是建立起了一种并行结构的设计系统，将设计、工程分析、制造三位一体优化集成于一个系统，使不同专业的人员能及时相互反馈信息，从而缩短开发周期，并保证设计、制造的高质量。这些变化要求设计师具有更高的整体意识和更多的工程技术知识，而不是仅仅局限于效果图表现。

在计算机等数字输入设备普及以前，所有产品设计创意过程都是在纸张上展开的，借助湿性和干性介质及绘图工具进行设计表现，这便是最为传统的产品设计表达方式。传统的设计表达方式基本停留在前期草图设计创意阶段，完全依靠设计师的手头基本功来表现设计创意，随着 CAD/CAID 技术的出现，传统方式逐渐被淘汰，仅保留了其中的马克笔或色粉等简单、快速的表现手法帮助设计师快速捕捉稍纵即逝的灵感。

数字技术下的产品设计表达方式一般是将产品模型的形体转化为计算机中的数据，利用这些数据，配合与之配套的软硬件接口构建产品的虚拟模型，预览生产后的效果，模拟机构运动，同时还能够与生产环节的上下游紧密地结合起来。由于数字化的产品设计空间是虚拟的，因此对方案的评估与修改就比较方便，这样有助于设计师对所设计的产品进行全方位、多角度的调整与把握，在虚拟阶段解决可能出现的生产问题，这也是数字化设计方式的优势之一。

目前，计算机辅助工业设计在硬件上形成了如下三大流派。

（1）CAD 工作站。CAD 工作站具有强大的信息处理能力，属于设计的高端设备，价格昂贵。它在 20 世纪 70 年代由著名的施乐（Xerox）公司首次推出，并实现了联网工作。现在 SGI、SUN、IBM、DEC、HP 等公司均已推出了高性能的工作站。工作站是企业设计、制造的主要硬件系统，与之相配套的设计软件也是当今最优秀、最著名的软件，如 Alias、Pro/E、Intergraph、I-DEAS、CATIA 等。

（2）苹果机。苹果机是平面设计师最喜爱的产品，主要用于平面设计和桌面出版。其独具设计品位的操作界面具有较高的专业水准，因此在出版、印刷界占有大量的市场份额，独树一帜。但其硬件的不兼容性和较高的价格使得为苹果系统开发的软件相对较少。一些著名的平面设计软件最早应用于苹果机上，如 Photoshop、Freehand、Painter、Illustrator 等。

（3）PC（Personal Computer，个人计算机）。自从进入了"奔腾"时代，PC 发展速度惊人，由最初的 P60 到今天更高配置的酷睿系列，良好的兼容性、低廉的价格和优良的性能，是推动其迅速普及的三大动力。PC 品种繁多，型号齐全，用户既可根据自己的工作需要组装兼容机，又可选购服务较好的国内外品牌机，而且升级换代方便易行，对于独立性较强的工业设计师来说，PC 无疑是首选。PC 的软件非常丰富，除了专为 PC 开发的软件外，许多工作站和苹果机的软件也纷纷移植到了 PC 上，加上网络、多媒体技术的发展，PC 市场达到了空前的繁荣。

1.6　计算机辅助技术对工业设计的影响

计算机辅助技术的发展与工业设计的关系是非常广泛而深刻的。一方面，计算机的应用极大地改变了工业设计的技术手段，改变了工业设计的程序与方法，与此相适应地，设计师的观念和思维方式也有了很大的转变。另一方面，先进的技术必须与优秀的设计结合起来，才能使技术真正服务于人类，以计算机辅助技术为代表的高新技术开辟了工业设计的崭新领域，工业设计也对高新技术产品的进步起到了不可估量的推动作用。

CAD/CAID 技术已渗透到工业产品设计的每一个环节中。借助 CAD/CAM、CAID 技术，工业设计正在蓬勃发展，计算机化已是目前工业设计产业的趋势之一，3D 造型技术是现代工业设计的主要手段之一。传统设计技术及现代科学呈现不断融合的趋势，并对工业设计研究、教育和应用产生着深远的影响。由于设计的工具发生了变化，设计师的工作也发生了变化，产品设计更加人性化，传统工业设计师所需的专业技能，如草图的绘制，精密描绘产品预想图，已然随着计算机软硬件技术的迅速发展，逐渐被 CAD/CAID 软件强大的功能所替代。

CAD/CAID 技术的发展深刻影响着设计的流程，现在一款产品从设计、加工到最后的装配，每一个环节都可以通过计算机进行精准控制。工业设计简易流程如图 1-18 所示。

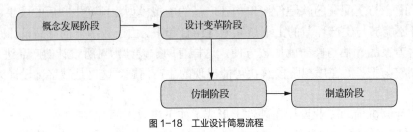

图 1-18　工业设计简易流程

图 1-19 所示为以 3D 造型为基础开发一套产品的设计流程。借助 CAID 技术，现代的设计开发与生产制造可进行应力/应变分析、质量属性分析、空间运动分析、装配干涉分析、模具设计、NC 编程及可加工性分析、二维工程图的自动生成、外观效果评价、造型效果评价等工作，以类似于同步工程（Simultaneous Engineering）的平行开发观念，来进行产品的设计开发。

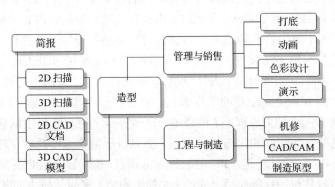

图 1-19　以 3D 造型为基础的产品设计流程

现今，利用计算机辅助技术，设计师能直接以 3D 造型来表达设计，模型师可依据三维几何模型数据完成产品原型的制作，工程设计人员可直接采用相关的三维模型数据进行结构的设计与模具的开发，整个设计流程在时效上获得提升，设计品质也可以更好地控制。现在，应用 CAD/CAID 已能做到逼真的产品预想呈现，甚至实现材质模拟、背景变换、贴图渲染等，大幅超越了设计师手绘预想图的水平，更重要的是其模拟动态的功能，可以在立体空间里以虚拟的几何模型（Virtual Model）呈现以往平面图纸所不易表现的角度，以便设计师进行检查和修正。此外，利用计算机三维几何模型，设计师可直接在其建构的三维空间里进行思考，设计方案经由适当的平台界面直接供工程制造使用，缩短了传统设计开发的周期。

计算机工具的应用加速了工业设计的发展，提高了方案实现的可能性，通过屏幕窗口，不必等到制作出原型，设计师即可预览产品的各部细节，进行了解与修正，这对于制造程序而言，无疑可以大幅减少错误与开发时间。

　　CAID 系统的导入可让设计师充分发挥自己的设计理念，设计师设计的三维模型可在 CAID 系统的透视视窗中即时以各种视角进行展示，这对产品沟通有很大的帮助，尤其是对一些立体概念较欠缺的非相关专业人员来说。一个产品的三维模型数据资料更可通过各种合适的转换格式传输至机构模拟系统或 CAE（Computer Aided Engineering，计算机辅助工程）、CAD/CAM 系统，不需绘制三视图，只要传输严谨，资料的失真率几乎等于零，不论是塑胶模流分析、机构设计模拟、机械结构应力分析、CNC（Computerized Numerical Control）编程，还是刀具路径的模拟，皆可在计算机内依据 CAID 三维模型的原始资料以极为精确的方式加以处理。

　　关于 CAID 技术对设计师的创意产生的影响，一直存在着两种观点。

　　一种观点认为 CAID 技术会阻碍设计师的创造力的产生与发展，计算机无法处理模糊资讯，建立计算机模型所需的精确性对创造力是有害的，计算机辅助设计系统的精确性质使多数三维模型的建立和修改都很困难，而且使用界面也没能保存传统设计中所用的隐喻和习惯。一项关于在计算机上从事初始的设计思考的测试的结论是：在设计的初期使用计算机，并不能达到和使用笔及纸相同的效果，也难产生新奇和有创造性的思考。

　　另外一种观点则相对乐观。有些设计师认为："在探讨计算机在艺术和设计领域的创造性应用时，我无法找出它在想象力使用上的任何根本问题，只有少数证据支持计算机会阻止创造力，或者意味着较狭窄或受限制的思路，我也不认为它是个威胁，除非你本身就没有什么创造力"。

　　还有一些设计师对计算机在设计中所扮演的角色有着更实际的看法，他们认为计算机可以用作知识库，能够帮助思考、提高效率，但是，没有个人的意图，它无法做任何事。他们的结论是：计算机辅助设计能够提供构想上的利益和刺激。

　　如果设计师使用计算机的技巧和使用传统媒介一样熟练，计算机就应该可以让设计师更有创意地表达构想。计算机的优点在于提供虚拟工具，让设计师及时地与模型和图像发生互动。对于产品造型工作而言，设计的理念与方法并未改变，改变的是输出品质与生产效益。

　　目前用户接触到的计算机辅助工业设计技术主要应用在产品造型设计阶段，即采用计算机辅助设计软件构建产品数字模型，并通过相关的数字输出设备将其转变成平面效果图和三维实体的形式，以提高产品设计的效率和保证产品制造的准确性。这只是对计算机辅助工业设计的部分应用，随着计算机技术的不断发展和设计领域的不断拓展，计算机辅助工业设计技术的用途将越来越多，内容也将不断扩大。目前常用的跟工业设计有关的软件包括平面设计软件（如 Photoshop、Illustrator、CorelDRAW 等）和三维设计软件（如 Rhinoceros、3ds Max、Cinema 4D、Alias、Pro/E、UG、SolidWorks 等）。在众多的三维设计软件中，Rhino 以其建模简便、界面清晰、稳定性好、针对工业设计专业等特点受到广大用户的好评，目前最新版本为 Rhino 5.0，与 Rhino 5.0 搭配较好的渲染软件为 KeyShot。KeyShot 是近几年最为流行的、优秀的、互动型的光线追踪与全域光渲染软件之一，相对于其他渲染软件而言，KeyShot 具有界面简洁、设置简便、渲染速度快和兼容性好等优点，能够满足一般用户进行产品快速渲染的需求。

　　对于工业设计专业的学生来说，要想从全局的视角来认识工业设计专业的整体框架和脉络，感悟工业设计的精髓，必须从基础做起：一方面必须具备必要的设计理论知识，掌握相关的设计原理和设计思维方法，这是设计产品的前提；另一方面必须具有手绘以及计算机创意表达能力，这样才能进行设计创意交流，包括与同行的交流、与工程技术人员以及普通消费者的交流，这是设计产品的手段。因此，计算机辅助产品建模与渲染是设计者必须具备的基本能力之一。

小结

　　本章简要介绍了工业设计的概念、产品设计的流程、产品设计的思维与方法、计算机辅助工业设计的概念和特点、计算机辅助工业设计的历史与现状、计算机辅助技术对工业设计的影响。

2 Chapter

第 2 章
初识 Rhino 5.0

　　Rhino（Rhinoceros，犀牛）是美国 Robert McNeel & Associates 公司开发的功能强大的专业三维建模软件，目前的最新版本为 Rhino 5.0。它可以广泛地应用于工业设计、建筑设计、机械设计等领域。Rhino 三维建模功能强大，界面简洁，操作简便，在准确快速地表现设计创意方面有着无可比拟的优势。

　　Rhino 是以 NURBS 为核心的自由曲面建模软件，小巧灵活，对运行环境要求不高，可以输出.obj、.dxf、.iges、.stl、.3dm 等文件，可以与其他三维软件完成格式转档，是当前主流的建模软件。

2.1 Rhino 5.0 界面介绍

本节将介绍设置 Rhino 5.0 界面为中文版的方法及软件界面的组成部分。

2.1.1 设置界面为中文版

安装 Rhino 5.0 并启动后，默认界面是英文版，转换成中文版的方法如下。

STEP 1 启动Rhino，选择菜单栏中的【Tools】（工具）/【Options】（选项）命令，或者右键单击工具列中的【文件属性】按钮，弹出【Rhino Options】对话框。

STEP 2 在左侧窗格的列表中选择【Appearance】（外观）命令，然后在右边窗格的【Language used for display】（显示语言）下拉列表中选择【中文（简体，中国）】选项，如图2-1所示。

STEP 3 重新启动Rhino，即可显示为中文界面，如图2-2所示。

图 2-1 选择语言

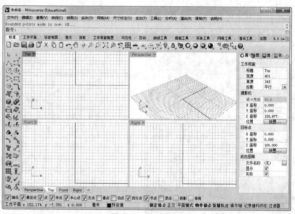

图 2-2 中文界面

 要点提示

安装目录"…\System\Languages"文件夹内有中文语言包才能设置界面为中文版，若没有中文语言包，可以在网络上下载语言包，并将其放置在该文件夹内即可。

2.1.2 Rhino 5.0 中文界面介绍

在学习 Rhino 的命令与工具之前，首先要熟悉 Rhino 5.0 的界面，以便于快速找到所需的命令与工具的位置。

安装好 Rhino 5.0 后，双击桌面上的图标，即可启动 Rhino 5.0，每次启动前都会显示 Rhino 的预设窗口，如图 2-3 所示。

- 【打开文件】：单击一个适合工作的单位与公差的模板文件名，将以一个预设的模板新建文档，若没有选择模板文件，直接关掉该窗口，会以默认的模板新建文档。默认模板放置在安装目录的"support"文件夹内。

- 【最近的文件】：可以快速打开最近使用过的文件。
- 【打开文件…】：可以自动定位到用户最后一次保存文件的目录。

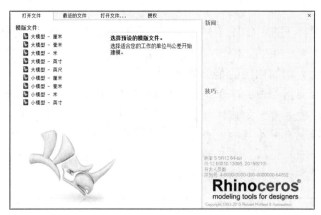

图 2-3　预设窗口

Rhino 5.0 界面主要由标题栏、菜单栏、指令提示栏、工具列、工作视窗、状态列和浮动面板这 7 个部分组成。

Rhino 5.0 界面的显示项目可以自定义，单击【标准】工具列中的【选项】按钮 ⚙，在弹出的【Rhino 选项】对话框的左侧窗格中选择【外观】选项，在其右侧窗格中的【显示下列项目】选项栏中可以自定义设置工作界面要显示的项目，如图 2-4 所示。

图 2-4　【选项】/【外观】面板

图 2-5 所示为打开一个文件后的 Rhino 5.0 界面。

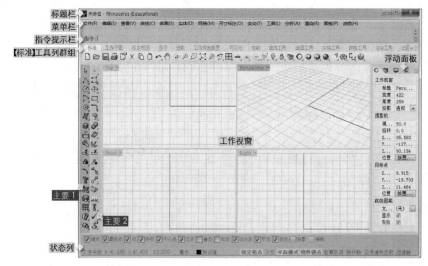

图 2-5　Rhino 5.0 界面

1. 标题栏

标题栏位于界面顶部，其左侧显示的是软件图标、当前文件名以及软件版本。

2. 菜单栏

菜单栏位于标题栏下方，如图 2-6 所示，几乎所有命令都可以在菜单中找到，所有命令都是根据命令的类型来分类的。例如，【曲面】菜单包含了所有曲面创建与编辑工具。另外，有些插件安装完成后会增加相应的菜单命令。

- 菜单命令后面括号内的字母是相应的快捷键，按键盘上的 Alt 键加相应的字母，即可弹出相应的菜单。如按快捷键 Alt+C，则弹出【曲线】菜单。
- 菜单命令后面有 ▶ 符号的，表示该菜单命令下面还有级联菜单。
- 菜单命令后面有…的，表示执行该命令后会弹出独立的对话框。
- 当命令显示为灰色时，当前命令不可用。

图 2-6　菜单栏

3. 指令提示栏

指令提示栏（简称指令栏）位于菜单栏下方，习惯 AutoCAD 操作的用户也可以将指令提示栏拖曳到界面底部。指令提示栏分为两个部分，如图 2-7 所示，它是 Rhino 重要的组成部分，可以显示当前命令执行的状态、提示命令下一步的操作、输入参数、设置选项、显示分析命令的分析结果及提示命令操作失败的原因等，许多工具还在指令提示栏中提供了相应的选项，单击指令提示栏中的选项即可更改该选项的设置。

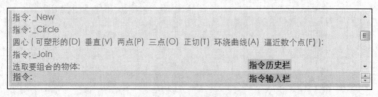

图 2-7　指令提示栏

（1）指令历史栏。

指令历史栏有以下功能。

- 执行过的命令会在这里记录。
- 显示分析命令的分析结果，图 2-8 所示为两条曲线几何连续性的分析结果。

- 提示命令操作失败的原因，图 2-9 所示为执行工具列的 ▨ ／ ◉【以平面曲线建立曲面】命令失败的原因。

```
指令: _GCon
第一条曲线 - 点选靠近端点处:
第二条曲线 - 点选靠近端点处:
曲线端点距离 = 0.000 毫米
曲率半径差异值 = 3.675 毫米
曲率方向差异角度 = 94.436
相切差异角度 = 85.564
两条曲线形成 G0。
指令: _Options
指令:
```

图 2-8　分析结果

```
指令: _PlanarSrf
未建立任何曲面，曲线必需是封闭的平面曲线。
指令:
```

图 2-9　命令操作失败的原因

- 在此区域右键单击，可以显示执行过的命令名称，单击相应名称可以再次执行此命令。
- 显示当前命令执行的状态。

（2）指令输入栏。

指令输入栏可输入文字指令、显示命令的当前状态、提示下一步的操作、输入参数与数值，许多工具还提供了相应的选项，在选项上单击即可更改该选项的设置，如图 2-10 所示。

```
指令: _BlendSrf
选取第一个边缘的第一段 ( 自动连锁(A)=否 连锁连续性(C)=位置 方向(D)=两方向 接缝公差(G)=0.001 角度公差(N)=1):
选取第一个边缘的下一段，按 Enter 完成 ( 复原(U) 下一个(N) 全部(A) 自动连锁(T)=否 连锁连续性(C)=位置 方向(D)=两方向 接缝公差(G)=0.001 角度公差(L)=1):
无法加入此边缘。
选取第二个边缘的下一段，按 Enter 完成 ( 复原(U) 下一个(N) 全部(A) 自动连锁(T)=否 连锁连续性(C)=位置 方向(D)=两方向 接缝公差(G)=0.001 角度公差(L)=1):
选取要调整的控制点，按住 ALT 键并移动控制杆调整边缘处的角度，按住 SHIFT 做对称调整:
```

图 2-10　指令输入栏

执行命令后，搭配的选项只能通过指令提示栏控制，可以直接在指令输入栏输入选项后括号内带下画线的字母，或直接单击选择（靠近参数时鼠标指针会变成手势符号）。如图 2-11 所示，通过单击可以更改相应选项的参数设置。

```
选取第一个边缘的第一段 ( 自动连锁(A)=是 连锁连续性(C)=位置 方向(D)=两方向 接缝公差(G)=0.001 角度公差(N)=1): 自动连锁=否
选取第一个边缘的第一段 ( 自动连锁(A)=否 连锁连续性(C)=位置 方向(D)=两方向 接缝公差(G)=0.001 角度公差(N)=1):
```

图 2-11　更改选项的参数设置

（3）输入文字指令。

输入文字指令的方式很简单，在指令输入栏中用英文输入法输入指令即可，当输入英文字母时，会弹出以这个字母打头的所有指令，继续输入字母，会筛选出以此字母开头的所有指令，如图 2-12 所示。如果输入的指令在下拉列表中并未列出，表示 Rhino 中无此指令，或者输入的是插件指令，由于没有安装此插件所以无法使用。

输入文字指令并不是常用的命令执行方式，但是有些命令只提供文字指令输入方式，并没有提供菜单或图标。这些命令通常是老旧的或仍在测试中的命令。

常用的未提供图标与菜单的命令如下。

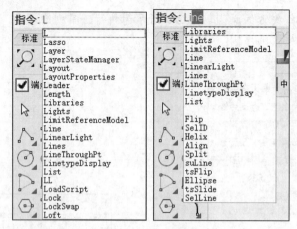

图2-12　输入文字指令

- Testtoggleroundpoints：该指令可以设置控制点是否显示为圆形。
- UseExtrusions：设置【挤出】命令是挤出物件还是多重曲面。

所有文字指令代码可以在官方帮助文件中检索到。

（4）命令执行步骤。

在 Rhino 中，很多命令执行时有多个步骤，在执行过程中，鼠标左键与右键的作用也不相同。

- 左键：单击左键可选取物件，选择命令栏的选项。
- 右键：单击右键可确认选择，确认输入的参数，结束命令。

当指令输入栏为空时，右键单击或按 Enter 键可以重复执行上次的命令。

按 Esc 键表示退出命令。

可以先执行命令再选取对象，也可以先选择对象再执行命令。

① 先执行命令再选取对象。

先执行命令，指令提示栏会提示"选取切割用物件，按 Enter 完成"，这时需要先选用于切割的物件，然后按 Enter 键或单击右键，再单击选择被修剪对象。

② 先选择对象再执行命令。

这种方式会将先前选择的对象视为切割用物件，指令提示栏会直接提示"选取要修剪的物件"。这时直接单击选择被修剪对象就可以了。

4．工具列

若要在 Rhino 中执行某个命令，有以下 3 种方法。

- 选择菜单栏中的相应命令。
- 在指令提示栏中输入文字指令代码。
- 单击工具列中的按钮选择相应命令。

本书的叙述中主要使用工具列按钮方式。

Rhino 5.0 界面（见图2-5）中默认显示的是【标准】工具列群组及【主要1】、【主要2】工具列。

【标准】工具列群组中放置了 Rhino 中常用到的一些非建模工具，如新建、打开、保存、视图控制、图层、物件属性等。【主要1】、【主要2】工具列中分别放置了建模用的创建、编辑、分析及变换等工具。选择相应命令的具体方法如下。

● 将鼠标指针停留在某个按钮上，将会显示该按钮的名称。Rhino 中很多按钮集成了两个命令，单击该按钮和右键单击该按钮执行的是不同的命令，如图 2-13 所示。

本书后面的叙述中将以"单击【分割】按钮"与"右键单击【以结构线分割曲面】按钮"来进行区分。

● 工具列中有很多按钮图标右下角带有小三角符号，表示该工具下还有其他隐藏工具。如图 2-14 所示，用鼠标左键按住工具列中的 按钮，即可展开按钮面板。

图 2-13　显示按钮的名称　　　　图 2-14　显示子工具列

本书后面对此类操作将简述为"单击工具列的 /【单轨扫掠】命令"。

● 选择【工具】/【工具列配置】命令，弹出图 2-15 所示的【Rhino 选项】对话框。在【工具列】列表框中勾选相应的选项，即可在界面中显示其他工具列。

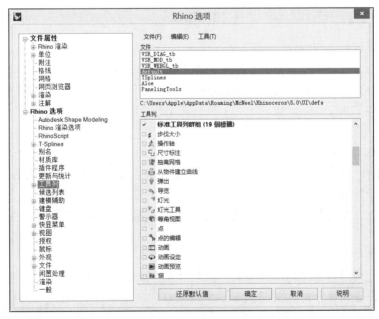

图 2-15　【Rhino 选项】对话框

默认界面中显示的按钮数量有限，通过展开隐藏工具面板选择其他按钮的操作方法有些烦琐，用户可以根据个人的习惯来自定义工具列，将常用的按钮放置在工具列中，自定义工具列的方法如下。

- 移动按钮：按住 Shift 键，按住鼠标左键拖曳按钮到其他工具列或同一个工具列的其他位置，然后释放鼠标左键，即可移动该按钮到工具列的其他位置。
- 复制按钮：按住 Ctrl 键，按住鼠标左键拖曳按钮到其他工具列或同一个工具列的其他位置，然后释放鼠标左键，即可将该按钮复制到工具列的其他位置。
- 删除按钮：按住 Shift 键，按住鼠标左键拖曳按钮到工具列外的位置，即可删除该按钮。

更改工具列的配置后，可以选择【Rhino 选项/工具列】对话框中的【文件】/【另存为】命令，将自定义的工具列保存起来，以便以后调用。注意，不要覆盖系统原来的文件。

5. 工作视窗

默认状态下 Rhino 提供【Top】（顶视图）、【Perspective】（透视图）、【Front】（前视图）和【Right】（右视图）4 个视图，具体建模的操作与显示都是在工作视窗中完成的。工作视窗的操作可参见本书"2.3.1 视图的操作与变换"。

6. 状态列

状态列是 Rhino 界面的一个重要组成部分，其中显示了当前坐标、捕捉、图层等信息，熟练地使用状态列能够提高建模效率。状态列的组成如图 2-16 所示。

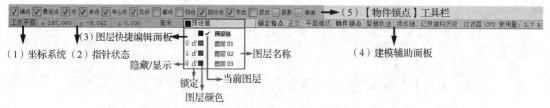

图 2-16 状态列的组成

（1）坐标系统。

单击该图标，即可在【世界】坐标系和【工作平面】坐标系之间切换，用于指定指针状态所基于的坐标系统。其中，世界坐标系是唯一的，工作平面坐标系是根据各个视图平面来确定的，水平向右为 x 轴，垂直向上为 y 轴，与 xy 平面垂直的为 z 轴。

（2）指针状态。

前 3 个数据显示的是当前鼠标指针的坐标值，用（x、y、z）表示，数值的显示是基于左侧所选坐标系的；最后一个数据表示当前鼠标指针定位与上一个鼠标指针定位的间距值。

（3）图层快捷编辑面板。

单击该图标，即可弹出图层快捷编辑面板，可快速地切换、编辑图层，每个图标的含义参见图 2-16。

（4）建模辅助面板。

该面板在建模过程中使用非常频繁，单击相应的按钮即可切换其状态，字体显示为粗体时为激活状态，正常显示时为关闭状态。

- 【锁定格点】：激活此按钮时，可以限制鼠标指针只在视图中的格点上移动，这样可以控制绘制图形的尺寸数值，使图形的绘制更加快捷、准确。
- 【正交】：激活此按钮时，可以限制鼠标指针只在水平和竖直方向上移动，即沿坐标轴移动，对绘制水平或竖直的图形十分有用。
- 【平面模式】：激活此按钮时，可以限制鼠标指针在同一平面上绘制图形，避免绘制出不需要的空间曲线。平面位置的确定以第一个绘制点为准。

● 【物件锁点】: 单击此按钮, 可以开启或关闭【物件锁点】工具栏。

(5) 【物件锁点】工具栏。

在该工具栏中可以激活所需要的物件锁点。每个选项的功能可参见本书"2.3.3 捕捉设置"。在使用某个命令前激活【记录建构历史】按钮, 可以记录建构历史。需要注意的是, 目前的版本只有极少的命令支持记录建构历史功能。

7. 浮动面板

默认界面右侧显示的是面板, 当在 Rhino 中执行某个命令时, 对话框中会即时显示该命令的说明与帮助, 方便初学者快速掌握 Rhino 的工具与命令的用法。用户也可以将常用的对话框 (如【图层】、【属性】对话框) 放置在此处, 以方便操作。

2.2 Rhino 5.0 工作环境设置

Rhino 5.0 默认的工作环境并不一定是最合适的, 这就需要用户根据个人习惯和建模的内容进行相应的设置。本节将对 Rhino 5.0 工作环境的设置操作进行系统的介绍。

选择菜单栏中的【工具】/【选项】命令, 或单击【标准】工具列中的【选项】按钮 ⚙, 弹出图 2-17 所示的【Rhino 选项】对话框。Rhino 5.0 工作环境的设置主要在该对话框中完成。

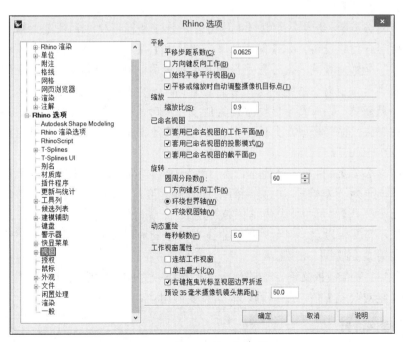

图 2-17 【Rhino 选项】对话框

2.2.1 单位与公差

建模之前, 应根据建模的内容, 先设定好所基于的单位与公差。单击【Rhino 选项】对话框左侧窗格中的【单位】选项, 即可在对话框右侧窗格中设置单位与公差, 如图 2-18 所示。

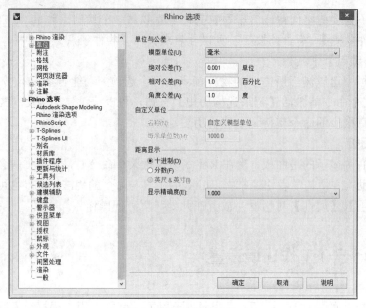

图2-18 设置单位与公差

各选项的作用如下。

- 【模型单位】: 用来设置模型的单位，用户可以任意选择或自定义。对于尺寸较大的产品，单位可以使用"厘米"或"米"；当建模对象尺寸较小时，可以基于"毫米"进行建模。

- 【绝对公差】: 绝对公差也叫单位公差，是在建模中建立无法绝对精确的几何图形时所容许的误差值，如【偏移】、【布尔运算】、【以网线建立曲面】等命令生成的对象都不是绝对精确的。公差是影响建模精度的一个主要因素，当两个物体之间的坐标差小于该值时，系统认为二者是重合的。绝对公差越大，误差也越大，出错的概率也就越高，导入或导出模型到其他软件中时，也可能因为公差值的不当而出现大量的错误。根据模型对象的不同，可以设定不同的公差值，一般将绝对公差设定为"0.001～0.01"。

- 【相对公差】: 相对公差的单位是"%"，系统默认值为"1.0"。其作用及设置方式基本与绝对公差相同，只是判断依据为相对值。

- 【角度公差】: 角度公差的单位是"度"，系统的默认值为"1.0"。一般情况下，这个值不需要做改动。例如，两条曲线在相接点的切线方向差异角度小于或等于角度公差时，会被视为相切。

Rhino 提供了多个模板文件，这些模板文件根据模型的尺寸分别设定了不同的默认【模型单位】与【绝对公差】值，用户可以根据需要调用。

2.2.2 格线设置

在工作视窗背景中，纵横交错的灰色网线称为"格线"，这些格线可以帮助用户观察物体之间的关系。在透视图中的格线代表水平面，可以帮助用户观察物体的高度。其中以红色与绿色显示的格线是工作平面坐标系的 x 轴和 y 轴。

单击【Rhino 选项】对话框左侧窗格中的【格线】选项，即可在对话框右侧窗格中设置格线的范围与间隔，如图 2-19 所示。视图中格线、格线轴与世界坐标轴图示如图 2-20 所示。

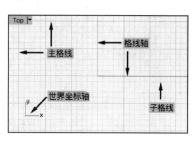

图 2-19　设置格线　　　　　　　　　　　　图 2-20　图示

各选项的作用如下。

- **【格线属性】**：控制格线的分布范围。
- **【子格线，每隔】**：视图中较细的为子格线，可设置每个小格的大小。
- **【主格线，每隔】**：视图中较粗的为主格线，可设置每隔多少子格线显示一根主格线。
- **【锁定间距】**：设定状态列中【锁定格点】选项所基于的锁点间隔。

2.2.3　显示精度设置

在 Rhino 中，NURBS（Non-Uniform Rational B-Splines，非均匀有理 B 样条曲线）模型不能直接进行显示，需要转化为网格（Mesh）模型后再显示。单击【Rhino 选项】对话框左侧窗格中的【网格】选项，即可在右侧窗格中设置模型的显示精度，如图 2-21 所示。图 2-22 所示为默认选项与自定参数的不同显示效果，默认为【粗糙、较快】方式，该显示方式精度较低，但是速度很快。用户可以选中【自订】单选按钮，通过更改其下选项中的数值来提高显示精度。

各选项的作用如下。

- **【密度】**：控制网格边缘与原来的曲面之间的距离，数值范围为"0~1"，数值越大，建立的渲染网格的网格面越多。图 2-23 所示为设置不同密度值的效果，其他参数为默认。
- **【最大角度】**：两个网格面的法线方向允许的最大差异角度。这个选项的默认值为"20"，建议取值在"5~20"。该选项和物件的比例无关。设置值越小，网格转换越慢，网格越精确，网格面越多；设置为"0"，代表停用这个选项。图 2-24 所示为设置不同最大角度值的效果，其他参数为默认。

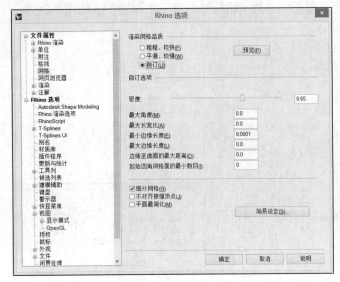

图 2-21 设置显示精度

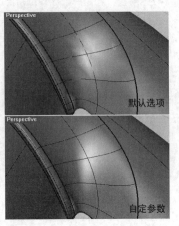

图 2-22 不同显示精度效果

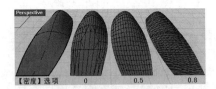

图 2-23 不同【密度】的效果

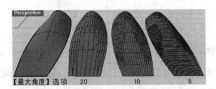

图 2-24 不同【最大角度】的效果

- 【最大长宽比】：曲面一开始会由四角网格面组成，然后进一步细分。起始四角网格面大小较平均，这些四角网格面的长宽比会小于设置值。设置值越小，网格转换越慢，网格面越多，但网格面形状越规整。这个设置值大约是起始四角网格面的长宽比，设置为"0"，代表停用这个选项，网格面的长宽比将不受限制。不设置为"0"时的建议值为"1～10"。图 2-25 所示为设置不同最大长宽比的效果，其他参数为默认。

- 【最小边缘长度】：预设值为"0.0001"，设置值需要依照物件的大小做调整。当网格边缘的长度小于设置值时，不会再进一步细分网格。该选项设置值越大，网格转换越快，网格越不精确，网格面越少；设置为"0"，代表停用这个选项。图 2-26 所示为设置不同最小边缘长度的效果，其他参数为默认。

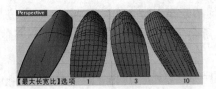

图 2-25 不同【最大长宽比】的效果

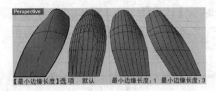

图 2-26 不同【最小边缘长度】的效果

- 【最大边缘长度】：当网格边缘的长度大于设置值时，网格会进一步细分，直到所有网格边缘的长度都小于设置值。这个设置值大约是起始四角网格面边缘的最大长度。设置值越小，网格转换越慢，网格面越多，网格面的大小越平均；设置为"0"，代表停用这个选项。预设值为 "0" 时，设置值需依照物件的大小做调整。

● 【边缘至曲面的最大距离】：网格边缘的中点与 NURBS 曲面之间的距离大于设置值时，网格会进一步细分，直到网格边缘的中点与 NURBS 曲面之间的距离小于这个设置值。这个设置值大约是起始四角网格面边缘中点和 NURBS 曲面之间的距离。设置值越小，网格转换越慢，网格越精确，网格面越多；设置为 "0"，代表停用这个选项。图 2-27 所示为设置不同边缘至曲面的最大距离值的效果，其他参数为默认。

● 【起始四角网格面的最小数目】：网格开始转换时，每一个曲面的四角网格面数。也就是说，每一个曲面转换的四角网格面数至少是设置值。设置值越大，网格转换越慢，网格越精确，网格面越多，而且分布越平均；设置为 "0"，代表停用这个选项。预设值为 "16"，建议取值范围为 "0～10000"。图 2-28 所示为设置不同起始四角网格面的最小数目的效果，其他参数为默认。

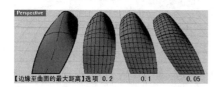

图 2-27　不同【边缘至曲面的最大距离】的效果

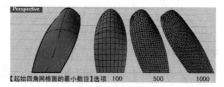

图 2-28　不同【起始四角网格面的最小数目】的效果

在设置显示精度时，最重要的两个参数为【密度】与【最大角度】，其他设置可保持默认，若显示效果不能满足要求，可以再针对实际情况提高【起始四角网格面的最小数目】的数值。注意，显示精度与模型本身的精度没有关系，不能通过提高显示精度来提高模型本身的精度。

2.2.4　显示模式

Rhino 提供了线框模式、着色模式、渲染模式、半透明模式、X 光模式及其他视图显示模式，用户可以根据建模的需要来任意切换。

右键单击视图名称，在弹出的快捷菜单中可以选择用户所需要的显示模式，如图 2-29 所示，不同显示模式的效果图如图 2-30 所示。

1. 线框模式

线框模式是系统默认的显示方式，是一种纯粹的空间曲线显示方式，曲面以框架（结构线和曲面边缘）方式显示。这种显示方式最简洁，刷新速度也最快。线框模式可以按快捷键 Ctrl+Alt+W 来进行切换。

2. 着色模式

着色模式中曲面是不透明的，曲面后面的对象和曲面框架将不显示，这种显示模式看起来比较直观，用户能更好地观察曲面模型的形态。着色模式可以按快捷键 Ctrl+Alt+S 来进行切换。

3. 渲染模式

渲染模式中，显示的颜色基于模型对象的材质设定。可以不显示曲面的结构线与曲面边缘，以便于更好地观察曲面间的连续关系。渲染模式可以按快捷键 Ctrl+Alt+R 来进行切换。

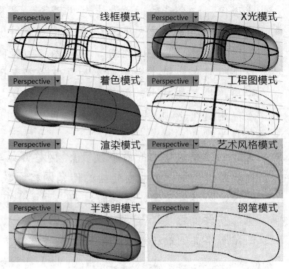

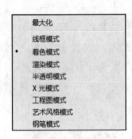

图 2-29 快捷菜单

图 2-30 显示模式效果

4. 半透明模式

半透明模式和着色模式很相似，但是曲面以半透明模式显示，可以看到曲面后面的对象。用户可以在【Rhino选项】对话框中自定义透明度。半透明模式可以按快捷键 Ctrl+Alt+G 来进行切换。

5. X 光模式

X 光模式和着色模式很相似，但是可以看到曲面后面的对象和曲面框架。X 光模式可以按快捷键 Ctrl+Alt+X 来进行切换。

6. 其他显示模式

Rhino 5.0 新增了 3 种艺术化的显示模式，但这些模式并不常用。

单击【Rhino 选项】对话框中左侧窗格的【视图】/【显示模式】/【着色模式】选项，可在对话框右侧窗格中自定义着色模式的显示选项，如图 2-31 所示。每种模式都可以自定义背景颜色、对象的可见性、对象的显示颜色、点的大小及曲线的粗细等。

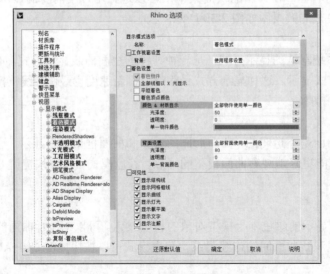

图 2-31 设置着色模式

2.3 Rhino 5.0 基本操作

本节介绍 Rhino 5.0 的基本操作，包括视图的操作与变换、对象的选择与捕捉的设置等。

2.3.1　视图的操作与变换

Rhino 5.0 默认提供 4 个视图，分别是【Top】（顶视图）、【Front】（前视图）、【Right】（右视图）和【Perspective】（透视图）。

正交视图也叫平面视图，【Top】（顶视图）、【Front】（前视图）、【Right】（右视图）都属于正交视图。正交视图中对象不会产生透视变形，通常在正交视图中完成绘制曲线等操作。

透视图一般不用于绘制曲线，可以在该视图中观察模型的形态，有时在此视图中通过捕捉来定位点。

用户可以根据需要更改视图，右键单击视图名称，在弹出的快捷菜单中选择【设置视图】级联菜单命令即可，如图 2-32 所示。

图 2-32　设置视图

1．视图的平移

单击工具列中的【平移】按钮，在视图中按住鼠标左键拖曳鼠标指针可平移视图。通常使用快捷键可以提高作图速度，快捷键如下。

- 正交视图：按住鼠标右键拖曳。
- 透视图：按住 Shift 键，同时按住鼠标右键拖曳，下面简称为 "Shift+右键"。

2．视图的缩放

单击工具列中的【动态缩放】按钮，在视图中按住鼠标左键拖曳即可缩放视图，快捷键为 Ctrl+右键，也可以用鼠标滚轮缩放视图。

工具列中其他缩放按钮说明如下。

- 【框选缩放】按钮🔍：按住鼠标左键并拖曳出相应的矩形范围，视图将会对框选范围进行放大，适用于对模型某个局部的观察。
- 【缩放至最大范围】按钮🔍：将该视图中的所有物体调整到该视图所能容纳的最大范围内，便于对模型整体的观察。
- 【缩放至选取物体】按钮🔍：将所选择的物体缩放至该视图的最佳大小。

3. 视图的旋转

单击工具列中的【旋转】按钮✛，在视图中按住鼠标左键并拖曳可旋转视图，快捷键如下。

- 正交视图：按住 Ctrl 键和 Shift 键，同时按住鼠标右键进行拖曳，简称为"Ctrl+Shift+右键"。
- 透视图：按住鼠标右键拖曳。

2.3.2 对象的选择方式

Rhino 为用户提供了多种对象选择方式，包括点选、框选、按类型选择、全选和反选等。其中，前 3 种选择方式比较常用。

下面对常用的点选、框选和按类型选择进行详细介绍。

1. 点选

点选单个物体的方法非常简单，只需在所要选取的物体上单击即可，被点选的物体将以亮黄色显示。与点选相关的操作如下。

- 取消选择：在视图中的空白处单击，可取消所有对象的选取状态。
- 加选：按住 Shift 键点选其他对象，可将该对象增加至选取状态。
- 减选：按住 Ctrl 键单击要取消的对象，可取消该对象的选取状态。

当场景中有多个对象重叠或交叉在一起时，单击该位置，会弹出图 2-33 所示的【候选列表】面板，视图中待选的对象会以粉色框显示，在【候选列表】面板中选择待选物体的名称，即可选取该对象。如果【候选列表】面板中没有要选择的对象，则选择【无】选项，或直接在视图中空白处单击，然后重新进行选取。

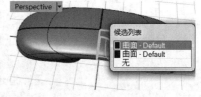

图 2-33　点选重叠物体

2. 框选

在 Rhino 中框选物体的方法与 AutoCAD 中的框选方法十分类似，框选的特点和方法如下。

- 当按住鼠标左键从左上方向右下方进行框选时，只有被完全框住的物体才能被选中。
- 从右下方向左上方进行框选时，只要选取框与待选取的物体有接触，物体就可以被选中。

3. 按类型选取

在一个场景中的所有物体，系统会按类型将其分为曲线、曲面、多边形、灯光等几类，按类型选取的方法可以很方便地同时选取场景中的某一类物体。在工具列中的🔲按钮上按住鼠标左键不放，即可弹出图 2-34 所示的【选取】子工具列。这些选取方式也可以通过选择【编

图 2-34　【选取】子工具列

辑】/【选取物体】命令找到。

2.3.3 捕捉设置

在使用 Rhino 进行设计的过程中，使用捕捉设置可以提高建模的精度。捕捉设置主要在状态列的【物件锁点】工具栏中进行，如图 2-35 所示。

☑端点 ☐最近点 ☑点 ☑中点 ☐中心点 ☐交点 ☐垂点 ☐切点 ☑四分点 ☐节点 ☐顶点 ☐投影 ☐停用

图 2-35 【物件锁点】工具栏

各选项的具体作用如下。

- 【端点】：激活该选项，当鼠标指针移动到相应曲线或曲面边缘的端点附近时，鼠标将自动捕捉到该曲线或曲面边缘的端点。注意，封闭曲线或曲面的接缝也可以作为端点被捕捉到。
- 【最近点】：激活该选项时，鼠标可以捕捉到曲线或曲面边缘上的某一点。
- 【点】：激活该选项时，鼠标可以捕捉到点对象或物体的控制点、编辑点（按 F10 键可显示物体的控制点，按 F11 键可关闭物体的控制点）。
- 【中点】：激活该选项时，鼠标可以捕捉到曲线或曲面边缘的中点。
- 【中心点】：激活该选项时，鼠标可以捕捉到曲线的中心点，一般限于用圆、椭圆或圆弧等工具所绘制的曲线。
- 【交点】：激活该选项时，鼠标可以捕捉到曲线或曲面边缘间的交叉点。

要点提示

单击【标准】工具列中的【选项】按钮，在弹出的【Rhino 选项】对话框左侧窗格中选择【建模辅助】选项，右侧窗格【物件锁点】选项栏中【可作用于视角交点】复选框默认为勾选状态，在某个视图中若能看到可视交点，即可捕捉到该交点，无论这两个对象是否真正相交，如图 2-36 所示；当取消勾选该复选框时，只有两个对象存在实际的交点时才能捕捉到。

- 【垂点】：激活该选项时，鼠标可以捕捉曲线或曲面边缘上的某一点，使该点与上一点形成的方向垂直于曲线或曲面边缘。
- 【切点】：激活该选项时，鼠标可以捕捉曲线上的某一点，使该点与上一点形成的方向与曲线正切。
- 【四分点】：激活该选项时，鼠标可以捕捉到曲线的 1/4 点，是曲线在工作平面中 x 轴、y 轴坐标值最大或最小的点，即曲线的最高点。
- 【节点】：激活该选项时，鼠标可以捕捉曲线或曲面边缘上的节点。节点是 B-Spline 多项式定义改变处的点。
- 【顶点】：Rhino 5.0 新增的捕捉选项，激活该选项时，鼠标可以捕捉曲面实体的顶点。利用【挤出】、【立方体】、【圆柱体】、【圆管体】等命令创建的对象，会保留挤出高度的控制顶点，按 F10 键开启控制点，可以通过顶点再编辑其挤出高度。
- 【投影】：激活该选项时，所有锁点会投影至当前视图的工作平面上，透视图会投影至世界坐系的 xy 平面。

● 【停用】：激活该选项时，将暂时停用所有锁点捕捉。

Rhino 中还提供了其他捕捉工具，在工具列中的 ![按钮] 按钮上按住鼠标左键不放，即可弹出图 2-37 所示的【物件锁点】子工具列。

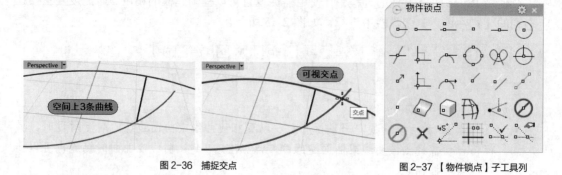

图 2-36　捕捉交点   图 2-37　【物件锁点】子工具列

在建模过程中灵活使用捕捉功能，可以提高作图效率与精确度。【物件锁点】子工具列中各工具的用途读者可以自己试验，以体会其不同的作用。

2.4　坐标系

Rhino 状态栏会显示鼠标指针位置的反馈，而且可以切换鼠标指针坐标值显示所基于的坐标系。Rhino 中提供了多套重要的坐标系供用户使用。

2.4.1　世界坐标系

Rhino 内建了一个无限大而又全空的虚拟三维空间。这个三维空间是基于笛卡儿坐标系构成的，Rhino 虚拟空间中的任意一点都可以用 x、y、z 3 个值来定位。

x、y、z 3 个轴的每一根轴两端是无限延伸的，并且 3 轴相互垂直。3 轴交点就是虚拟空间的中心点，称为世界坐标原点，如图 2-38 所示。世界坐标系是绝对坐标系，是不可以改变的。默认的透视图状态就是世界坐标系原型，默认的 Top 视图称为 "世界 Top 视图"。

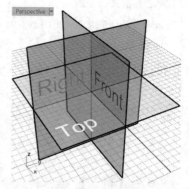

图 2-38　世界坐标系

2.4.2　工作平面坐标系

任何定位都使用世界坐标系是不现实的，也不方便。打个比方，世界坐标系相当于现实世界的东南西北，原点好比地心；而工作平面坐标系只讲前后左右，原点可以依据参考点任意指定，例如，可以以自身为原点来描述距离、角度与方位。很显然，大部分情况下以自身为原点来执行操作会容易很多。例如，向左边行进 50 米（以自身为原点的工作平面坐标系）比移动到以地心为原点的某某坐标点要容易得多。

2.4.3　识别坐标系

Rhino 给用户提供了便捷的坐标系识别标示，世界坐标系可以通过每个视图左下角的世界坐标系图标来识别，默认 3 轴都显示为灰色，推荐将 3 轴用不同颜色来区分。例如，x 轴为红色，y 轴为绿色，z 轴为蓝色。具体可在【Rhino 选项】对话框中的【外观】/【颜色】选项面板中调整，如图 2-39 所示。

工作平面坐标系是基于不同视图的坐标系，每一个视图都有不同的观察角度，可以通过网格和红绿轴来识别工作平面坐标系，红轴为 x 轴正方向，绿轴为 y 轴正方向，蓝轴为 z 轴正方向。

前视图内是看不见 z 轴的，z 轴正好与视角（视线）平行。透视图内的 z 轴可以在【Rhino 选项】对话框内设定是否开启显示，默认为不开启。

不同视图的工作平面各自独立，不会互相影响。

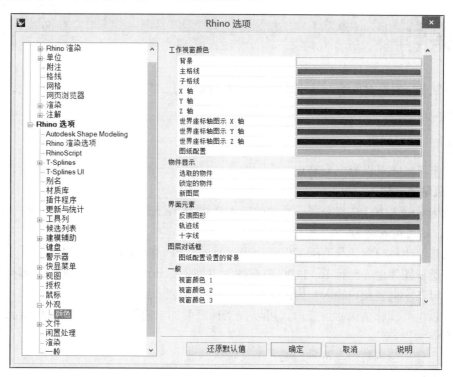

图 2-39　设置颜色

2.4.4　自定工作平面坐标系

每一个视图拥有各自默认的工作平面坐标系，但是当默认的工作平面不能满足调整需求时，可以在【标准】工具列的【工作平面】 子工具列内修改工作平面，如图 2-40 所示。

图 2-40　【工作平面】子工具列

例如，利用【3 点工作平面】 工具修改 Front（前视图）的工作平面，如图 2-41 所示。

初学 Rhino 时，不建议先学习修改工作平面，如果想恢复默认的工作平面，可以利用【工作平面】子工具列中的【设定工作平面为世界 Top】工具 等。

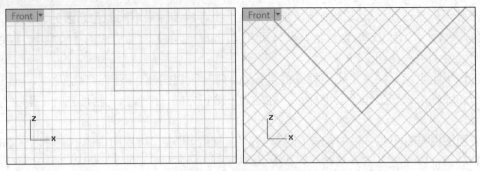

图2-41　修改工作平面

2.5　坐标输入

绘制线条、变换对象都可以通过坐标与数值输入的方式来精确定位，坐标输入可以有多种方式。

2.5.1　绝对坐标

绝对坐标输入是以原点为基点的输入方式。

1. 直角坐标输入

直角坐标输入方式在指令提示栏中的输入格式为"*a,b,c*"；当【Z】值为0时，可以省略为"*a,b*"，原点可省略为"0"。

输入直角坐标时默认是基于工作平面坐标系的。由于视图默认配置的是不同工作平面，顶视图与透视图为世界坐标Top角度，前视图为世界坐标Front角度，右视图为世界坐标Right角度，所以在不同视图内输入相同的坐标值，得到的定位点并不一致。

希望以世界坐标值来定位点时，可以在坐标值前加上前缀"w"，格式为"*wa,b,c*"。世界坐标原点为"w0"。

需要注意，坐标数值与符号均要在英文输入法状态下输入，否则为无效输入。

2. 极坐标输入

极坐标输入方式以工作平面原点为基点通过距离与方位来定位点，格式为"*d<α*"，*d*为长度值，<表示后面跟随的是角度，*α*为角度值；格式为"*wd<α*"时，会以世界坐标原点为基点定位*xy*平面的点。

2.5.2　相对坐标

相对坐标是以前一个定位点为原点的坐标输入方式。

格式为在绝对坐标输入格式前加前缀"r"或"@"。

1. 相对直角坐标输入

相对直角坐标输入在指令提示栏中的输入格式为"*ra,b,c*"或"*@a,b,c*"。

2. 相对极坐标输入

相对极坐标输入在指令提示栏中的输入格式为"*rd<α*"或"*@d<α*"。

2.6 变动操作

凡是涉及对物件进行移动、旋转、缩放、复制以及形态改变的操作都称为变动操作。Rhino 提供了丰富的变动工具来满足建模过程中对物件进行变换和定位的各种需求。所有变动工具都集成在【主要】工具列下的【变动】子工具列内，如图 2-42 所示。

图 2-42 【变动】子工具列

这里介绍 Rhino 基础变动命令，其他命令将在后续章节中讲述。

2.6.1 移动

用户可以通过按住鼠标左键拖曳对象的方式来移动对象，但是这种方式是随性的，无法使用精确的单位。

以鼠标拖曳的方式移动对象时，可以配合辅助键限制移动方向。

● 按住键盘的 Shift 键拖曳，可以限制对象只做与工作平面 x 轴、y 轴平行或垂直的移动。

● 按住 Ctrl 键拖曳可以限制对象只做与工作平面 z 轴平行的移动。

使用【移动工具】 除了可以通过捕捉或随意定位的鼠标取点的方式移动对象之外，还可以以间距、角度或坐标点定位的方式来精确移动对象。

移动工具通过指定两点（起点和终点）来变换对象的位置，执行的步骤可参看指令提示栏的提示，分别指定起点和终点即可。

1. 直角坐标方式

通过绝对直角坐标移动对象的格式为"a,b,c"，通过相对直角坐标移动对象的格式为"ra,b,c"或"@a,b,c"，当【Z】值为 0 时，可以省略为"a,b"，原点可省略为"0"。图 2-43 所示分别为通过绝对直角坐标与相对直角坐标移动对象的指令示例。

2. 极坐标方式

通过极坐标值来移动对象的格式为"d<α"，d 为长度值，<表示后面跟随的是角度，α 为角度值。图 2-44 所示为通过极坐标值来移动对象的指令示例。

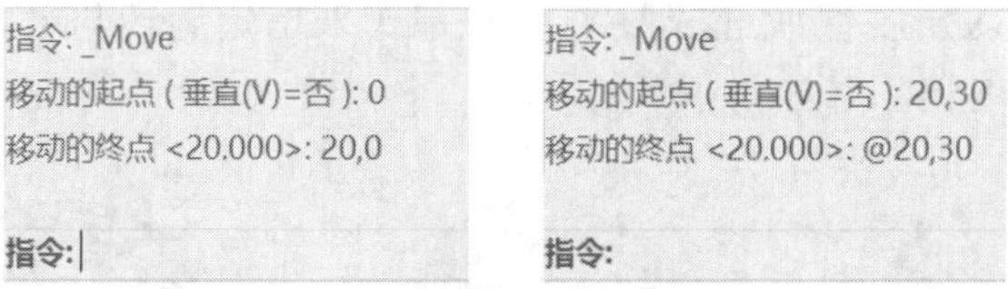

指令：_Move	指令：_Move	指令：_Move
移动的起点 (垂直(V)=否)：0	移动的起点 (垂直(V)=否)：20,30	移动的起点 (垂直(V)=否)：0
移动的终点 <20.000>：20,0	移动的终点 <20.000>：@20,30	移动的终点 <20.000>：20<30
指令：	指令：	指令：

图 2-43 通过直角坐标方式移动对象 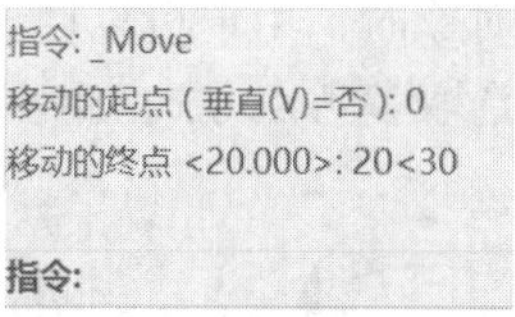　　　　图 2-44 通过极坐标方式移动对象

采用极坐标方式时，代表角度与长度的两个值可以分开输入，角度格式为"<α"，长度格式为"d"，如图 2-45 所示；也可以只输入角度与长度中的一个参数，另一个参数通过鼠

标单击取点来完成，如图 2-46 所示。只输入一个数值时表示长度，角度值输入要有前缀"<"。

只输入长度值后按 Enter 键，需要再指定方位，这时可以通过鼠标单击取点。

只输入角度值后按 Enter 键，需要再指定间距，这时可以通过鼠标单击取值。

指令:_Move	指令:_Move	指令:_Move	指令:_Move
移动的起点（垂直(V)=否）: 0	移动的起点（垂直(V)=否）: 0	移动的起点（垂直(V)=否）: 0	移动的起点（垂直(V)=否）: 0
移动的终点 <20.000>: <30	移动的终点 <20.000>: 20	移动的终点 <20.000>: 20	移动的终点 <20.000>: <30
移动的终点 <20.000>: 20	移动的终点 <20.000>: <30	移动的终点 <20.000>:	移动的终点 <20.000>:
指令:	指令:	指令:	指令:

图 2-45 分开输入　　　　　　　　　　　　　图 2-46 只输入一个参数

3. 指令提示栏参数

● 【垂直（V）=否】：在确认移动起点时，指令提示栏提供了【垂直（V）=否】的选项，默认为否，单击开启后，可以以垂直于工作平面的方向移动对象，这样终点的输入只需要给出间距值就可以了。

● 移动的终点<>：在确认移动起点时，指令提示栏"移动的终点"后面"<>"内的参数为上一次移动的间距值，若多次移动间距相等，可以在此直接按 Enter 键或右键单击取用相同参数。

2.6.2 旋转

旋转是指绕着基点改变对象的角度。Rhino 提供了两种旋转工具，即【2D 旋转】和【3D 旋转】。这两个工具共用一个图标，以左右键单击图标区分。这两个工具的区别在于，【2D 旋转】是绕着与视图工作平面的 z 轴平行的轴旋转对象；【3D 旋转】需要指定旋转轴后再旋转对象。

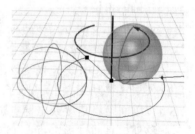

图 2-47 2D 旋转示意图

1. 2D 旋转

2D 旋转示意图如图 2-47 所示，执行过程如图 2-48 所示。

指令:_Rotate	已加入 1 个曲面至选取集合。
选取要旋转的物件:	指令:_Rotate
选取要旋转的物件，按 Enter 完成:	旋转中心点（复制(C)=否）:
旋转中心点（复制(C)=否）:	角度或第一参考点 <300>（复制(C)=否）: 300
角度或第一参考点 <300>（复制(C)=否）: 300	指令:

图 2-48 2D 旋转执行过程

旋转中心点：可以单击鼠标指定，也可以输入点坐标。

旋转对象时，用户可以通过输入角度值或选取参考点的方式来指定旋转角度，图 2-49 所示为以选取参考点方式演示旋转步骤。

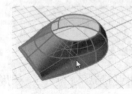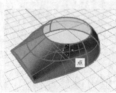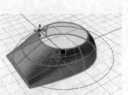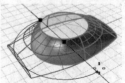

图 2-49 选取参考点方式旋转对象

2. 3D 旋转

3D 旋转需要通过指定两点的方式确定旋转轴，然后旋转对象。

2.6.3 缩放

Rhino 提供了 5 种用于缩放对象的工具，如图 2-50 所示。

缩放对象也需要先选择缩放基点，再输入缩放比数值或选取参考点。缩放工具的使用非常简单，下面以单轴缩放为例介绍需要注意的参数，图 2-51 所示为单轴缩放的指令提示栏。

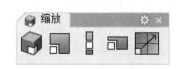

图 2-50 【缩放】子工具列

指令: _Scale1D
基点 (复制(C)=否): 0
缩放比或第一参考点 <2.000> (复制(C)=否):
第二参考点 (复制(C)=否): 10
指令:

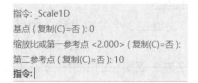

图 2-51　单轴缩放

- 基点：缩放中心，可以输入坐标或用鼠标取点。
- 缩放比：直接输入数值表示缩放比例，按 Enter 键后还需要指定缩放方向（以鼠标指定）。
- 参考点：若此时在视窗内鼠标定点，则表示用参考点方式缩放对象。按 Enter 键后还需要再指定第二参考点。用户可以再以鼠标指定第二参考点，完成缩放操作。若第二参考点输入的是数值，表示第二参考点到基点的距离。这一技巧很有用，通常可以用来将任意大小的物件缩放到指定尺寸。

2.6.4 复制与阵列

利用 Rhino 的【复制】工具，可以快速制作物件的副本。【复制】工具使用方式与【移动】工具相似，也是通过确定起点和终点来复制对象。

很多变动工具在指令提示栏中提供了复制选项，用户可以在保留源物件的同时变换对象的副本。

要按照一定规律来制作多个副本，可以利用【阵列】子工具列内的工具来完成，如图 2-52 所示。

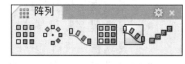

图 2-52 【阵列】子工具列

2.6.5 定位

【定位】是更为高效的变换对象的方式，包含【2 点定位】和【3 点定位】，更复杂的定位方式还有【定位至曲面】、【垂直定位至曲线】、【定位曲线至边缘】。

1. 2 点定位

2 点定位是通过两个参考点和两个目标点变换选取对象的位置、大小和方位，如图 2-53 所示。

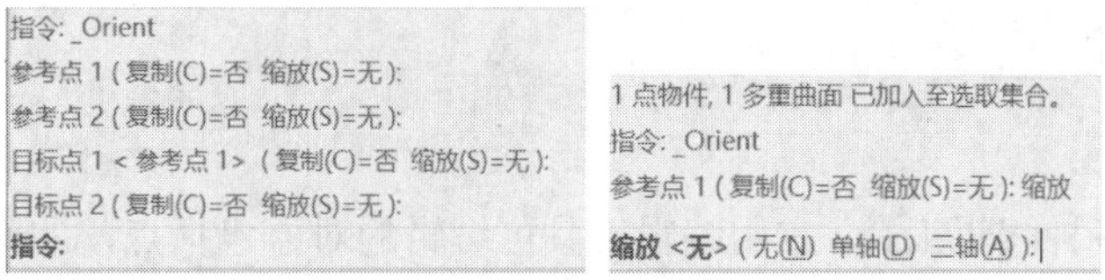

指令: _Orient
参考点 1 (复制(C)=否 缩放(S)=无):
参考点 2 (复制(C)=否 缩放(S)=无):
目标点 1 < 参考点 1> (复制(C)=否 缩放(S)=无):
目标点 2 (复制(C)=否 缩放(S)=无):
指令:

1 点物件, 1 多重曲面 已加入至选取集合。
指令: _Orient
参考点 1 (复制(C)=否 缩放(S)=无): 缩放
缩放 <无> (无(N) 单轴(D) 三轴(A)):

图 2-53　2 点定位

参照指令提示栏提示，分别输入参考点 1、参考点 2 与目标点 1、目标点 2 的定位。
指令提示栏提供的【缩放（S）=无】选项有如下 3 个参数。

- 【无（N）】：仅变换位置与方位，物件大小不变。
- 【单轴（D）】：除了变化位置与方位，还依据参考点 2 和基点的间距与目标点 2 和基点的间距的比值单轴缩放对象。
- 【三轴（A）】：除了变换位置与方位，还依据参考点 2 和基点的间距与目标点 2 和基点的间距的比值三轴缩放对象。

2. 3 点定位

3 点定位是通过 3 个参考点和 3 个目标点变换选取对象的位置和方位。3 点定位不会改变物件大小。

2 点定位与 3 点定位的区别在于，2 点定位通过一个旋转轴来变换方位，3 点定位则需要两个不同的旋转轴来变换方位。也就是 2 点定位是基于 2 组平面点来变换对象，3 点定位基于 3 组空间点来变换对象。

2.6.6 镜像

【镜像】工具 通过 2 点指定镜像轴来对称复制对象。右键单击可选取【3 点镜像】工具，通过 3 点指定一个平面来镜像对象。当产品为对称造型时，一般只需要创建一半再镜像即可。将镜像轴选为 x 轴或 y 轴时操作更高效准确。

2.6.7 设定 XYZ 坐标

【设定 XYZ 坐标】工具 使用频率非常高，常用于调整曲线、曲面控制点。选择对象后右键单击可弹出图 2-54 所示的【设置点】对话框，其参数含义如下。

图 2-54 【设置点】对话框

- 【设置 X】：设置点的 x 轴坐标值相同，所以勾选【设置 X】复选框是将所选择的点垂直对齐。
- 【设置 Y】：设置点的 y 轴坐标值相同，所以勾选【设置 Y】复选框是将所选择的点水平对齐。
- 【设置 Z】：设置点的 z 轴坐标值相同。

下方选项栏中可选择所使用的坐标系是世界坐标系还是工作平面坐标系。

在调整曲线或曲面控制点时，很多情况是将所选控制点在某个视图中对齐到一条直线上，并不是对齐到默认视图的 x、y、z 轴。通过绘制辅助线来调整是一个办法，这里提供了一个更为高效的方式，先利用工具列中的 /【以 3 点设置工作平面】工具 自定工作平面，再结合【设定 XYZ 坐标】工具 调整控制点即可。

2.7 常用编辑工具

Rhino 提供了多种编辑工具，常用编辑工具可编辑的对象包括点、曲线、曲面和实体对象。

2.7.1　组合

利用【组合】工具可以组合曲线或曲面，使之成为复合曲线或曲面，快捷键为 Ctrl+J。组合后的曲线、曲面称为多重曲线、多重曲面。

【组合】工具 出现异常不能组合的原因一般为待组合对象之间的距离大于系统绝对公差值。

2.7.2　炸开

利用【炸开】工具 可以炸开组合后的多重曲线、多重曲面使之成为单一曲线与曲面。右键单击该命令选择【抽离曲面】，可提取多重曲面中指定的面为独立的单一面。

要点提示

组合后的多重曲面不可以开启控制点，只有炸开为多个单一对象后才可以开启控制点。

2.7.3　群组与解散群组

利用【群组】工具 将对象结成群组，可以方便对象的选择，快捷键为 Ctrl+G。

利用【解散群组】工具 可以解散组合在一起的对象，快捷键为 Ctrl+Shift+G。

群组操作并不会改变对象的本身属性。

2.7.4　修剪

【修剪】工具 可以以一个对象剪切另外的对象，曲线、曲面都可以相互修剪。当利用曲线修剪曲面时，建议在正交视图中操作，这时会使用投影交线修剪曲面。

【修剪】工具的指令提示栏如图 2-55 所示。曲线之间修剪出现异常、不能完成作业的原因一般是相互不完整跨越。此时可以在指令提示栏中利用【延伸直线】或【视角交点】选项实现相互修剪。

> 指令:_Trim
> **选取切割用物件**（延伸直线(E)=否 视角交点(A)=否）:

图 2-55　【修剪】工具的指令提示栏

指令提示栏参数含义如下。

- 【延伸直线】：当修剪用的曲线不能完全穿透被修剪对象时，开启【延伸直线=是】选项可以以直线延伸穿透对象后再修剪，如图 2-56 所示。
- 【视角交点】：空间不相交的曲线之间修剪时，开启【视角交点=是】可以以视图内可视交点修剪对象。

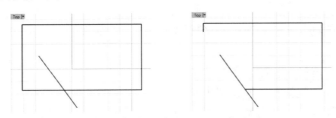

图 2-56　开启【延伸直线=是】选项修剪对象

利用曲线修剪曲面，对象间不需要有交点，直接以视角交点进行修剪。曲面之间修剪则需要对象之间完整跨越。如图 2-57 所示，两个曲面互相修剪，左图的两个曲面交线没有形成闭合曲线，因此不能完成修剪，右图的两个曲面交线是闭合曲线，因此可以完成修剪。

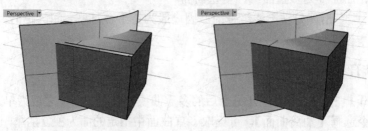

图 2-57　两个曲面互相修剪

曲面被修剪后，并不是真正删除掉修剪面，而是隐藏，右键单击 可执行【取消修剪】命令，以复原修剪。曲线被修剪后是真正删除，不可复原。

2.7.5　分割与以结构线分割曲面

【分割】工具 可以以一个对象分割另外的对象，与【修剪】工具的区别是不删除对象。右键单击可执行【以结构线分割曲面】命令，利用结构线分割曲面。指令提示栏中有一个【缩回】选项，当【缩回=否】开启时，曲面分割后还可利用【取消修剪】命令复原修剪；【缩回=是】开启时，曲面的控制点会缩回，使曲面成为单一曲面，不可复原修剪。

小结

本章介绍了 Rhino 的界面配置方式、Rhino 的工作界面与 Rhino 的基础操作，包括对象的选择方式、建模辅助功能详解、Rhino 工作环境设置、坐标系及坐标输入方式、物件的变动命令以及常规的编辑工具。这些知识是 Rhino 建模的基础，需要熟练掌握。

习题

一、填空题

1. 前视图的平移快捷键是＿＿＿＿＿＿＿＿；透视图的平移快捷键是＿＿＿＿＿＿＿＿。

2. 自定义工具列时，按住＿＿＿＿＿＿＿＿键，同时按住鼠标左键拖曳按钮到工具列外的位置，即可删除该按钮。

3. 直角坐标输入方式在指令提示栏中的输入格式为＿＿＿＿＿＿＿＿＿；当【Z】值为 0时，可以省略为＿＿＿＿＿＿＿＿，原点可省略为＿＿＿＿＿＿＿＿。

4. 相对坐标的输入格式为在绝对坐标输入格式前加前缀＿＿＿＿＿＿＿＿。

二、简答题

1. 简述指令历史栏的功能有哪些。

2. 简述坐标系的类型及如何识别坐标系。

3. 简述坐标输入的类型与格式。

3 Chapter

第 3 章
Rhino 5.0 建模基础

Rhino 是以 NURBS 技术为核心的曲面建模软件，NURBS 在表示与设计自由型曲线、曲面形态时显示了强大的功能。

本章主要介绍关于曲线、曲面的基础知识以及曲线、曲面与实体的创建与编辑工具，并介绍提高曲面建模质量的技巧与经验。

3.1 NURBS 的概念

Rhino 是以 NURBS 技术为核心的曲面建模软件，NURBS 在表示与设计自由型曲线、曲面形态时呈现了强大的功能。

NURBS 是一串描述曲线（曲面）的方程式，定义项有阶数、控制点、节点及估计法则（估计验算法，每个软件都有各自不同的定义，但都是由前三项即阶数、控制点、节点所控制的）。在利用 Rhino 建模的时候，不了解这些概念，也可以建出满意的模型。但是，了解这些概念与 Rhino 命令运作规律，有助于高效地创建模型，并有益于优化曲面，提高模型质量。

NURBS 目前被广泛应用于 3D 绘图软件。从字面上就可以了解 NURBS 的属性，具体如下所述。

- Non-Uniform: 非均匀分布（包含均匀分布）。
- Rational: 有理（包含非有理）。
- B-Spline: B 样条曲线。

1. Non-Uniform: 非均匀分布（包含均匀分布）

均匀与非均匀是 NURBS 节点赋值的方式，非均匀 B 样条函数节点参数沿参数轴的分布是不等距的，因为不同节点矢量形成的 B 样条函数各不相同，要单独计算，其计算量比均匀 B 样条大得多。但 NURBS 有很多优点，如可通过控制点和权因子灵活改变形状，具有透视投影变换和仿射变换的不变性，对自由曲线与自由曲面提供了统一的数学表示，便于工程数据库的存取和应用。

2. Rational: 有理（包含非有理）

有理与非有理是指 NURBS 的控制点对曲线的影响权值比；NURBS 每个控制点都带有一个数字（权值），除了少数特例以外，权值大多是正数。当一条曲线的所有控制点有相同的权值时（通常是 1），称其为非有理（Non-Rational）曲线，否则称其为有理 （Rational）曲线。这意味着一条 NURBS 有可能是有理的。在实际情况中，大部分的 NURBS 是非有理的，但有些 NURBS 永远是有理的，圆和椭圆是最明显的例子。Rhino 也有检查和改变控制点权值的工具，但是笔者不建议修改曲线的权值，因为很多 3D 软件并没有权值的概念，将修改过权值的模型导入这些软件，会发生模型变形的情况。

3. B-Spline: B 样条曲线

B-Spline（B 样条曲线）是贝塞尔（Bezier）曲线的拓展，贝塞尔曲线常用在 2D 矢量软件中，如 Photoshop 的钢笔工具绘制的曲线以及 CorelDRAW 贝塞尔曲线。

B-Spline 用样条函数使曲线拟合时，在接头处保证其连续性，与贝塞尔曲线相比，其主要优点在于曲线形状可以局部控制，并可随意增加控制点而不提高曲线的阶数。

3.2 点与线的相关概念

用户可以通过点来创建、编辑曲线，曲线是构建曲面的基础，曲线的质量直接影响由其生成的曲面的质量，所以掌握如何创建高质量的曲线是非常重要的。

1. 点

在 Rhino 中，点分为两种，一种是独立存在的点对象，一种是曲线、曲面的控制点。

利用工具列中的 · 工具，在视图中单击即可创建点对象，一般利用点对象作为参考点或锁点。而控制点则隶属于曲线与曲面，并不独立存在，通过调整控制点的位置可调整曲线与曲面的形态。

2. 曲线的构成

在 Rhino 中，可以通过定位一系列的控制点来绘制曲线。在曲线绘制完成后，按 F10 键，即可显示曲线的控制点，通过调整控制点可以改变曲线的形态。图 3-1 所示为曲线的构成（注意，图 3-1 仅为示意图，CV 点与 EP 点并不能同时显示）。

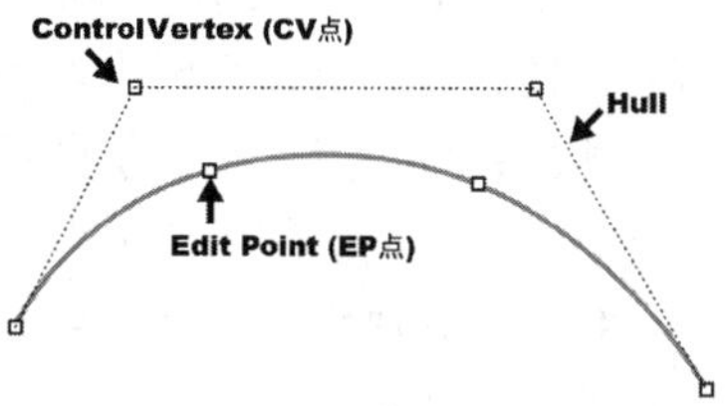

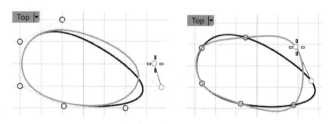

图 3-1 曲线的构成

构成曲线的各要素的作用如下。

- 控制点（Control Point）：也叫控制顶点（Control Vertex），可简称 CV 点（本书后面的叙述中将直接简称为 CV 点）。CV 点位于曲线的外面，用来控制曲线的形态。

- 编辑点（Edit Point）：简称 EP 点（本书后面的叙述中将直接简称为 EP 点），单击【开启编辑点】按钮 ↖，可显示曲线的 EP 点。EP 点位于曲线上，用户也可以通过调整 EP 点来改变曲线的形态。通常使用 CV 点来调整曲线，因为 CV 点影响曲线形态的范围较小，而 EP 点影响曲线形态的范围较大。如果只需要对曲线的局部形态进行调整，利用 CV 点会容易很多。图 3-2 所示为 CV 点与 EP 点影响曲线形态的范围比较。

图 3-2 CV 点与 EP 点影响曲线形态的范围比较

- 外壳（Hull）：连接 CV 点的虚线，对曲线的形态与质量没有影响，可帮助观察 CV 点。

3. 曲线的阶数

Rhino 中还有一个非常重要的概念，即阶数（Degree）。其数学上的名称为次数、幂。例如，直线是一次曲线（即一阶曲线）；圆、抛物线是二次曲线（即二阶曲线）。

要构建一条曲线，首先要有足够的 CV 点，CV 点的数目视曲线的阶数而定，如 3 阶的曲线至少需要 4 个 CV 点，5 阶的曲线则至少需要 6 个 CV 点。曲线阶数与构成曲线所需的最少 CV 点的数目的关系为：

$$Degree = N-1（N：构成曲线所需的最少 CV 点的数目）$$

Rhino 中默认的曲线阶数为 3，曲线的阶数对曲线的影响如下所述。

- 曲线的阶数关系到一个 CV 点对一条曲线的影响范围。阶数越高的曲线的 CV 点对曲线形状的影响力越弱，但影响范围越广。
- 越高阶的曲线的内部节点（Knot）位置的连续性越好。提高曲线阶数并不一定会提高曲线内部的连续性，但降低曲线阶数一定会使曲线内部的连续性变差。

4. 节点（Knot）

NURBS 未出现时，如果需要 10 个 CV 点来描述造型，就一定要 9 阶的曲线，如果需要 30 个 CV 点，那就需要 29 阶的曲线，29 阶的曲线会很难计算。而 NURBS 可以用低阶数扩展出无穷多个 CV 点造型，解决的办法就是用节点（Knot）来把很多更低阶的曲线自动对接起来并且保持一定的光滑度。所以，这是一种技术的进步，只是低阶曲线节点（Knot）位置的连续性会差一点，越高阶曲线的节点（Knot）位置的连续性也会相对更高。

曲线节点、阶数与 CV 点的关系如下。

- 开放曲线：$CV = D+K+1$。
- 闭合曲线：$CV = K$。

这里 CV 指曲线 CV 点的数量，D 表示阶数，K 表示曲线内部节点的数量。需要注意的是，开放曲线的起点与终点也属于节点，但是公式中的节点数量是指去掉起点与终点的内部节点数。

5. 跨距（Span）

跨距是指节点与节点的间隔。每两个节点的间隔为一个跨距（Span），越长越复杂的曲线具有越多个跨距。Rhino 曲线实际上是将多个跨距连接起来，前一段曲线跨距的最后一个 CV 点是下一段跨距的起始 CV 点，从而创建出的连续光滑的曲线。每一段跨距都包含了曲线每一段的数学描述。跨距越多，曲线包含的信息量就越大；跨距越少，包含的信息量越小。所以，用越少跨距描述的曲线越经济有效。节点与跨距如图 3-3 所示。

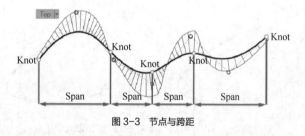

图 3-3 节点与跨距

3.3 曲线的创建

Rhino 中曲线绘制有多种方式，如通过指定关键点绘制几何曲线，通过指定 CV 点、节点绘制自由曲线，用鼠标指针描绘曲线等。

3.3.1 关键点几何曲线

Rhino 提供了一系列通过指定关键点来绘制标准几何曲线的工具。这类曲线的绘制方式非常简单，只需要依据指令提示栏的提示，输入关键点的坐标，或鼠标取点，即可完成绘制。比较有代表性的工具介绍如下。

1. 圆

Rhino 提供了多种绘制圆的工具，集成在【主要】工具列中 ⊙ 图标下的【圆】子工具列中，如图 3-4 所示。这些图标代表了绘制圆的不同方式，执行的过程和方法类似。

图 3-4　【圆】子工具列

（1）⊙【圆：中心点、半径】。

单击【主要】工具列的 ⊙ 图标，此时指令提示栏的状态如图 3-5 所示。

> 指令：_Circle
>
> **圆心**（可塑形的(D)　垂直(V)　两点(P)　三点(O)　正切(T)　环绕曲线(A)　逼近数个点(F)）：|

图 3-5　【圆】指令提示栏

此时指令提示栏状态表示确定圆心位置有两种方式，一种是输入圆心的坐标，输入坐标值后需要右键单击或按 Enter 键完成；另一种是鼠标取点，在视图中用鼠标单击任意点或利用捕捉点作为圆心，单击后会自动跳转到下一状态。

输入圆心后，指令提示栏状态如图 3-6 所示。

> **半径** <10.000>（直径(D)　定位(O)　周长(C)　面积(A)）：10

图 3-6　输入圆心

这时也可以用数值输入或鼠标取点两种方式来确定半径大小，完成圆的绘制。

⊙【圆：中心点、半径】命令指令提示栏中选项的含义如下所述。

● 圆心（可塑形的(D)　垂直(V)　两点(P)　三点(O)　正切(T)　环绕曲线(A)　逼近数个点(F)）：【圆】子工具列提供了多种绘制圆的命令，分别是直径画圆 ⊘、三点画圆 ◯、环绕曲线画圆 ⊙、切线画圆 ⊙ ◯ 、画与工作平面垂直的圆 ⊜ ⊕ 、可塑圆 ⊙ 与逼近数个点画圆 ⬠。这些不同的画圆方式同时以选项的形式集成在 ⊙【圆：中心点、半径】命令的输入圆心状态中。

● 半径 <10>（直径(D)　定位(O)　周长(C)　面积(A)）：Rhino 提供了多种确定圆大小的方式，包括半径、直径、周长和面积方式，开启【定位】选项，用户可以先指定圆形平面的法线方向，再确定圆大小。

（2）⊙【圆：环绕曲线】。

环绕曲线方式画圆可以绘制与指定曲线或曲面边缘上任意一点切线相垂直的圆。如图 3-7 所示，绘制多个环绕曲线的圆，再利用单轨命令可以制作不等粗的圆管。

其他圆绘制命令都是基于当前工作平面的，只有这个方式可以基于空间曲线的法线平面来绘制圆。

（3）⊙【圆：可塑形的】。

利用 ⊙ 命令绘制的圆是一个标准圆，是由 4 段圆弧（圆弧是 2 阶有理曲线）组成的。可塑圆是可以设定阶数与 CV 点的曲线。如图 3-8 所示，标准圆的 CV 点排列并不符合一条单一曲线的定义，可塑圆的 CV 点分布均匀，选择 2 条曲线上任意一点并移动可以看到，标准圆在四分点位置变得尖锐，变为多重曲线，利用【炸开】工具 ↙ 可以将其炸开；而可塑圆还维持为一条光滑曲线。需要注意，初始未编辑的标准圆并不能炸开。

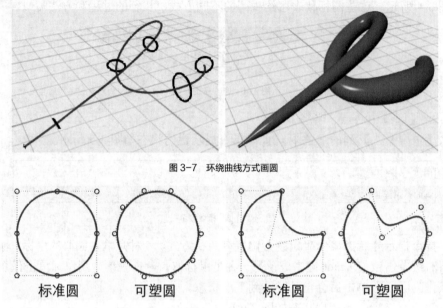

图 3-7　环绕曲线方式画圆

标准圆　　可塑圆　　标准圆　　可塑圆

图 3-8　标准圆与可塑圆 CV 点排列比较

如图 3-9 所示，利用【半径尺寸标注】工具 / 标注两者的半径可以发现，标准圆是半径恒等的圆，可塑圆是半径不唯一的圆。

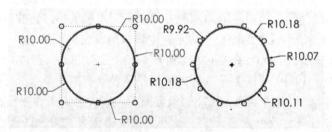

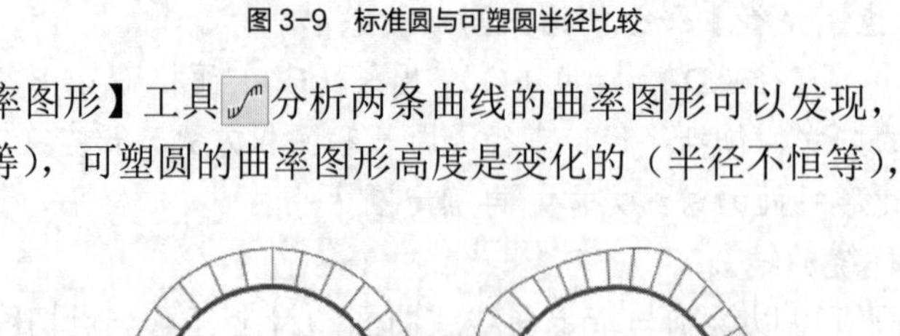

图 3-9　标准圆与可塑圆半径比较

利用【打开曲率图形】工具 分析两条曲线的曲率图形可以发现，标准圆的曲率图形高度相等（半径恒等），可塑圆的曲率图形高度是变化的（半径不恒等），如图 3-10 所示。

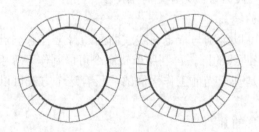

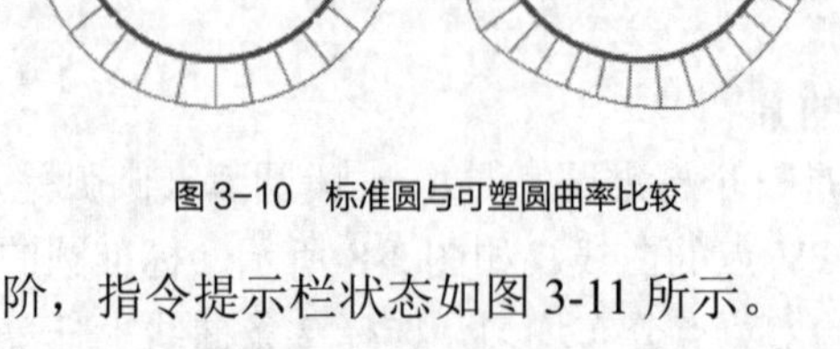

图 3-10　标准圆与可塑圆曲率比较

可塑圆默认阶数为 3 阶，指令提示栏状态如图 3-11 所示。

圆心 (阶数(D)=*3* 点数(P)= *10* 垂直(V) 两点(O) 三点(I) 正切(T) 环绕曲线(A) 逼近数个点(F)):|

图 3-11　指令提示栏状态

在阶数相同的情况下，提高 CV 点数可以让可塑圆半径差异变小。如图 3-12 所示，曲线 CV 点越多，曲率图形变化越小。

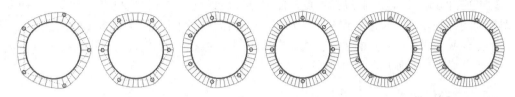

图 3-12　CV 点数与曲率图形变化

2. 标准圆与可塑圆如何应用

在实际应用中，标准圆和可塑圆最好不要混用，例如，在单轨创建曲面时，若断面曲线是圆造型，断面曲线要么都使用标准圆，要么都使用 CV 点数量相等的可塑圆，不要有些断面曲线用标准圆，有些用可塑圆。

3.3.2　控制点曲线

【控制点曲线】工具 ⟲ 是通过定位一系列 CV 点来绘制曲线，利用指令提示栏中的【阶数（D）=3】选项可以设定曲线的阶数，阶数与 CV 的关系可参考本书 3.2 节的内容。Rhino 支持 1～11 阶的曲线，默认曲线的阶数为 3 阶。在实际运用中，3～7 阶是最常用的阶数：对于小工业产品，3～5 阶就可满足要求；有空气动力学要求的产品，如汽车与飞机，可以使用 7 阶曲线。再高阶的曲线就很复杂了，不利于创建与编辑。

【持续封闭（P）=否】选项可以决定曲线是开放或闭合。默认为"否"，即在定位曲线最后一点时回到起始位置来绘制封闭曲线，封闭曲线至少需要 3 个以上的 CV 点。

当【持续封闭（P）=否】选项开启为"是"时，在绘制过程中可以观察到封闭曲线的造型。此时指令提示栏还提供了一个【尖锐封闭（S）=否】选项，默认为"否"，封闭曲线会是周期曲线；选项为"是"时，封闭曲线会是非周期曲线，如图 3-13 所示。

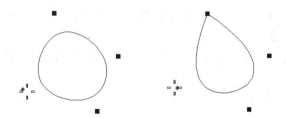

图 3-13　【尖锐封闭（S）=否】选项效果

3.3.3　内插点曲线

【内插点曲线】工具 ⟲ 通过定位曲线的节点来绘制曲线，节点的概念与特征可参考本书 3.2 节的内容。

【节点（K）=弦长】选项设定的是节点的赋值方式，采用默认选项通常会得到非均匀曲线，可以利用捕捉得到均匀曲线。通常来说，利用【内插点曲线】工具 ⊃ 绘制曲线的情况非常少。

需要注意的是，利用此命令绘制的是只有起点和终点的曲线，其实是3阶4点的曲线，并非1阶2点的直线。

3.3.4 控制杆曲线

【控制杆曲线】工具 ⌒ 通过指定点与控制杆来绘制曲线。单击定位点，释放后，拖曳鼠标调整控制杆的角度与长度来调整曲线形态。这个命令得到的曲线会是多重曲线。定位的每2个点会形成一段3阶4点的单跨曲线。在拖曳手柄时按住 Alt 键，可以产生锐角点。这个命令由于其局限性，使用频率并不高。

3.3.5 描绘曲线

【描绘】工具 ⊃ 通过按住鼠标左键并拖曳来绘制曲线，Rhino 会将拖曳轨迹转化为平滑的曲线，这个命令只能绘制3阶曲线，得到的曲线 CV 点通常会很多。

3.4 曲线的编辑

Rhino 提供了多种曲线编辑工具以满足用户多样的需求，灵活运用曲线编辑工具可以提高模型质量及建模速度。本节将介绍 Rhino 中常用且典型的曲线编辑工具。

3.4.1 调整曲线形态

一般来说我们很少能一次就将曲线绘制得非常精准，一般是先绘制初始曲线，这个阶段主要是绘制出大概的形态，重点是控制 CV 点的数量与分布；然后显示曲线的 CV 点，通过调整 CV 点来改变曲线的形态到所需的状态。【点的编辑】子工具列如图 3-14 所示。

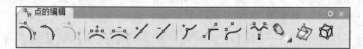

图 3-14 【点的编辑】子工具列

- 【打开点】 ↖ 命令可以打开曲线或曲面的 CV 点。默认快捷键为 F10。
- 【打开编辑点】命令可以打开曲线的 EP 点。
- 关闭所有曲线点（包括 CV 点与 EP 点）的显示可以右键单击 ↖ 图标。默认快捷键为 F11。
- 【关闭选取物件的点】 ↖ 可以通过选取物件来关闭其点显示。

3.4.2 增加 CV 点

如果曲线在调整过程中怎么调整都无法满足需要造型，可以在局部增加 CV 点。利用【插入一个控制点】工具 ↖、【插入节点】工具 ↗ 和【插入锐角点】工具 ↗ 可以为曲线增加额外的 CV 点。在实际应用中该如何选择呢？

1. 插入一个控制点

利用【插入一个控制点】工具 ↖ 可以在曲线或曲面任意位置插入一个 CV 点。插入 CV

点的步骤如图 3-15 所示。可以发现，插入额外的 CV 点后，曲线的形态发生了改变，这在建模中期是不期望出现的结果，所以，这个命令最好只在绘制最初的曲线时使用。

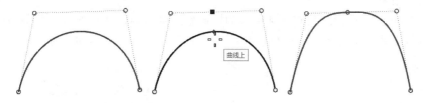

图 3-15　插入 CV 点的步骤

2. 插入节点

当建模中期需要维持物件造型并增加 CV 点时，可以使用【插入节点】工具 ✎，步骤如图 3-16 所示。根据曲线 CV 点计算公式，在阶数不变的情况下，每增加一个节点，曲线会多一个 CV 点，所以，利用这个工具也可以为物件增加 CV 点。

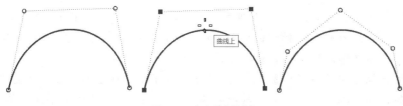

图 3-16　插入节点的步骤

> 插入节点后的曲线均匀性会发生改变。

3. 插入锐角点

利用【插入锐角点】工具 ✎ 可以在指定位置增加一个锐角节点，增加完成后，曲线会变为多重曲线。移动锐角节点处的 CV 点，会在此处形成一个尖锐转角，如图 3-17 所示。

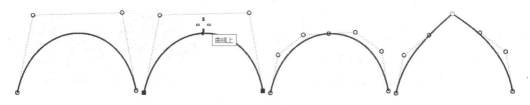

图 3-17　插入锐角点的步骤

3.4.3　删除 CV 点

利用【删除一个控制点】工具 ✎、【删除节点】工具 ✎ 可以删除不需要的点，不论删除的是 CV 点或节点，都会使曲线或曲面造型发生改变。

3.4.4　延伸曲线

Rhino 提供了多种延伸曲线的方式。单击工具列中的 ⌐ / ─ 按钮，即可弹出图 3-18 左图所示的【延伸】子工具列；选择【曲线】/【延伸曲线】命令，即可显示其下的级联菜单，如图 3-18 右图所示。

- 【延伸曲线】: 延伸曲线至选取的边界，以指定的长度延长，拖曳曲线端点至新的位置。
- 【连接】![]: 此工具在延伸曲线的同时修剪掉延伸后曲线交点以外的部分，注意，鼠标单击点的位置不同，修剪掉的部分也不一样，如图 3-19 所示。

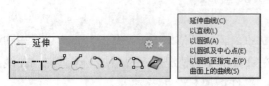

延伸曲线(C)
以直线(L)
以圆弧(A)
以圆弧及中心点(E)
以圆弧至指定点(P)
曲面上的曲线(S)

图 3-18 【延伸】子工具列和【曲线延伸】级联菜单

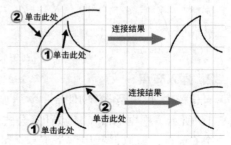

图 3-19 【连接】工具![]产生的结果

- 【延伸曲线（平滑）】![]: 延伸后的曲线与原曲线曲率（G2）连续。
- 【以直线延伸】![]: 延伸部分为直线，延伸后的曲线与原曲线相切（G1）连续，可以利用【炸开】工具![]将其炸开。
- 【以圆弧延伸至指定点】![]: 延伸部分为圆弧，延伸后的曲线与原曲线相切（G1）连续，可以利用【炸开】工具![]将其炸开。图 3-20 所示为不同延伸方式产生的效果。
- 【以圆弧延伸（保留半径）】![]: 延伸部分为圆弧，产生的延伸圆弧半径与原曲线端点处的曲率圆半径相同。
- 【以圆弧延伸（指定中心点）】![]: 延伸部分为圆弧，通过指定圆心的方式确定延伸后的圆弧。
- 【延伸曲面上的曲线】![]: 延伸曲面上的曲线到曲面的边缘，延伸后的曲线也位于曲面上。图 3-21 所示为延伸曲面上的曲线的结果。

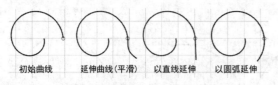

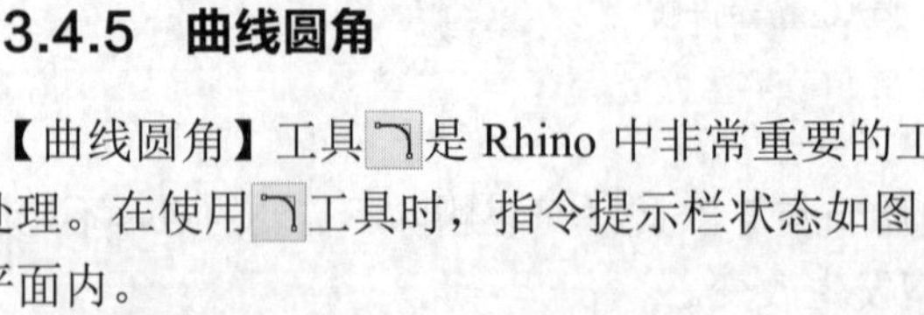

初始曲线　　延伸曲线（平滑）　　以直线延伸　　以圆弧延伸

图 3-20 不同延伸方式产生的效果

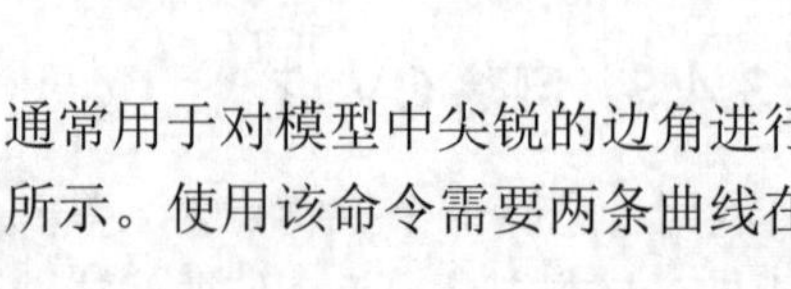

图 3-21 延伸曲面上的曲线的效果

3.4.5 曲线圆角

【曲线圆角】工具![]是 Rhino 中非常重要的工具，通常用于对模型中尖锐的边角进行圆角处理。在使用![]工具时，指令提示栏状态如图 3-22 所示。使用该命令需要两条曲线在同一平面内。

选取要建立圆角的第一条曲线（半径(R)=1 组合(J)=否 修剪(T)=是 圆弧延伸方式(E)=圆弧）:

图 3-22 【曲线圆角】工具指令提示栏状态

Rhino 5.0 还新增了【全部圆角】工具![]，可以使用户快速地以同一半径对多重曲线或多重直线的每个锐角进行圆角处理。

- 【半径】：输入数值，设定圆角大小。注意，若圆角太大超出了修剪范围，则倒角操作可能不会成功。
- 【组合】：设定进行圆角处理后的曲线是否结合。设定为"是"，可以免去再使用【组合】工具🔧进行组合操作。
- 【修剪】：设定进行圆角处理后是否修剪多余部分。图 3-23 所示为设定不同选项的效果。
- 【圆弧延伸方式】：当要进行圆角处理的两条曲线未相交时，系统会自动延伸曲线使其相交，然后再做圆角处理。该选项用于指定曲线延伸的方式。

图 3-23　不同【修剪】选项设定的效果

3.4.6　曲线斜角

【曲线斜角】工具和的功能非常相似，其指令提示栏状态如图 3-24 所示，右侧的 3 个选项和工具指令提示栏中选项的作用是一样的。

选取要建立斜角的第一条曲线 (距离(D)=*1.1* 组合(J)=*否* 修剪(T)=*是* 圆弧延伸方式(E)=*圆弧*)：

图 3-24　【曲线斜角】工具指令提示栏状态

【距离】：输入格式为"*a,b*"。分别代表鼠标单击选取的第一条曲线斜切后与原来两条曲线交点的距离、第二条曲线斜切后与交点的距离。图 3-25 所示为倒斜角示意图。

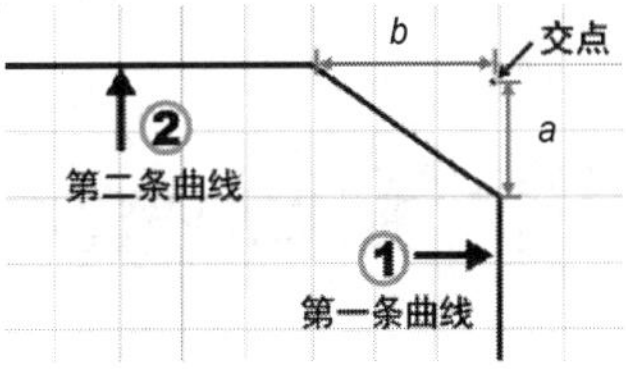

3.4.7　偏移曲线

【偏移曲线】工具可以以等间距偏移复制曲线，其指令提示栏状态如图 3-26 所示。

图 3-25　倒斜角示意图

选取要偏移的曲线 (距离(D)=*0.3* 角(C)=*锐角* 通过点(T) 公差(O)=*0.001* 两侧(B) 与工作平面平行(I)=*否* 加盖(A)=*无*)：

图 3-26　【偏移曲线】工具指令提示栏状态

- 【距离】：设定偏移曲线的距离。
- 【角】：当曲线中有角时，设定产生的偏移效果，图 3-27 所示为不同选项产生的效果。

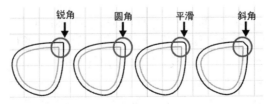

图 3-27　不同选项产生的效果

- 【通过点】：代替使用输入偏移距离的方式，通过利用鼠标点选设定偏移曲线要通过的点的方式进行偏移。

- 【公差】：偏移后的曲线与原曲线距离误差的许可范围，默认值和系统公差相同，公差越小，误差越小，但是偏移后曲线的 CV 点越多。
- 【两侧】：单击该选项后，会同时向曲线内侧与外侧偏移曲线。

曲线的 CV 点分布与数目直接影响曲线的质量，若不严格要求偏离间距误差，可以适当提高公差值以减少 CV 点的数目。图 3-28 左边两图所示为不同公差值得到的偏移曲线的 CV 点效果。

如果要利用偏移前后的两条曲线构建曲面，且构建的曲面之间又要做混接处理，则基础曲线如果有相同的 CV 点数目与分布，产生的曲面结构和质量要高一些。可以通过复制并缩放曲线来模拟偏移效果，如图 3-28 右图所示。

用户可以利用 ⬡/【分析曲线偏差值】工具 ⬦ 来分析偏移前后两曲线的最大与最小偏差值，分析的结果会显示在指令提示栏中。图 3-29 所示为不同公差与模拟偏移的偏差值。通过分析曲线偏差值，可以看出使用复制并缩放曲线的方式模拟偏移效果的优势，即保证曲线的 CV 点数目及分布与原曲线相同。只要不是很严格地要求偏离间距误差，最好使用模拟方式。

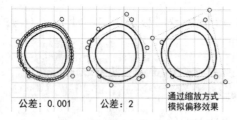

图 3-28 不同公差的效果

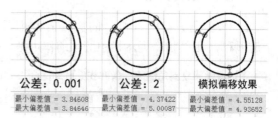

图 3-29 分析曲线偏差值

3.5 曲线的质量与检测

曲面是由曲线构建的，曲面质量的好坏很大程度上取决于基础曲线的质量。本节将介绍如何评价曲线的质量与构建高质量的曲线。

3.5.1 曲线的连续性

曲线的质量可以通过曲线的连续性来界定，连续性（Continuity）用来描述曲线或曲面的光顺程度，即是否光滑连接。曲线连续性越高，曲线质量越好。连续性包括曲线内部的连续性与曲线间的连续性。

一条 B 样条曲线往往难以描述复杂的曲线形状。这时增加曲线的顶点数会引起曲线阶数的提高，而高阶曲线又会带来计算上的困难，增加计算机的负担。在实际使用过程中，曲线阶数一般不超过 10。对于复杂的曲线，常采用分段绘制的方式，然后将各段曲线相互连接起来，并在连接处保持一定的连续性。

Rhino 中常用的连续性有位置（G0）连续、相切（G1）连续、曲率（G2）连续，Rhino 5.0 中还提供了 G3、G4 连续，但是并没有相应的检测工具。单击工具列中的 ⬡/ ⌣【可调式混接曲线】工具，在弹出的【调整曲线混接】对话框中，可以设定曲线混接的连续性级别，如图 3-30 所示。

对于绝大部分的建模过程来说，G2 连续已经可以满足需求了，通常没有必要使用 G3、G4 连续，而且 Rhino 中提供的大部分曲面创建工具最高只能达到 G2 连续。

（1）位置（G0）连续。

两条曲线的端点或两个曲面的边缘重合即可构成 G0 连续，G0 连续是最简单的连续方式，在视觉效果上，两条曲线或曲面间有尖锐的边角。对于曲线，可以利用【端点】捕捉来达到 G0 连续。

（2）相切（G1）连续。

G1 连续在满足 G0 连续的基础上，还满足两条曲线在相接端点的切线方向一致或两个曲面在相接边缘的切线方向一致，两条曲线或两个曲面之间没有锐角或锐边。对于曲线，打开 CV 点观察会发现，曲线相接端的两个控制点与相邻的曲线相接端的两个控制点在同一条直线上，如图 3-31 所示。

图 3-30 【调整曲线混接】对话框

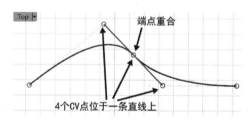

图 3-31　G1 连续 CV 点状态

曲线上其他 CV 点的位置与 G1 连续无关，可以自由调整；参与 G1 连续的 4 个 CV 点则不能任意调整。如果通过调整这 4 个 CV 点来修整曲线形态，就必须保证在切线方向（4 个 CV 点所在的直线即为切线方向）上移动 CV 点，也可以借助【调节曲线端点转折】工具 来调整。

使用【曲线圆角】工具 或【曲面圆角】工具 对直线或曲面进行圆角处理时，生成的圆角曲线（曲面）与原曲线（曲面）之间就是 G1 连续。

（3）曲率（G2）连续。

G2 连续是用得最多的一种连续方式，G2 连续在满足 G1 连续的基础上，还满足两条曲线在相接端点（两个曲面在相接边缘）处的曲率半径也相同。在视觉效果上，两条曲线或两个曲面之间光滑连接。

对于 G2 连续，每个曲线需要提供其连接处的 3 个 CV 点（一共 6 个 CV 点），而曲线上其他 CV 点的位置与 G2 连续无关，可以自由调整。参与 G2 连续的 6 个 CV 点则不能任意调整，必须借助【调节曲线端点转折】工具 来调整这 6 个 CV 点，以保证 G2 连续。

1. 曲线连续性的检测工具

Rhino 提供了 G0～G2 连续的检测工具。单击工具列中的 /【开启曲率图形】工具 和【两条曲线的几何连续性】工具 ，可以检测曲线间的连续性。选择菜单栏中的【分析】/

【曲线】命令下的子选项，也可检测曲线间的连续性。

（1）开启曲率图形。

【开启曲率图形】工具 以曲率梳的形式显示曲线内部或曲线间的连续性，用户可以通过观察曲率图形在曲线端点处的方向和高度来判断曲线之间的连续性。图 3-32 所示为两条曲线连续性为 G0、G1、G2 时曲率图形的显示状态。

- G0：曲率图形在曲线端点处的方向和高度都不相同。
- G1：曲率图形在曲线端点处的方向相同，但是高度不相同。
- G2：曲率图形在曲线端点处的方向和高度都相同。

除了可以用来判定曲线之间的连续性外，还可以用来检测曲线内部的连续性及判定曲线的质量。

（2）两条曲线的几何连续性。

【两条曲线的几何连续性】工具 会在指令提示栏中显示两条曲线连续性的检测结果，如图 3-33 所示。

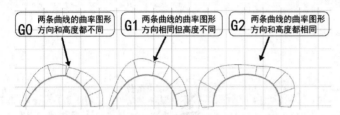

图 3-32 曲率图形的显示状态

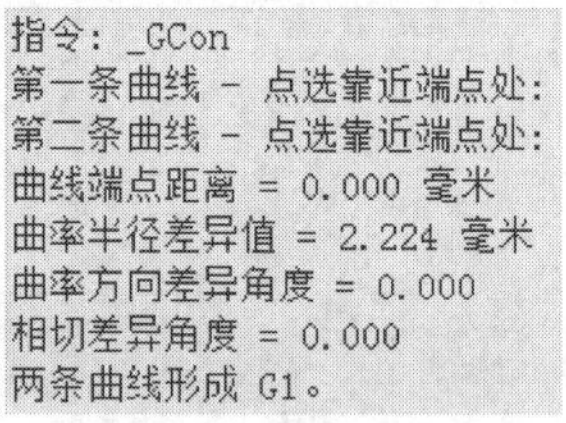

```
指令：_GCon
第一条曲线 - 点选靠近端点处：
第二条曲线 - 点选靠近端点处：
曲线端点距离 = 0.000 毫米
曲率半径差异值 = 2.224 毫米
曲率方向差异角度 = 0.000
相切差异角度 = 0.000
两条曲线形成 G1。
```

图 3-33 两条曲线的几何连续性

2. 曲线 CV 点与曲线质量

曲线 CV 点的数量与分布直接影响着曲线的质量。

如图 3-34 所示，曲线 1 为初始曲线，是 3 阶 4 个 CV 点的曲线，其曲率图形很光顺，说明内部连续性较好；曲线 2 为在初始曲线基础上微调其中两个 CV 点后的修整曲线形态，其曲率图形保持光顺状态，说明调整 CV 点并没有破坏曲线的内部连续性。

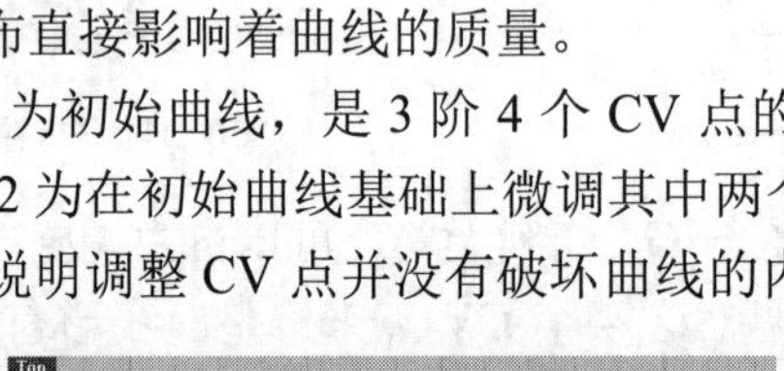

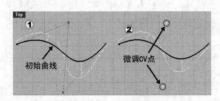

图 3-34 曲线的 CV 点与曲线的质量（1）

如图 3-35 所示，曲线 3 是在曲线 1 的基础上增加了多个 CV 点，但是并未对 CV 点进行调整，曲率图形还是比较光顺，但是曲率梳的密度增加，说明曲线相对初始曲线更加复杂；曲线 4 为在曲线 3 的基础上微微调整其中两个 CV 点来修整曲线后的形态，其曲率图形起伏变得复杂，说明调整 CV 点大大降低了曲线的内部连续性，即降低了曲线质量。

如图 3-36 所示，曲线 5 是直接徒手绘制的 3 阶 9 个 CV 点的曲线，其曲率图形相对曲线 1 复杂很多，说明相对于曲线 1，曲线 5 的内部连续性较差。

由此可以得到结论：曲线的 CV 点数目越少，曲线质量越高，调整其形态对内部连续性的影响越小。在绘制曲线时，要尽量控制 CV 点的数目，这需要对 CV 点的分布做合理的规划，对形态变化较大（即曲率大）的位置可以适当增加 CV 点，而形态平缓的位置要精简

CV 点；在绘制曲线时尽量减少不必要的 CV 点，当调整局部形态不能满足要求时，可以再在该处添加 CV 点。

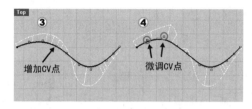

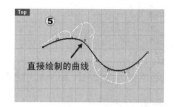

图 3-35　曲线的 CV 点与曲线的质量（2）　　　　　图 3-36　曲线的 CV 点与曲线的质量（3）

3. 曲线阶数与曲线的内部连续性

阶数越高的曲线内部连续性就会越好。如图 3-37 所示，曲线 1、曲线 2 为阶数不同、CV 点数目相同、形态相似的曲线，可以看出 4 阶曲线的曲率图形明显要比 3 阶曲线光顺。需要注意的是，并不能通过提高曲线阶数（使用 ⌐ / 图 【改变阶数】工具）来改善曲线内部的连续性，如图 3-37 所示，曲线 3 是在曲线 2 的基础上提高阶数得到的，曲率图形并没有得到改善，同时还增加了 CV 点数目。但是降低曲线阶数一定会降低曲线内部的连续性，在绘制曲线时，使用默认的 3 阶曲线就可以满足通常的曲线内部连续性要求，使用阶数更高的曲线会增加运算量。

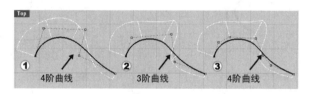

图 3-37　曲线阶数与曲线的内部连续性

3.5.2　曲线连续性的实现

在绘制曲线时，很多时候需要对两条曲线进行连续操作，G0、G1 连续很容易完成，除了使用【衔接曲线】工具 ～ 外，还可以通过手动调整来达到 G0、G1 连续。但是 G2 连续不能通过手动完成，也不能手动调整已经达到 G2 连续的曲线的 CV 点来改变曲线形态，因为这样会破坏原有的连续性，而是要使用其他相应的工具。

1. 可调式混接曲线

【可调式混接曲线】工具 可以直接在生成与原始两条曲线光滑连续的混接曲线的同时编辑曲线形态，使用起来比改图标的右键工具【混接曲线】更直观、灵活。

（1）使用方法。

【可调式混接曲线】工具 的使用方法如下所述。

STEP 1 单击工具列中的 ⌐ / 按钮，依次选取两条曲线后，弹出【调整曲线混接】对话框，如图 3-38 所示。

STEP 2 在视图中分别单击两条曲线的端点处，如图 3-39 所示。

为了得到对称的混接曲线，可以事先在曲线上放置两个点对象，以方便后期通过捕捉它们来调整混接曲线的形态。

STEP 3 此时指令提示栏提示选取要调整的控制点，单击选择图3-40所示的CV点。

图3-38 【调整曲线混接】对话框

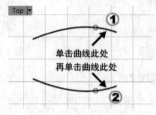
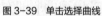

图3-39 单击选择曲线

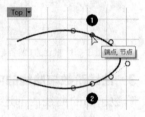

图3-40 选择CV点

STEP 4 开启☑点捕捉，按住鼠标左键拖曳鼠标指针到图3-41所示的点后释放鼠标。然后以相同的方式调整另一侧的CV点，完成效果如图3-42所示。

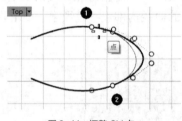

图3-41 调整CV点

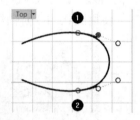

图3-42 调整CV点后的效果

STEP 5 按住Shift键用鼠标拖曳任意一端中间的CV点，就可以用对称的方式来调整混接曲线的形态，如图3-43所示。

STEP 6 单击鼠标右键完成调整，形成的混接曲线如图3-44所示。

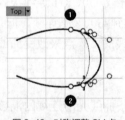

图3-43 对称调整CV点

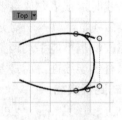

图3-44 完成混接

（2）混接曲线指令提示栏中选项的功能介绍如下。

① 在曲线之间生成混接曲线。

单击工具列中的 ⌐ / ⌐ 按钮，选择要混接的两条曲线后，即可动态地对曲线形态进行调整，弹出的【调整曲线混接】对话框如图3-45所示。

● 【连续性 1】/【连续性 2】：可以设定生成的混接曲线与原有两曲线在端点处的连续性级别。这个命令除了生成 G0～G2 连续外，还可以生成 G3、G4 连续的曲线。

● 【反转 1】/【反转 2】：单击该选项后，会反转生成的混接曲线的端点。

● 【显示曲率图形】：单击勾选该选项，即可在调整形态时显示曲率图形，以方便用户分析曲线质量。图3-46所示为显示曲率图形。

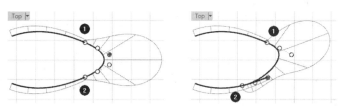

图 3-45　选项设置　　　　　　　　图 3-46　显示曲率图形

要点提示

按住 Shift 键选择要调整的 CV 点，可以对 CV 点做对称调整。

除了可以混接曲线，还可以在曲面边缘、曲线与点、曲面边缘与点之间生成混接曲线。

② 在曲面边缘之间生成混接曲线。

- 【边缘】：单击 按钮后，在指令提示栏中再单击该选项，即可以从曲面边缘开始建立混接曲线。指令提示栏会提示选取要做混接的曲面边缘。

- 【角度_1】/【角度_2】：默认情况下，生成的混接曲线与原曲面边缘垂直，如图 3-47 左图所示，通过该选项可以设定其他角度的混接曲线。也可以按住 Alt 键选择要调整的 CV 点，以手动方式设定混接角度，产生的效果如图 3-47 右图所示。

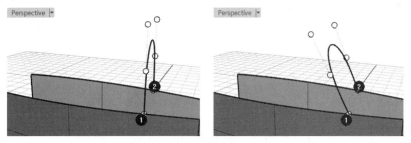

图 3-47　从曲面边缘开始建立混接曲线

③ 在曲线与指定点之间生成混接曲线。

- 【点】：单击 按钮后，在指令提示栏中再单击该选项，指令提示栏会提示选取曲线要混接至的终点，其操作过程如图 3-48 所示。

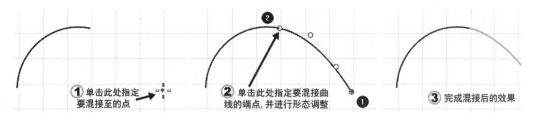

图 3-48　混接到指定点的过程

2. 调节曲线端点转折

当两曲线之间的连续性为 G1 或 G2 时，就不能手动调整其连接处的 2～3 个 CV 点，否则会破坏其连续性。如果要通过调整连接处的 2～3 个 CV 点来修整曲线形态，就必须借助【调节曲线端点转折】工具 。

3. 衔接曲线

利用【衔接曲线】工具 可以改变指定曲线端点处的 CV 点的位置，使其与另一曲线达到指定的连续性。

其使用方式非常简单，就是依次选取要进行衔接的曲线（调整其 CV 点）的一端与要被衔接的曲线（形态不变）的一端，在弹出的【衔接曲线】对话框中设定需要的连续性即可，如图 3-49 所示。相应选项介绍如下。

● 【连续性】：其下有 3 个选项，对应 G0～G2 连续。
● 【维持另一端】：其下的选项用于设定要进行衔接的曲线的另一端的连续性是否保持。
● 【互相衔接】：勾选此复选框，两条曲线均会调整 CV 点的位置来达到指定的连续性，衔接点位于两曲线端点连线的中点处。图 3-50 所示为勾选与未勾选【互相衔接】复选框时两曲线的状态。

图 3-49 【衔接曲线】对话框

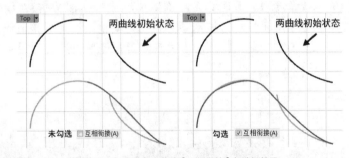

图 3-50 勾选与未勾选【互相衔接】复选框效果

● 【组合】：勾选此复选框，衔接曲线后会自动对两条曲线进行组合，相当于衔接后再选择【组合】工具 。
● 【合并】：勾选此复选框，衔接曲线后会将两条曲线合并为一条单一曲线，合并后的曲线无法使用【炸开】工具 炸开。此选项只在【连续性】选项为 G2 时可用。

3.6 曲面的基本概念

Rhino 是以技术为核心的曲面建模软件，这和其他实体建模软件（如 Pro/E、UG）有很大的不同，Rhino 在构建自由形态的曲面方面具有灵活、简单的优势。

在学习使用曲面创建工具之前，首先要了解曲面的相关概念，这对曲面创建与编辑会有很大的帮助。

1．曲面的标准结构

Rhino 曲面的标准结构是具有 4 个边的类似矩形的结构，曲面上的点与线具有两个走向，这两个方向呈网状交错，如图 3-51 所示。

在建模过程中遇见的很多曲面，可能从形态上来看与标准结构不同，但也属于 4 边结构，只是 4 个边的状态比较特殊，具体分类如下所述。

（1）3 边曲面。

3 边曲面也遵循 4 边曲面的构造，可显示其 CV 点，如图 3-52 所示。可以看出曲面具有两个走向，只是其中一个走向的线在一端汇聚为一点（称为奇点），也就是一个边的长度为 0。虽然 3 边曲面也可以看作 4 边曲面，但是在构建曲面的时候，应尽量避免 3 边曲面，也就是尽量不要构建有奇点的曲面（不包括由旋转命令形成的带有奇点的曲面）。

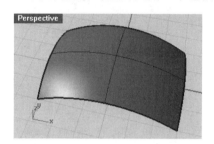

图 3-51　曲面的标准结构

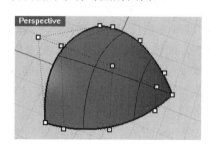

图 3-52　3 边曲面

（2）周期曲面。

有一个方向闭合的周期曲面看似不属于 4 边结构，在使用【显示边缘】工具 ❽ 查看其边缘时，可以看到曲面侧面有接缝，如图 3-53 所示。这就是曲面的另外两边，只是两个边重合在一起了。

（3）球形曲面。

球形曲面也同周期曲面一样，如图 3-54 所示，在显示其边缘后，可以看到不但有两个边重合，另外两个边也分别汇聚成为奇点。

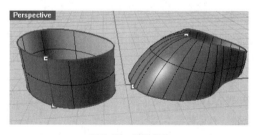

图 3-53　周期曲面

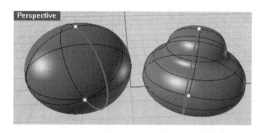

图 3-54　球形曲面

（4）其他形态的曲面。

还有一些曲面从外观上看并不能分析出其 4 个边，但其实仍是 4 边曲面，只是这些曲面接受过【修剪】 ⬚，其边缘所在的面被修剪掉了。选择显示曲面的 CV 点后，如图 3-55 左图所示，其 CV 点还是以 4 边结构排列。

在 Rhino 中，对曲面的修剪并不是真正将曲面删除，而是对其进行了隐藏，单击 ⬚【取消修剪】工具，将曲面取消修剪，即可以看到该曲面未被修剪的状态，如图 3-55 右图所示。

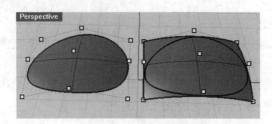

图 3-55　其他形态的曲面

2. 曲面的构成元素

曲面可以看作是由一系列曲线沿一定的走向排列而成的。在 Rhino 中构建曲面时，需要首先了解曲面的构成元素，如图 3-56 所示。

（1）曲面的 UVN 方向。

NURBS 曲面使用 UV 坐标来定义曲面，可以将 U 轴、V 轴、N 轴想象为平面坐标系的 x 轴、y 轴、z 轴，U 坐标或 V 坐标是曲面上某一点在纵向或横向上的参数值，N 坐标则是曲面上某一点在法线方向上的参数值。

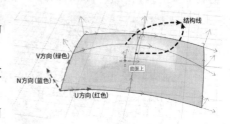

单击【分析方向】按钮 可以查看曲面的 UVN 方向，如图 3-56 所示，默认红色箭头代表 U 方向，绿色箭头代表 V 方向，白色箭头代表 N 方向，也可以自定义颜色配置。

图 3-56　曲面的构成元素

（2）结构线。

结构线是曲面上一条特定的拥有相同 U 坐标或 V 坐标的曲线。如图 3-56 所示，结构线是曲面上纵横交错的线，Rhino 利用结构线和曲面边缘来可视化 NURBS 的形状。在默认情况下，结构线显示在节点位置。

要点提示

结构线又称等参线，英文名是 Isoparametric，缩写为 ISO。本书后面的叙述中将直接简写为 ISO。

用户可以通过结构线来判定曲面的质量，结构线简洁、分布均匀的曲面比结构线密集、分布不均的曲面质量要好。

（3）曲面边缘。

曲面边缘（Edge）是曲面边界处的一条 U 曲线或 V 曲线。在构建曲面时，可以选取曲面边缘来建立曲面间的连续性。

将多个曲面组合时，若一个曲面的边缘没有与其他曲面的边缘相接，这样的边缘称为外露边缘。

3. 曲面的连续性

曲面连续性的定义和曲线连续性的定义相似，用来描述曲面间的光顺程度。在 Rhino 中使用较多的是 G0～G2 连续，Rhino 也提供了曲面间的 G3、G4 连续，如图 3-57 所示，【调整曲面混接】对话框中提供了 G3、G4 连续。

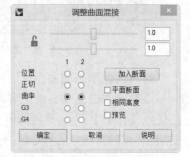

图 3-57　【调整曲面混接】对话框

建立曲面连续性的工具与检测曲面连续性的工具可以参见本书 3.5.1 小节的内容。

3.7 曲面的创建工具

Rhino 提供的曲面创建工具完全可以满足各种曲面建模的需求，同一个曲面通常有多种创建方法。选择什么样的方式来构建曲面，可以根据用户个人习惯与经验来定。一般来说，对于同一个曲面造型，可以将多种方式生成的曲面进行比较，选择能构建最简洁曲面的方式来完成创建，具体构建曲面的方式如下所述。

1. 指定三或四个角建立曲面

【指定三或四个角建立曲面】工具 ▨ 通过鼠标指定 3 个或 4 个点来创建平面，该命令操作简单，但是使用得很少。图 3-58 所示为指定 4 个点创建的平面。

2. 以二、三或四个边缘曲线建立曲面

【以二、三或四个边缘曲线建立曲面】工具 ▨ 可以使用 2～4 条曲线或曲面边缘来建立曲面。图 3-59 所示为使用 4 条首尾相接的曲线创建的曲面。使用 2～3 条曲线建面会产生奇点，应尽量避免使用。

即使曲线端点不相接，也可以使用该命令形成曲面，但是这时生成的曲面边缘会与原始曲线有差异。该工具只能达到 G0 连续，形成的曲面的优点是结构线简洁，通常使用该命令来建立大块简单的曲面。

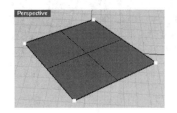

图 3-58　指定 4 个点建立平面

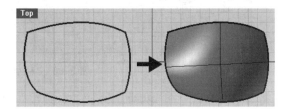

图 3-59　使用 4 条曲线建立曲面

3. 创建矩形平面

【矩形平面：角对角】工具 ▦ 可以通过指定平面的角点来创建矩形平面，该工具的使用方式很简单。

4. 以平面曲线建立曲面

【以平面曲线建立曲面】工具 ◉ 可以利用一条或多条同一平面内的闭合曲线创建平面，并且创建的面是修剪曲面。图 3-60 所示为以平面曲线建立的曲面。

注意，使用该工具的前提是曲线必须是闭合的，并且在同一平面内，当选取开放或空间曲线来执行此命令时，指令提示栏会提示创建曲面出错的原因，如图 3-61 所示。

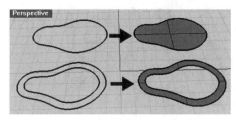

图 3-60　以平面曲线建立曲面

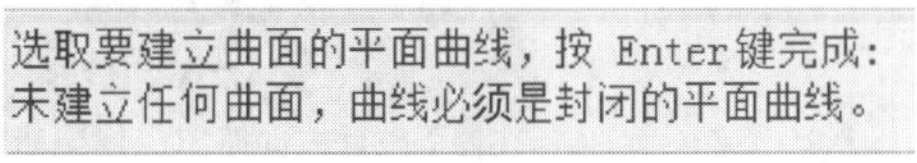

选取要建立曲面的平面曲线，按 Enter 键完成：
未建立任何曲面，曲线必须是封闭的平面曲线。

图 3-61　指令提示栏提示

5. 挤出曲线建立曲面

Rhino 提供了多种挤出曲线创建曲面的工具。单击工具列中的 / ，即可弹出图 3-62 左图所示的【挤出】工具列；选择【曲面】/【挤出曲线】命令，可显示其下的级联菜单，如图 3-62 右图所示。

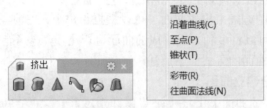

图 3-62 【挤出】工具列和【挤出曲线】级联菜单

图 3-63 所示为利用【挤出】工具列中的各个工具挤出的曲面效果。

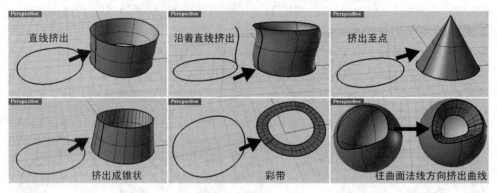

图 3-63 各种挤出方式

【挤出曲线】命令在模拟曲面表面的分模线时用得比较多，先创建一个挤出曲面，再修剪曲面，然后在两个曲面间生成圆角。图 3-64 所示为创建曲面圆角效果的流程，选择【直线】命令生成的曲面来创建圆角，有时分模线之间的缝隙会在局部过大；选择【往曲面法线】命令生成的曲面来创建圆角，会产生较好的效果。

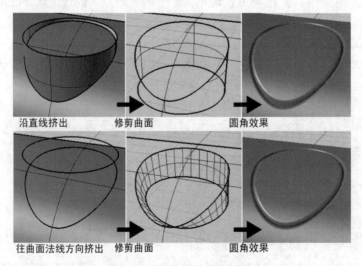

图 3-64 创建曲面圆角效果的流程

6. 放样

利用【放样】工具 可以通过空间上同一走向的一系列曲线来建立曲面。图 3-65 所示为各种曲线产生的放样曲面效果。

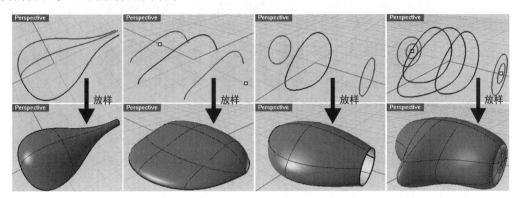

图 3-65　放样曲面的效果

用于放样的曲线需满足以下条件。

● 曲线必须同为开放曲线或闭合曲线（点对象既可以认为是开放的，也可以认为是闭合的）。
● 曲线之间最好不要交错。

在使用【放样】工具时，所基于的曲线最高阶数、CV 点数目都相同，并且 CV 点的分布相似，这样得到的曲面结构线最简洁。在绘制曲线时，可以先绘制出一条曲线，其余曲线可通过复制、调整 CV 点得到。图 3-66 所示为在 CV 点数目相同及不相同情况下生成曲面的效果。

在使用【放样】工具时，会弹出图 3-67 所示的【放样选项】对话框。

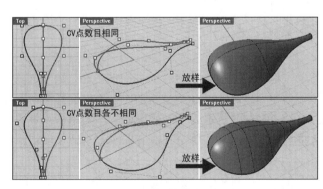

图 3-66　效果比较

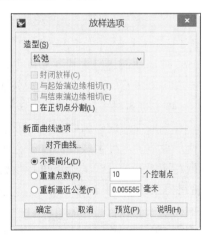

图 3-67　【放样选项】对话框

【放样选项】对话框中比较重要的选项的作用说明如下。

（1）【造型】下拉列表。

用来设置曲面节点和控制点的结构。图 3-68 所示为在下拉列表中选择不同选项时可形成的效果。

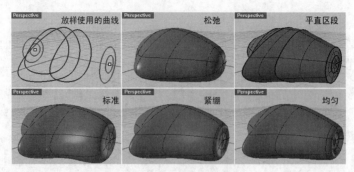

图3-68 【造型】选项效果

● 【标准】：系统默认为该选项。
● 【松弛】：放样曲面的控制点会放置于断面曲线的控制点上，该选项可以生成比较平滑的放样曲面，但放样曲面并不会通过所有断面曲线。
● 【紧绷】：和【标准】选项产生的效果相似，但是曲面更逼近曲线。
● 【平直区段】：在每个断面曲线之间生成平直的曲面。
● 【均匀】：与【标准】相似。相当于利用【内插点曲线】命令的默认参数【节点 (K)=均匀】通过断面形成 U 向结构线。

（2）【封闭放样】复选框。

勾选该复选框，可以得到封闭的曲面，效果如图3-69所示。这个选项必须要有3条或3条以上的放样曲线才可以使用。

图3-69 勾选与未勾选【封闭放样】复选框效果

（3）【与起始端边缘相切】和【与结束端边缘相切】复选框。

在使用曲面边缘来建立放样曲面时，最多能与其他曲面建立 G0 连续，勾选这两个复选框或其中之一后，可在相应位置获取 G0 连续。

（4）【对齐曲线】按钮。

在选取曲线时，选取曲线的顺序与单击点的位置会影响生成的曲面的形态，最好选取同一侧的曲线，这样生成的曲面不会发生扭曲。当生成的曲面产生扭曲时，可以选择该命令以选取相应的断面曲线的端点进行反转。图 3-70 左图所示为正确的选取顺序与单击点位置生成的曲面效果；图 3-70 右图所示为当曲面发生扭曲时，单击【对齐曲线】按钮反转端点纠正曲面扭曲的过程。

7. 单轨扫掠

【单轨扫掠】工具 形成曲面的方式为一系列的断面曲线沿着路径曲线扫描形成曲面。该工具的使用方法很简单，但不能与其他曲面建立连续性。图 3-71 所示为【单轨扫掠】工具生成曲面的效果。用于单轨扫掠的曲线需要满足以下条件。
● 断面曲线和路径曲线在空间位置上交错，但断面曲线之间不能交错。
● 断面曲线的数量没有限制。
● 路径曲线只能有 1 条。

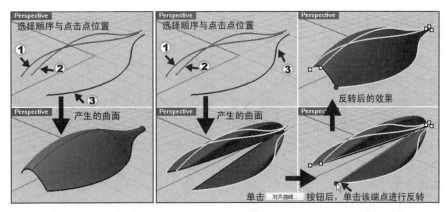

图 3-70　效果比较

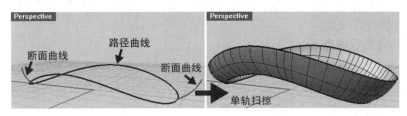

图 3-71　【单轨扫掠】生成曲面效果

8. 双轨扫掠

【双轨扫掠】工具形成曲面的方法同【单轨扫掠】工具相似，只是路径曲线有两条，所以【双轨扫掠】工具比【单轨扫掠】工具可以更多地控制生成的曲面的形态。图 3-72 所示为【双轨扫掠】工具生成曲面的效果。

在使用【双轨扫掠】工具时，会弹出图 3-73 所示的【双轨扫掠选项】对话框，对话框中比较重要的选项说明如下。

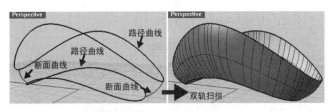

图 3-72　【双轨扫掠】生成曲面效果

图 3-73　【双轨扫掠选项】对话框

- 【维持第一个断面形状】/【维持最后一个断面形状】：当选取曲面边缘作为路径使用时，这两个选项才有效。当选取曲面边缘作为路径时可以在曲面间建立连续性，断面曲线会产生一定的变形来满足连续性的要求。这时可以勾选相应复选框来强制末端断面曲线不产生变形。

- 【保持高度】：在默认情况下，断面曲线会随着路径曲线进行缩放。勾选该复选框可以限制断面曲线的高度保持不变。

- 【路径曲线选项】：当选取曲面边缘作为路径使用时，该选项才有效。选择相应的选项可以建立需要的连续性。

- 【最简扫掠】：当满足要求时该选项可用，可以生成简洁的曲面，具体使用方式参见 3.9.2 最简扫掠。

- 【加入控制断面】：可以额外加入断面来控制 ISO 的分布与走向，具体使用方式参见 3.9.3 控制断面。

9. 旋转成形

【旋转成形】工具 💡 形成曲面的方式为曲线绕着旋转轴旋转生成曲面。【沿路径旋转】工具是在【旋转成形】工具的基础上加了一个旋转路径的限制。图 3-74 所示为【沿路径旋转】工具生成曲面的效果。

10. 以网线建立曲面

【以网线建立曲面】工具 📄 形成曲面的条件为所有在同一方向的曲线必须和另一方向上的所有曲线交错，不能和同一方向的曲线交错。两个方向的曲线数目没有限制，图 3-75 所示为【以网线建立曲面】工具的选项设置对话框。

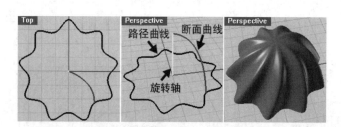

图 3-74 【沿路径旋转】生成曲面效果　　　　图 3-75 【以网线建立曲面】对话框

图 3-76 所示为使用【以网线建立曲面】工具生成的曲面。使用默认的公差形成的曲面产生的 ISO 较密，但是曲面边缘与内部曲线更逼近原始曲线，可以调大公差值来简化 ISO，但是曲面边缘及内部曲线与原始曲线之间会存在一定的误差。

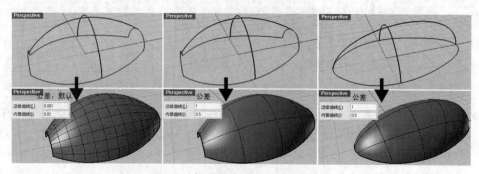

图 3-76 【以网线建立曲面】生成曲面效果

【以网线建立曲面】工具的功能非常强大，在曲面 4 个边缘都可以获得 G2 连续。当选取曲面边缘来创建曲面时，公差值最好保持默认，否则生成的曲面边缘会变形过大，即使在所有边缘都设置为 G2 连续时，生成的网线曲面和原始曲面之间也会存在缝隙。图 3-77 所示为利用曲面边缘和曲线生成的曲面。

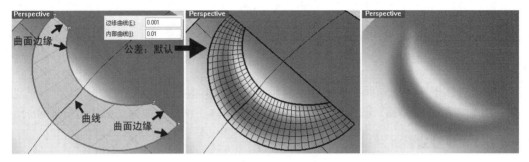

图 3-77　利用曲面边缘和曲线生成的曲面

11．嵌面

【嵌面】工具 通常用来补面，可以利用曲面边缘来嵌面，如图 3-78 所示。

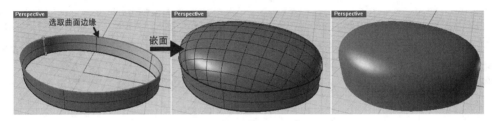

图 3-78　利用曲面边缘嵌面效果

用户还可以利用曲面边缘、曲线和点来限定嵌面曲面的形态，图 3-79 所示为利用曲面边缘与曲线生成的嵌面曲面。

在使用【嵌面】工具时，会弹出图 3-80 所示的【嵌面曲面选项】对话框，对话框中比较重要的选项说明如下。

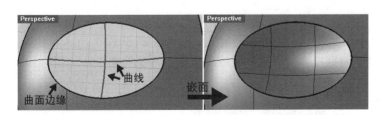

图 3-79　利用曲面边缘与曲线生成的嵌面曲面

图 3-80　【嵌面曲面选项】对话框

- 【曲面的 U/V 方向跨距数】：设置生成的曲面 U/V 方向的跨距数。数值越大，生成的曲面的 ISO 越密，越逼近原始曲线的形态。

- 【硬度】：设置的数值越大，曲面越"硬"，得到的曲面越接近平面。
- 【调整切线】：如果选取的是曲面边缘，生成的嵌面曲面会与原始曲面相切。
- 【自动修剪】：当在封闭的曲面边缘间生成嵌面曲面时，会利用曲面边缘修剪生成的嵌面曲面。

3.8 曲面编辑工具

Rhino 提供了丰富的曲面编辑工具以满足不同曲面造型的需求，对曲面可以进行剪切、分割、组合、混接、偏移、圆角、衔接及合并等操作，还可以对曲面边缘进行分割和合并。

3.8.1 混接曲面

【混接曲面】工具 用来在两个边缘不相接的曲面之间生成新的混接曲面，形成的混接曲面可以以指定的连续性与原曲面衔接。该工具使用非常频繁，图 3-81 所示为在两个曲面边缘间生成 G2 连续的混接曲面。

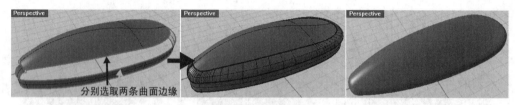

分别选取两条曲面边缘

图 3-81　G2 连续的混接曲面

【双轨扫掠】、【以网线建立曲面】工具最多只能达到 G2 连续，而【混接曲面】工具可以达到 G3、G4 连续。如图 3-82 所示，【混接曲面】工具的【调整曲面混接】对话框中提供了 G3、G4 连续。

单击 按钮，选择要混接的两条曲面边缘后，指令提示栏状态如图 3-83 所示。此时可以对混接曲面的曲线接缝进行调整。一般来说，对于对称的对象，最好将曲线接缝放置在物体的中轴处，以便获得更整齐的 ISO。

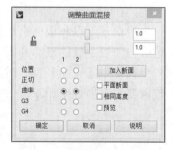

图 3-82　【调整曲面混接】对话框

移动曲线接缝点，按 Enter 完成（反转(F)　自动(A)　原本的(N)）：

图 3-83　选择边缘后指令提示栏状态

在调整完曲线接缝后，单击鼠标右键，此时的指令提示栏状态如图 3-84 所示，并弹出图 3-82 所示的【调整曲面混接】对话框，对话框中比较重要的选项说明如下。

选取要调整的控制点，按住 ALT 键并移动控制杆调整边缘处的角度，按住 SHIFT 做对称调整。：

图 3-84　调整完曲线接缝后指令提示栏状态

- 【平面断面】/【加入断面】：当生成的 ISO 过于扭曲时，可以在指令提示栏中勾选【平面断面】复选框或单击【加入断面】按钮来修正 ISO，具体的使用方式参见 3.9.3 控制断面。

- 【1】/【2】选项栏：可以为混接曲面的相应衔接端指定 G0~G4 的连续性。
- 【相同高度】：默认情况下，混接曲面的断面曲线会随着两个曲面边缘之间的距离进行缩放。勾选该复选框，可以限制断面曲线的高度不变。

用户可以手动调整混接断面曲线的 CV 点来改变形态，也可以在【调整曲面混接】对话框中通过拖动滑块来调整形态。

要点提示

按住 Shift 键选择要调整的 CV 点之前，可以对 CV 点做对称调整。按住 Alt 键选择要调整的 CV 点之前，可以手动方式调整混接控制杆的角度。

【不等距曲面混接】工具 可以在两个边缘相接的曲面间生成半径不等的混接曲面。和【混接曲面】工具不同的是，【不等距曲面混接】工具只能生成 G2 连续的曲面。图 3-85 所示为不等距曲面的混接效果。

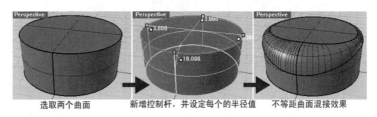

选取两个曲面　　　新增控制杆，并设定每个的半径值　　　不等距曲面混接效果

图 3-85　不等距曲面混接效果

右键单击 按钮，可以先在指令提示栏中设置要混接的半径大小，然后选择要混接的两个曲面，此时的指令提示栏状态如图 3-86 所示。

选取要编辑的圆角控制杆，按 Enter 完成（新增控制杆(A)　复制控制杆(C)　设置全部(S)　连结控制杆(L)=否　路径造型(R)=滚球　修剪并组合(T)=否　预览(P)=否）：

图 3-86　右键单击【不等距曲面混接】指令提示栏状态

- 【新增控制杆】：单击该选项，可在视图中需要变化的位置单击增加控制杆。
- 【复制控制杆】：单击该选项，可在视图中单击已有的控制杆，在指定的新位置复制控制杆。
- 【设置全部】：单击该选项，可以统一设置所有控制杆的半径大小。
- 【连结控制杆】：默认为"否"。单击该选项，使其变为"是"，这样在调整任意一个控制杆的半径时，其他控制杆也会以相同的比例进行调整。
- 【路径造型】：单击该选项，指令提示栏如图 3-87 所示，其下有 3 个选项可以选择，图 3-88 左图所示为 3 个选项的效果。在视图中单击控制杆的不同控制点，可以分别设定控制杆的半径大小与位置，如图 3-88 右图所示。

路径造型 〈滚球〉（与边缘距离(D)　滚球(R)　路径间距(I)）：

图 3-87　单击【路径造型】指令提示栏状态

- 【修剪并组合】：为"是"时，在完成混接曲面后修剪原有的两个曲面，并将曲面组合为一体。

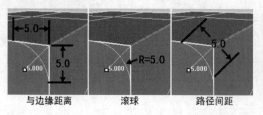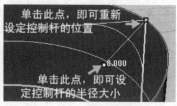

图 3-88　示意图

3.8.2　延伸曲面

【延伸曲面】工具 可以以指定的方式延伸未修剪的曲面边缘。延伸方式有直线和平滑两种。单击 按钮，执行的是【延伸已修剪曲面】命令，可以延伸已修剪的曲面。图 3-89 所示为平滑延伸已修剪曲面的效果。

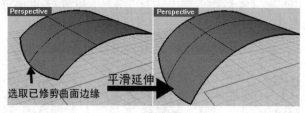

图 3-89　平滑延伸已修剪曲面

3.8.3　曲面圆角

在产品建模过程中，往往需要对产品的锐角进行圆角处理，这时可以利用【曲面圆角】工具 。

【曲面圆角】工具 在两个边缘相接的曲面间生成圆角曲面。圆角曲面与原来两个曲面之间的连续性为 G1。要获得不等半径的圆角曲面，可以使用【不等距曲面圆角】工具 。使用方式和指令提示栏选项与【不等距曲面混接】工具相似，具体选项解释参见 3.8.1 混接曲面。

3.8.4　偏移曲面

1．偏移曲面

利用【偏移曲面】工具 可以以指定的间距偏移曲面，如图 3-90 所示。

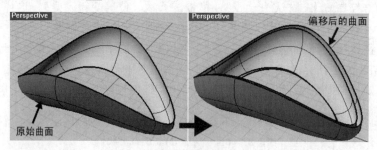

图 3-90　偏移曲面

单击 ，右键单击要偏移的曲面或多重曲面，此时的指令提示栏状态如图 3-91 所示。

> **选取要反转方向的物体，按 Enter 完成**（距离(D)=0.3 角(C)=圆角 实体(S)=是 松弛(L)=否 公差(T)=0.001
> 两侧(B)=否 删除输入物件(I)=是 全部反转(F)）：

图 3-91 【偏移曲面】指令提示栏状态

- 【选取要反转方向的物体】：在视图中曲面会显示法线方向，默认情况下，会向法
  线方向进行偏移。在视图中单击对象，可以反转偏移的方向。
- 【距离】：单击该选项，在指令提示栏中输入数值以改变偏移距离的大小。
- 【实体】：以原来的曲面和偏移后的曲面边缘放样并组合成封闭的实体，如图 3-92
  中图所示。
- 【松弛】：单击该选项，偏移后的曲面与原曲面 ISO 分布相同，如图 3-92 右图所示。

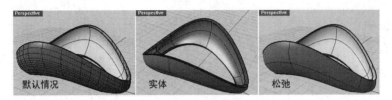

图 3-92　偏移曲面不同选项效果

- 【两侧】：会同时向两个方向偏移曲面。

2. 不等距偏移曲面

【不等距偏移曲面】工具可以不同的间距偏移曲面，如图 3-93 所示。

图 3-93　不等距偏移曲面

单击按钮，右键单击要偏移的曲面或多重曲面，此时的指令提示栏状态如图 3-94 所示。

> **选取要移动的点，按 Enter 完成**（公差(T)=0.01 反转(F) 设置全部(S)=1 连结控制杆(L) 新增控制杆(A) 边相切(I)）：

图 3-94 【不等距偏移曲面】指令提示栏状态

前面的几个选项与【不等距混接】工具的选项相似，读者可参
照【不等距混接】工具的相关选项进行学习。

- 【边相切】：维持偏移曲面边缘的相切方向和原来的曲面
  相同。

3.8.5　衔接曲面

利用【衔接曲面】工具可以使调整选取的曲面的边缘和其他
曲面形成 G0～G2 连续。注意，只有未修剪过的曲面边缘才能与其
他曲面进行衔接，目标曲面则没有修剪的限定。

指定要衔接的曲面边缘与目标曲面边缘后，会弹出图 3-95 所示
的【衔接曲面】对话框。

【衔接曲面】对话框中比较重要的选项说明如下。

图 3-95 【衔接曲面】对话框

- 【连续性】选项栏：指定两个曲面之间的连续性，依次对应 G0～G2 连续。
- 【互相衔接】：勾选该复选框，两个曲面均会调整 CV 点的位置来达到指定的连续性。
- 【精确衔接】：勾选该复选框，若衔接后两个曲面边缘的误差大于文件的绝对公差，会在曲面上增加 ISO，使两个曲面边缘的误差小于文件的绝对公差。
- 【以最接近点衔接边缘】：勾选该复选框，要衔接的曲面边缘的每个 CV 点都会与目标曲面边缘的最近点进行衔接。不勾选该复选框，则两个曲面边缘的两端都会对齐，效果如图 3-96 所示。

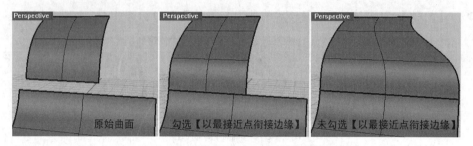

图 3-96　勾选与未勾选【以最接近点衔接边缘】复选框效果

- 【结构线方向调整】选项栏：设置要衔接的曲面的结构线方向，图 3-97 所示为不同选项对应的效果。

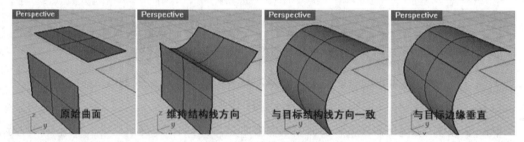

图 3-97　不同选项对应的效果

3.8.6　合并曲面

利用【合并曲面】工具 可以将两个未修剪的并且边缘重合的曲面合并为一个单一曲面。

单击 按钮，此时的指令提示栏状态如图 3-98 所示，其中比较重要的选项说明如下。

选取一对要合并的曲面 (平滑(S)=是　公差(T)=0.001　圆度(R)=1):

图 3-98　【合并曲面】指令提示栏状态

- 【平滑】：默认为"是"，两个曲面以光滑方式合并为一个曲面。当设置为"否"时，两个曲面均保持原有状态不变，合并后的曲面在缝合处的 CV 点为锐角点。注意观察曲面合并处的 ISO 可以发现，当调整合并处的 CV 点时，【平滑】设置为"否"的曲面在此处会变得尖锐。图 3-99 所示为不同【平滑】设置的效果。
- 【圆度】：指定合并的圆滑度，数值为"0～1"，"0"相当于【平滑】为"否"。图 3-100 所示为不同圆度的合并效果。

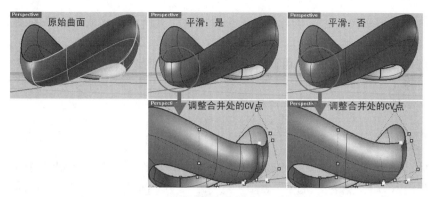

图 3-99　不同【平滑】设置的效果

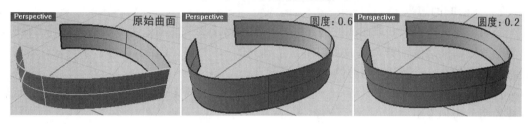

图 3-100　不同圆度的合并效果

3.8.7　缩回已修剪曲面

曲面被修剪以后，还会保持原有的 CV 点结构，利用【缩回已修剪曲面】工具 ⬛ 可以使原始曲面的边缘缩回到曲面的修剪边缘附近，图 3-101 所示为缩回已修剪曲面效果。

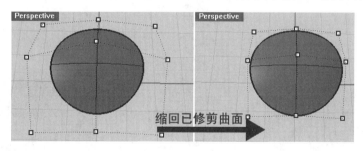

图 3-101　缩回已修剪曲面效果

3.8.8　曲面检测与分析工具

在建模过程中通常会需要对曲面进行分析，Rhino 提供了相应的曲面检测与分析工具。

1. 检测曲面间的连续性

检测两个曲面之间的连续性，可以使用【斑马纹分析】工具 📄。图 3-102 所示为斑马纹分析图。

图 3-102　斑马纹分析图

- 两个曲面边缘重合，斑马纹在两个曲面接合处断开，这表示在两曲面之间为位置（G0）连续。
- 斑马纹在曲面和另一个曲面的接合处对齐，但在接合处突然转向，这表示两曲面为相切（G1）连续。
- 斑马纹在接合处平顺地对齐且连续，这表示两曲面为曲率（G2）连续。

 要点提示

在使用【斑马纹分析】工具时，曲面的显示精度会影响斑马纹的显示效果，将曲面的显示精度提高，可以得到更为准确的分析结果。

2. 分析曲面边缘

曲面边缘可以用来获取曲面间的连续性，在使用【混接曲面】、【双轨扫掠】等工具时，通常会发现曲面边缘断开，这时可以单击工具列的 ▄ / ◈ 【显示边缘】工具来查看边缘状态。图 3-103 所示为复合曲面的全部边缘状态。

在单击【显示边缘】工具 ◈ 时，会弹出图 3-104 所示的【边缘分析】对话框，其中比较重要的两个选项说明如下。

- 【全部边缘】：单击选中此单选按钮，会显示所有曲面边缘。
- 【外露边缘】：曲面中没有与其他曲面的边缘相接（需要先将多个曲面组合）的边缘称为外露边缘。单击选中此单选按钮，将仅显示外露边缘。图 3-105 所示为显示复合曲面的外露边缘。

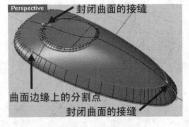

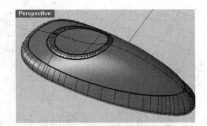

图 3-103　显示曲面边缘　　　图 3-104　【边缘分析】对话框　　　图 3-105　显示复合曲面的外露边缘

 要点提示

在使用布尔运算类工具时，常会遇见运算失败的情况，通常是因为两个曲面在要进行布尔运算的部位交线不闭合，系统无法定义剪切区域。这时可以利用【显示边缘】工具 ◈ 来查看曲面在相交区域是否存在外露边缘。

- 【放大】：当单击选中【外露边缘】单选按钮时，该按钮才可用。有时曲面的外露边缘非常小，不容易观察，可以单击此按钮放大显示外露边缘。此时指令提示栏状态如图 3-106 所示，单击【下一个】或【上一个】选项可以逐个查看放大状态的外露边缘。

全部外露边缘，按 Enter 结束（ 全部(A)　目前的(C)　下一个(N)　上一个(P)　标示(M) ）：

图 3-106 【外露边缘】指令提示栏

　　在利用曲面边缘获得连续性时，可能只需要使用某个曲面边缘的一部分，这时可以单击工具列的 █ / █ / █ 【分割边缘】工具在需要的位置分割边缘。右键单击 █，执行【合并边缘】命令，可以将分割后的边缘合并。

 要点提示

曲面边缘可以根据需要分割（合并），但是曲线在修剪（分割）以后就不能再回到修剪（分割）前的状态。若后面还需要再使用完整的曲线，最好在修剪（分割）此曲线前复制一份。

3.9 专题讲解

　　在曲面建模中，有很多面的创建方式操作比较简单，读者很容易理解与掌握，但是复杂形态的曲面则不容易看出建模方式。下面对常见的曲面进行归纳，并介绍每类曲面具体的建模思路与方式。

3.9.1　曲面建模与面片划分思路

　　对于形态复杂的曲面，在建模之前需要花一定的时间考虑建模思路与建模方法。
　　（1）划分的曲面要符合 NURBS 的 4 边特征，尽量避免 2 边、3 边面或者奇点。
　　（2）曲面的划分不宜过于零碎，以免增加制作步骤。
　　（3）在划分曲面的同时要考虑制作的方法。
　　在分析一个曲面的分片时，应先将曲面上的细节忽略，如分模线、按键、倒角等，这样可以得到一个模型的雏形，再对这个雏形进行面片的划分。
　　曲面可以分为基础曲面和混合曲面。
● 　基础曲面：是使用曲面创建工具，从曲线直接建立的曲面，通常可以直接看出其构建方式与构建曲线。基础曲面通常有如下特点：构建方式简单、曲面结构线简洁、容易绘制曲线；有明显的曲面轮廓。曲率变化平缓的曲面都可以划为基础曲面来创建。在构建基础曲面时，最好保持曲面结构线简洁，为后期制作混合曲面打下良好的基础。
● 　混合曲面：是在基础曲面间创建的具有连续性的曲面，可以使用基础曲面的曲面边缘来获取连续性。通常不易看出混合曲面与其基础曲面之间的明显的交线。可以将曲面中曲率较大、形态变化较急、过渡光滑的区域划为混合曲面。

3.9.2　最简扫掠

　　使用【双轨扫掠】工具产生的结构线相对较多，如图 3-107 左图所示。【双轨扫掠选项】对话框中有【最简扫掠】复选框，如图 3-107 右图所示，可以利用该选项来生成结构线最简洁的曲面，这在构建大块基础曲面时非常有用。但使用此选项需满足以下两个条件。
● 　两条路径曲线的阶数及结构必须完全相同。在绘制路径时可以先绘制出其中一条路径，通过复制得到另一条路径，再调整另一条路径的形态。

● 每一条断面曲线都必须放置在两条路径曲线相对的编辑点或端点上。

注意，勾选该复选框后，不能获得与其他曲面的连续性，因此只能构建基础曲面。同时，也不能再使用【加入控制断面】按钮。

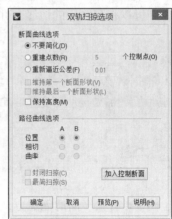

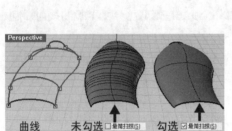

图 3-107　勾选与未勾选【最简扫掠】复选框效果

在使用【双轨扫掠】工具创建曲面时，若只使用 4 条曲线来构建，如图 3-108 所示（注意前视图与左视图的形态），则生成的曲面的中间断面形态不能自行控制，如希望中间断面形态的高度更高一些，通过该操作则不能实现。

在路径中点处加入一条断面曲线以控制中间的形态，效果如图 3-109 所示，可以看到左视图中曲面的中间形态已满足要求，而前视图中的断面形态并不是所需要的。

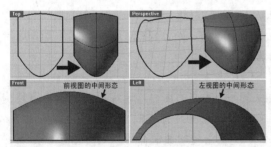

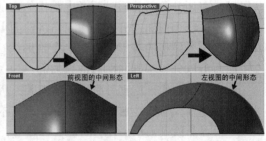

图 3-108　使用 4 条曲线来构建曲面　　　　图 3-109　增加一条断面曲线产生的曲面

下面通过一个实例来讲述如何利用【双轨扫掠】工具创建最简曲面，并有效控制左视图与前视图中的断面形态。

STEP 1 单击工具列中的【控制点曲线】工具，绘制出3阶5个CV点的路径曲线，再单击工具列中的【开启控制点】工具，显示CV点，如图3-110所示。

这条路径曲线通过 4 个 CV 点也能控制该形态，但是在后面使用【双轨扫掠】工具时要使用 5 条断面曲线，使用 5 个 CV 点的目的是让该曲线的 EP 点也为 5 个，以使 5 条断面曲线能放置在路径曲线的 5 个 EP 点上。

STEP 2 复制已绘制的路径曲线，在【Top】窗口中将其往上移动一定的距离，并调整CV点，最终形态如图3-111所示。注意，CV点只能进行垂直方向的调整，以保证与原曲线有相同的分布。

STEP 3 单击工具列中的【开启控制点】工具，关闭CV点，然后选择绘制的这两条路径曲线；单击工具列中的【开启编辑点】工具，显示两条路径曲线的EP点，如图3-112所示。

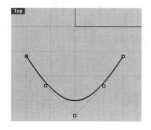

图 3-110　绘制路径曲线

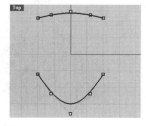

图 3-111　复制并调整另一条路径

图 3-112　显示曲线的 EP 点

STEP 4 开启点捕捉，单击工具列的【多重直线】工具，利用点捕捉分别绘制图3-113所示的端点均在路径曲线EP点上的5条直线。

STEP 5 选择绘制的5条直线，单击工具列的 / 【重建曲线】工具，将5条直线重建为3阶4个CV点的曲线。【重建】对话框如图3-114所示。

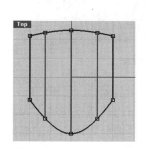

图 3-113　绘制 5 条直线

图 3-114　【重建】对话框

STEP 6 单击工具列中的【开启编辑点】工具，关闭EP点显示。重新打开重建后5条曲线的CV点，参照前视图和左视图绘制一条参考曲线，利用此曲线来调整中间3条曲线在前视图中的高度，如图3-115所示。

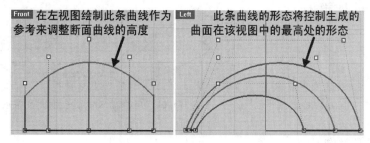

图 3-115　调整重建后 5 条曲线的形态

STEP 7 单击工具列的 / 【双轨扫掠】工具，依次选取路径曲线与断面曲线，在弹出的对话框中勾选【最简扫掠】复选框，如图3-116所示。单击【确定】按钮，完成的效果如图3-117所示。可以看到在前视图与左视图中曲面的断面形态都与需要的形态完全吻合。

图 3-116 【双轨扫掠选项】对话框

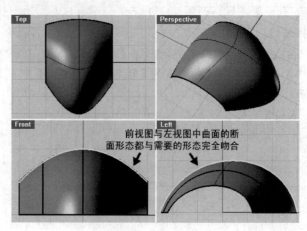

图 3-117 生成的曲面效果

灵活运用【双轨扫掠选项】对话框中的【最简扫掠】选项可以大大提高曲面的质量。在构建基础曲面时，都可以以此来优化曲面。其他形态的最简扫掠曲面效果如图 3-118 所示。

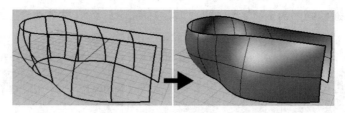

图 3-118 其他形态的最简扫掠曲面效果

在使用封闭曲线作为路径时，若要将断面曲线放置在封闭曲线的接缝处，可以使用【最简扫掠】选项。用户可以利用工具列中的 ⌐ / ⌐ 【调整封闭曲线的接缝】工具更改封闭曲线的接缝位置，图 3-119 所示为两条封闭曲线的接缝。但是调整封闭曲线的接缝位置会在曲线上额外增加 CV 点，为了避免增加额外的 CV 点，可以在绘制曲线前事先考虑到接缝位置。封闭曲线的接缝位于绘制该条曲线的起点处，可以在绘制时就确定好接缝位置。图 3-120 所示为使用封闭曲线作为路径生成的最简扫掠曲面效果。

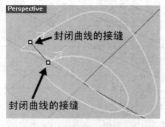

图 3-119 封闭曲线的接缝

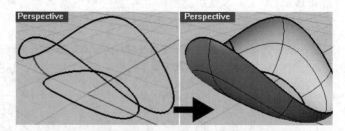

图 3-120 使用封闭曲线作为路径生成的最简扫掠曲面效果

3.9.3 控制断面

在使用【双轨扫掠】工具 和【混接曲面】工具 时，可以通过加入控制断面功能来提高曲面质量。【双轨扫掠选项】对话框中提供了【加入控制断面】按钮，如图 3-121 所示。

【调整曲面混接】对话框中提供了【平面断面】与【加入断面】选项来控制断面，【调整曲面混接】对话框如图 3-122 所示。

图 3-121　【双轨扫掠选项】对话框

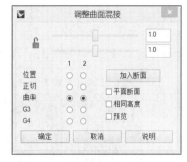

图 3-122　【调整曲面混接】对话框

下面来分别讲述两者的具体使用方法。

1．使用【双轨扫掠】工具的加入控制断面功能

利用【双轨扫掠】工具的加入控制断面功能可以自定义混接得到的曲面的结构线的分布，可以极大地简化复杂混接曲面的结构线。如图 3-123 所示，未使用加入控制断面功能产生的曲面结构线局部产生了扭曲，分布也不合理，而使用加入控制断面功能产生的曲面结构线分布整齐均匀。

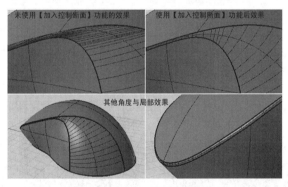

图 3-123　效果比较

STEP　01　打开本书配套资源中"案例源文件"目录下的"加入控制断面.3dm"文件，如图 3-124所示。该场景中有两个修剪后的曲面与3条曲线，现在利用曲面边缘与曲线，通过【双轨扫掠】工具生成中间的混合曲面，完成后的效果如图3-125所示。

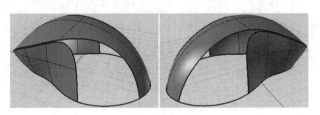

图 3-124　打开的文件

图 3-125　完成后的效果

STEP 2 单击工具列中的 🗀 / 🛋 【双轨扫掠】工具，依次选取两条曲面边缘作为路径，3条曲线作为断面曲线，如图3-126所示。

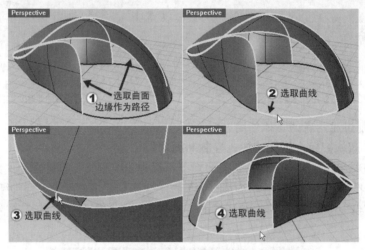

图 3-126　选取曲面边缘与 3 条曲线

STEP 3 在弹出的【双轨扫掠选项】对话框中单击【加入控制断面】按钮，参照图3-127，在视图中的曲面形态变化较大的部位加入控制断面。

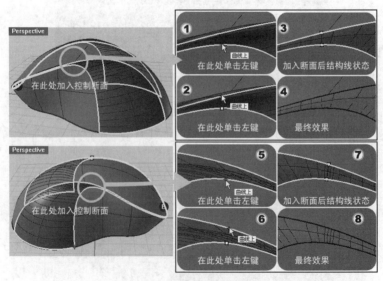

图 3-127　在视图中依次加入控制断面

![要点提示]

控制断面通常加在曲率变化较大的部位，若加入断面的部位产生的结构线效果不理想，可以在指令提示栏中输入 "U"，取消最近加入的控制断面，再重新在其他部位加入控制断面，直到结构线分布合理为止。

STEP 4 完成加入控制断面后，单击鼠标右键，回到【双轨扫掠选项】对话框，在【路径曲线选项】选项栏中将【A】、【B】都设置为 "曲率"，然后单击【确定】按钮，生成的双轨扫掠曲面效果如图3-128所示。

图 3-128　生成的双轨扫掠曲面效果

2. 使用【混接曲面】工具的【平面断面】与【加入断面】选项

【混接曲面】工具在指令提示栏中提供了【平面断面】与【加入断面】两个选项来控制断面。默认情况下生成的混接曲面结构线在局部产生扭曲，通过指定平面断面和加入断面来控制混接曲面的结构线，可以使结构线分布整齐均匀，结构线的比较如图 3-129 所示。

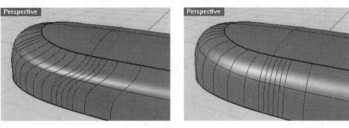

图 3-129　结构线的比较

STEP 1 打开本书配套资源中 "案例源文件" 目录下的 "加入断面.3dm" 文件，如图3-130左图所示。场景中有两个曲面，现在利用曲面边缘，通过【混接曲面】工具生成中间的混接曲面，完成后的效果如图3-130右图所示。

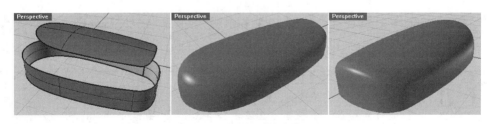

图 3-130　打开的文件与完成效果

STEP 2 单击工具列中的 ∧【多重直线】工具，参照图3-131绘制直线。

STEP 3 选择绘制的所有直线，单击工具列中的 🗄【投影曲线】工具，在顶视图中选择两个曲面，投影至曲面产生的曲线如图3-132所示。将原来的直线删除，这些曲线在生成混接曲面时将作为指定加入断面位置的参考。

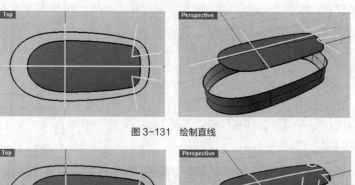

图 3-131　绘制直线

图 3-132　投影至曲面产生的曲线

STEP 4 单击工具列中的 ✏ / ✏【混接曲面】工具，依次选择两个曲面的边缘，如图3-133所示。

STEP 5 通过【Top】、【Front】、【Right】窗口观察，确保两条曲线接缝处于相对应的位置。单击鼠标右键，再单击指令提示栏中的【平面断面】选项，然后在右视图中任意位置单击，确定平面断面的平行线起点，再垂直移动鼠标指针到另一点单击，确定平面断面的平行线终点，如图3-134所示。

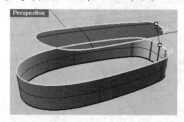

图 3-133　选择两个曲面的边缘

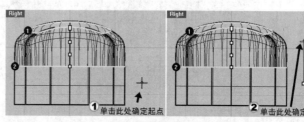

图 3-134　确定平面断面的平行线起点与终点

STEP 6 开启【端点】捕捉，再单击指令提示栏中的【加入断面】选项，参照图3-135加入第一个断面。

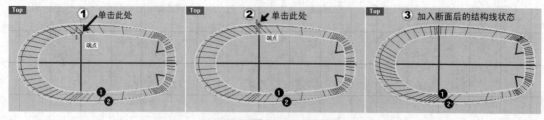

图 3-135　加入断面

STEP 7 参照STEP6，在路径上其他地方加入断面，如图3-136所示。完成后单击鼠标右键，此时视图中会显示加入断面的CV点，如图3-137所示。现在可以分别调整每个断面的CV点来修整断面的形态了。

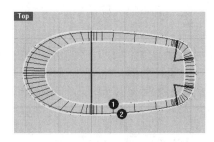

图 3-136　在路径上其他地方加入断面

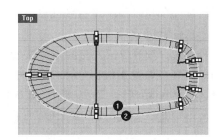

图 3-137　每个断面的 CV 点

STEP 8 保持默认的 CV 点状态，单击【调整曲面混接】对话框中的【确定】按钮，完成混接后的效果如图 3-138 所示。

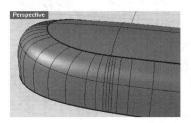

图 3-138　完成混接后的效果

3.9.4　曲面面片的划分

曲面划分的难点在于很难看出曲面与曲面之间明显的交线，而整个曲面又很难看出 4 边的结构，如图 3-139 所示的鼠标造型。在建模之前，认真考虑如何划分曲面以及曲面的创建方法是很有必要的。

鼠标（1）　　　　　鼠标（2）　　　　　鼠标（3）

图 3-139　复杂的鼠标造型

以图 3-139 所示的鼠标造型的分面方式为例，首先将鼠标外观中的一些细节忽略，如鼠标左右键、左侧的按键等，然后将鼠标左侧的凹陷面补全（这个凹陷面要单独创建，并与其他曲面相互修剪），得到一个初步的雏形，如图 3-140 所示。这个雏形创建好后，鼠标按键等细节的制作就相对容易多了。

图 3-140　初步的雏形

在鼠标前部可以清晰地看到曲面之间的交线，但是交线延伸到鼠标的中后部位就逐渐与后面的形态融合为一体了。

在分面时，依据前部的交线，可以大致将侧面和顶面分为两个曲面。有两种方式可将侧面与顶面分开，如图 3-141 所示，侧面曲面既可以划分为闭合曲面，也可以划分为开放的曲面。但是如果作为闭合曲面来划分，修剪后曲面边缘的形态不容易控制，而且生成的混合曲面效果也不理想。因此，第二种划分方式要合理一些。

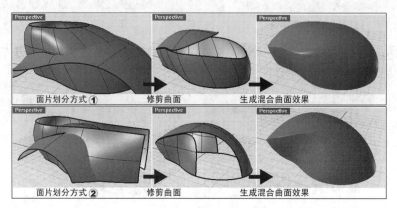

图 3-141　两种划分方式的比较

因为是基于实际产品进行建模，所以可以将产品的图片导入 Rhino，以获得尽量准确的形态。该产品的颜色为黑色，导入 Rhino 中可能不容易看清轮廓线，可以先利用二维软件将轮廓线勾画出来。由于底面没有正视图，所以需要根据实物绘制。注意，由于拍摄时前视图与侧视图会有一定的透视变形，所以据此图绘制的轮廓线还需要做一些调整，如图 3-142 所示，以此来确定相关部分在各个视图中的大小与位置。

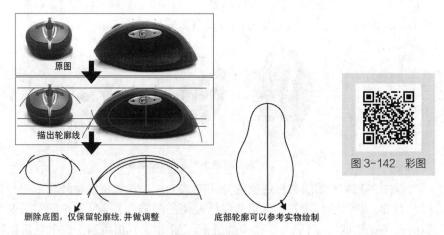

图 3-142　利用二维软件勾画轮廓线

STEP 1 放置背景图。

（1）新建一个Rhino文件。根据图3-142轮廓图中所示的蓝色与红色的线段长度，利用工具列中的【多重直线】工具绘制两条直线，如图3-143所示。

（2）激活顶视图，选择【查看】/【背景图】/【放置】命令，弹出【打开位图】对话框，分别将本书配套资源中"Map"目录下的"sbFront.bmp""sbLeft.bmp""sbTop.bmp"文件放置在相应的视图中，并参照（1）中绘制的直线调整位图的位置与大小，如图3-144所示。

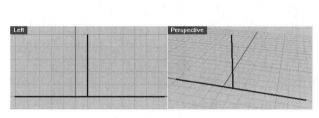

图 3-143 绘制两条直线

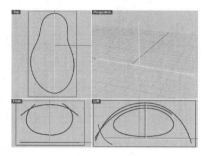

图 3-144 放置并调整背景图

STEP 2 绘制底部曲线。

激活顶视图，单击【标准】工具列中的 ☑【控制点曲线】工具，参照底图分别绘制图3-145与图3-146所示的曲线。

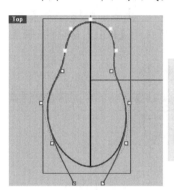

图 3-145 绘制曲线

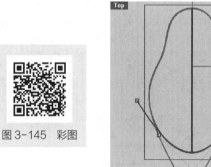

图 3-146 绘制曲线

图 3-145 彩图

图 3-146 彩图

  要点提示

前面分析过，要将顶面与侧面分为两个曲面来生成，所以在绘制曲线时应该绘制成两条开放曲线。在绘制曲线时应使 CV 点尽可能少，并且分布均匀。紫色曲线上亮黄显示的 CV 点左右对称，中间的 CV 点位于 y 轴上，这样生成的曲面最中间的结构线才会位于 y 轴，而蓝色曲线则关于 y 轴对称。

STEP 3 检验绘制曲线的形态是否准确。

（1）单击工具列中的 ☐ / ☑【可调式混接曲线】工具，在两条曲线间生成混接曲线，调节混接曲线的两个端点的位置，找到与底图尽量吻合的状态，如图3-147所示。

要点提示

如果无论怎么调整端点的位置，所生成的混接曲线也不能与底图吻合，则说明两条基础曲线形态还需要再进行调整，直到混接曲线与底图吻合为止，这两条混接曲线即可用来检验基础曲线的形态是否准确。在两条曲线 4 个端点处放置 4 个点，如图3-147 右图所示，在后面还要利用这 4 个点来确定修剪基础曲面的大概位置，以便生成形态准确的混接曲面。

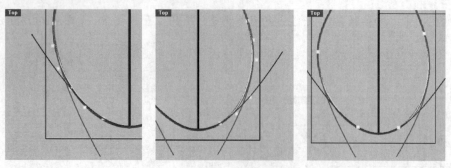

图 3-147　在两条曲线间生成混接曲线

（2）删除混接曲线，暂时将4个点隐藏，以备以后操作时使用。

STEP 4　绘制生成鼠标顶面曲面所需的曲线。

（1）新建名称为【顶面曲线】的图层，并设置为当前图层，这个图层用来放置生成顶部曲面所需的曲线，并将蓝色曲线放置到该图层。

（2）参考底图，在【Left】窗口中绘制曲线，如图3-148所示。注意，曲线前端最好超出底面曲线，以便生成的曲面能完全相交，曲线两端的CV点最好位于【Left】窗口的x轴上。

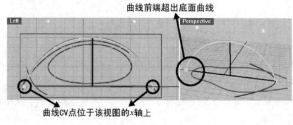

图 3-148　绘制曲线

（3）隐藏紫色曲线，创建顶面曲面所需的其他曲线的绘制方法参考3.9.2最简扫掠，完成的效果如图3-149所示。注意保证断面曲线的端点位于路径曲线的EP点上，在【Front】窗口中可以参考辅助曲线来调整断面曲线的高度。

（4）删除辅助曲线，选择所有曲线，单击工具列中的 🔲 / 🔲 【双轨扫掠】工具，在弹出的【双轨扫掠选项】对话框中勾选【最简扫掠】复选框，然后单击【确定】按钮，生成的顶面曲面如图3-150所示。

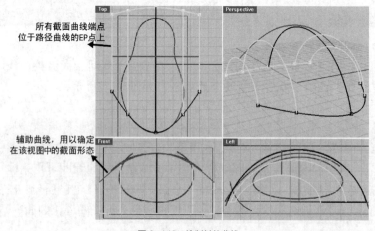

图 3-149　绘制其他曲线

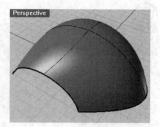

图 3-150　生成顶面曲面

要点提示

在使用【双轨扫掠】工具时，如果断面曲线多于两条，可以先选择所有曲线，再执行该命令，系统会自动分析路径曲线与断面曲线，这样比先执行命令再手动逐个选择路径曲线和断面曲线方便。

STEP 5 绘制生成鼠标侧面曲面所需的曲线。

（1）在【Left】窗口中参考底图绘制图3-151所示的曲线。

（2）选择绘制好的曲线，激活【Left】窗口，单击工具列中的【投影至曲面】工具，再选择STEP4（4）中生成的顶面曲面生成投影曲线，如图3-152所示。

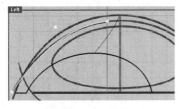

图 3-151　绘制曲线

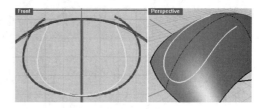

图 3-152　生成投影曲线

（3）激活【Front】窗口，单击工具列中的　/　【单轴缩放】工具，以y轴为基准，参考底图将投影曲线水平缩放，如图3-153所示。该投影曲线将作为调整生成侧面曲面所需的路径曲线的参考。

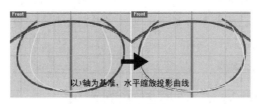

图 3-153　水平缩放投影曲线

（4）新建一个名称为【侧面曲线】的图层，并设置为当前图层，这个图层用来放置生成侧面曲面所需的曲线。将STEP4（3）中隐藏的紫色曲线与STEP5（3）中的投影曲线放置到该图层，并隐藏其他图层以方便操作。

（5）现在的视图状态如图3-154所示。投影曲线为调整生成鼠标的侧面所需路径曲线的形态的参考曲线，另一条曲线就是生成鼠标的侧面所需的路径曲线之一。

（6）锁定图3-154中标记为"参考曲线"的曲线，激活【Front】窗口，水平向上复制一份，标记为"路径曲线1"，复制后的曲线将作为双轨扫掠成面用的另一条路径曲线，效果如图3-155所示。

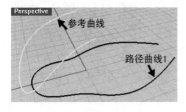

图 3-154　目前视图的状态

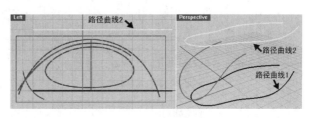

图 3-155　复制曲线

(7)激活【Top】窗口,参考锁定的曲线,调整"路径曲线2"的形态,调整前后曲线的形态如图3-156所示。

(8)选择两条路径曲线,单击工具列中的【开启编辑点】工具 ,显示两条曲线的EP点;再单击工具列中的 / 【设定XYZ坐标】工具,微调两条曲线的EP点,如图3-157所示,使虚线标记的EP点水平或垂直对齐。

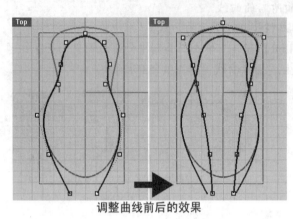

调整曲线前后的效果

图3-156 调整前后曲线的形态

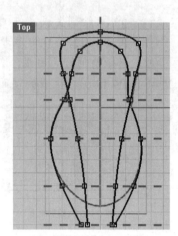

图3-157 微调两条曲线的EP点

(9)过两条路径曲线的EP点分别绘制图3-158所示的3条断面曲线。

(10)删除锁定的参考曲线,再选择所有曲线,单击工具列中的 / 【双轨扫掠】工具,在弹出的【双轨扫掠选项】对话框中勾选【最简扫掠】复选框,然后单击【确定】按钮,生成的侧面曲面如图3-159所示。

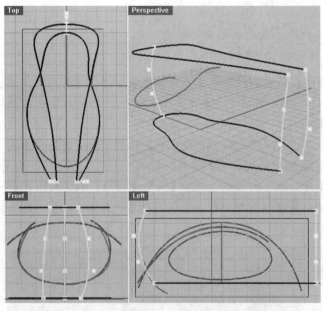

图3-158 绘制曲线

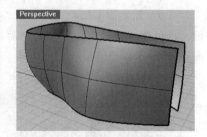

图3-159 生成的侧面曲面

(11)现在先暂时隐藏所有视图的背景图。

(12)新建一个名称为【曲面】的图层,并设置为当前图层,将STEP5(4)和STEP5

（10）中生成的曲面调整到该图层，并隐藏其他图层，效果如图3-160所示。

STEP 6 修剪曲面并生成混合曲面。

（1）单击工具列中的【修剪】工具，将两个曲面相互修剪，修剪后的效果如图3-161所示。

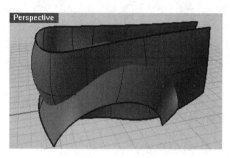

图 3-160　调整图层

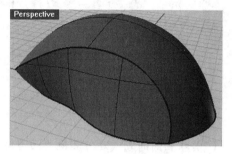

图 3-161　两个曲面相互修剪

（2）单击工具列中的／【圆管（平头盖）】工具，在图3-162所示修剪后的曲面边缘生成半径为"0.5"的圆管，生成的圆管如图3-163所示。

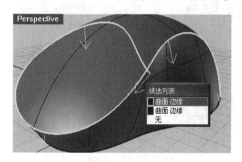

图 3-162　选取曲面边缘

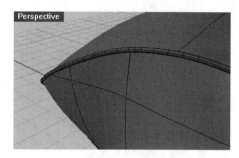

图 3-163　生成的圆管

（3）单击工具列中的／【矩形平面：角对角】工具，在图3-164所示的位置创建一个平面，平面大小要足以穿透其他曲面。

（4）单击工具列中的【修剪】工具，利用圆管与矩形平面修剪鼠标的顶面与侧面，效果如图3-165所示。修剪完成后删除圆管与矩形平面。

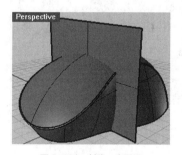

图 3-164　创建一个平面

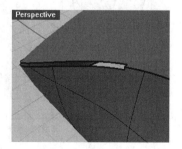

图 3-165　修剪鼠标的顶面与侧面

（5）显示STEP3（1）中创建的4个点，如图3-166所示。

（6）激活【Top】窗口，单击工具列中的／【延伸曲线（平滑）】工具，参照图3-167所示的过程延伸顶面曲面左侧的曲面边缘。

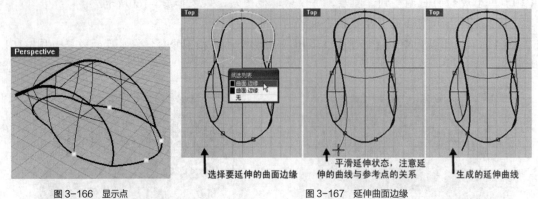

图 3-166　显示点　　　　　　　　　　　　　　图 3-167　延伸曲面边缘

（7）以相同的方式延伸其他曲面边缘，效果如图3-168所示。

（8）单击工具列中的【修剪】工具 ⚒️，利用延伸后的曲线修剪顶面曲面与侧面曲面，效果如图3-169所示。

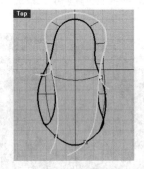

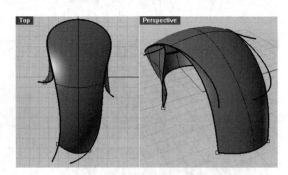

图 3-168　延伸其他曲面边缘　　　　　　　　　　图 3-169　修剪后的曲面效果

（9）利用工具列中的 🔧/🔧【可调式混接曲线】工具与 🔧/🔧/🔧【垂直混接】工具生成图3-170所示的3条混接曲线。

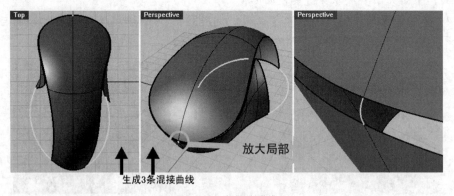

图 3-170　生成混接曲线

（10）单击工具列中的 🔧/🔧【双轨扫掠】工具，以两条曲面边缘为路径，以3条混接曲线为断面曲线，生成混合曲面，如图3-171所示。然后控制曲面的断面来获得分布合理的ISO，具体操作参见3.9.3控制断面。

（11）继续完成鼠标的其他局部与细节，如图3-172所示。

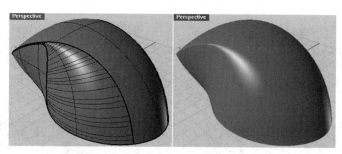

图 3-171　生成的混合曲面

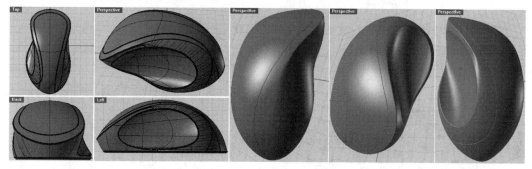

图 3-172　完成其他局部与细节

　　下面介绍鼠标滚轮局部曲面的创建思路，在工业产品建模中经常会遇见这种浑圆曲面，图 3-173 所示黄色曲面，中、右图为该曲面未修剪状态。该曲面在制作时有两个难点：中间微微突起，交界部位光滑圆润向内收拢；该浑圆曲面与鼠标的顶面曲面走势相同。该曲面去掉任意一个限定因素，制作将变得简单得多。很多设计师因为技术手段的原因，会将此处细节简单化，使得整个产品的形态美感大打折扣。

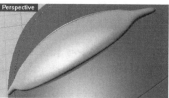

图 3-173　浑圆曲面

　　这种浑圆曲面结构简单，但是构建它需要利用多种手段和辅助对象，制作相对复杂，掌握了这个案例的构建方式及思路，再遇到与之相似的曲面时，都可以通过类似的办法来实现。下面简述该浑圆曲面创建的步骤，并借助 Rhino 讲述该曲面的制作方法。为了后期建模方便，可以先将该模型旋转一定的角度，使浑圆曲面的对称中心位于 y 轴上，在构建完成后再旋转回去。

图 3-173　彩图

　　STEP　7　如图3-174所示，制作基础场景，该场景只创建了鼠标顶面的曲面与顶面曲面分割使用的曲线，并放置了4个点以帮助确定浑圆曲面的范围。

　　STEP　8　单击工具列中的 🖱 / 🖌【抽离结构线】工具，提取图3-175所示的结构线。

　　STEP　9　单击工具列中的【修剪】工具 ✂，利用点对象修剪提取的结构线，如图3-176所示。

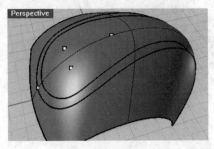

图 3-174 基础场景

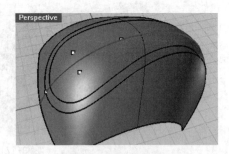

图 3-175 提取结构线

STEP 10 选择【分析】/【曲率圆】命令，选择修剪后的结构线，再将指令提示栏中的【标示曲率测量点（M）=否】选项修改为"是"。利用【中点】捕捉，分析并标示中点处的曲率圆，效果如图3-177所示。

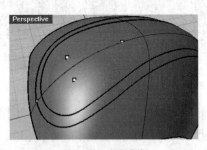

图 3-176 修剪曲线

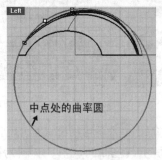

图 3-177 中点处的曲率圆

STEP 11 单击工具列中的 ∧【多重直线】工具，利用【中心点】和【中点】捕捉，在曲率圆的圆心处和结构线中点之间创建一根直线，效果如图3-178所示。该直线将作为旋转曲面与点的起始位置标记。

STEP 12 删除曲率圆对象，利用【移动】、【旋转】工具参照图3-179将所有对象由曲率圆的圆心移动到原点位置，再将蓝色曲线旋转到y轴上，注意保留一份图中蓝色显示的直线。完成浑圆曲面的构建后，还需要以该直线作为标记将曲面位置复原，现在可以先暂时隐藏该对象。视图的状态如图3-180所示。

图 3-178 创建直线

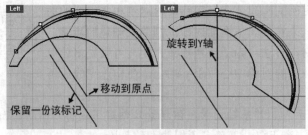

图 3-179 变动效果

图 3-179 彩图

STEP 13 激活【Top】窗口，参照图3-181左图绘制对称闭合曲线，CV点分布如图3-181右图所示。

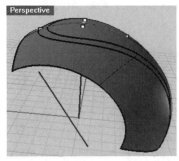

图 3-180　视图状态

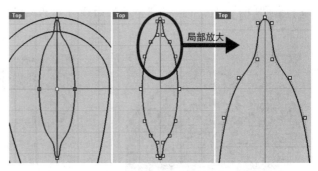

图 3-181　绘制曲线

虽然该曲线形态中间部位和椭圆非常接近，但是最好不要通过创建椭圆并编辑来得到该曲线，因为椭圆曲线的 CV 点编辑后会造成曲线变成多段 G0 连续的多重曲线。应该以 3 阶曲线直接绘制得到该曲线。不过在调整曲线形态的时候可以利用椭圆来做参考。注意在保证形态的同时尽可能减少 CV 点的数量，以降低后期制作的难度。

STEP　14　激活【Left】窗口，复制一份绘制好的曲线，按F10键显示曲线CV点。

STEP　15　单击工具列中的　/　【弯曲】工具，选择所有CV点，单击右键确定。

STEP　16　参照图3-182选择弯曲的骨干起点与终点，单击右键确定。

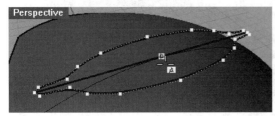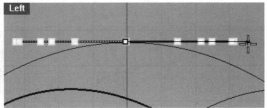

图 3-182　选择骨干起点与终点

STEP　17　确认指令提示栏中的【对称】选项为"是"，在【Left】窗口中移动鼠标指针，参照图3-183左图确定弯曲程度，完成的效果如图3-183右图所示。

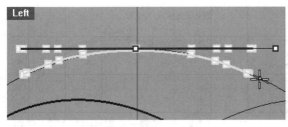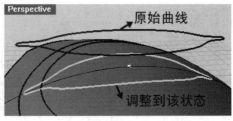

图 3-183　调整曲线形

使用工具列中的【投影曲线】工具　也可得到该曲线，但是投影生成的曲线的 CV 点太密集，如图 3-184 所示，没有太大的利用价值。直接弯曲曲线（注意不是曲线的 CV 点）生成的曲线的 CV 点也比较密集，这里需要注意区别。另外，不可能使弯曲后的曲线完全精确位于曲面上（【投影至曲面】工具产出的结果也存在误差），只需要保证弯曲后的曲线尽可能逼近曲面即可，之后生成的曲面在该处要修剪掉，并不会影响最终的效果。

STEP　18　复制一份弯曲后的曲线，隐藏原始曲线与一条弯曲后的曲线，后面还需要再次使用到该曲线。

STEP 19 利用中点将调整后的曲线分割为两条，并微调两端端点处的CV点，如图 3-185所示。

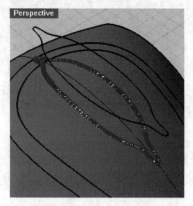

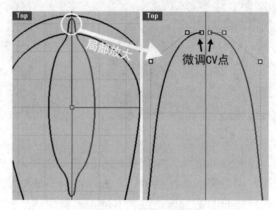

图 3-184　投影生成的曲线的 CV 点　　　　　　　图 3-185　微调曲线

STEP 20 激活【Left】窗口，参照图3-186绘制一条参考曲线，该曲线用来确定浑圆 曲面在此视图中的截面形态。

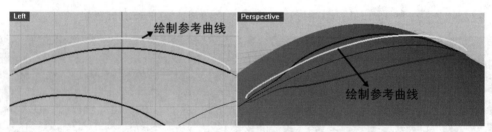

图 3-186　绘制参考曲线

STEP 21 单击工具列中的 ▦ / ▣【往曲面法线方向挤出曲线】工具，选择图3-187 中的红色曲线，再选取顶面曲面作为基底曲面，向曲面内部挤出成面。

STEP 22 再向顶面曲面外部挤出成面，效果如图3-188所示。

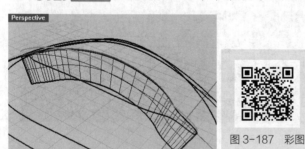

图 3-187　彩图

图 3-187　往曲面法线方向挤出成面

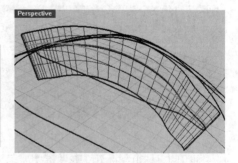

图 3-188　往曲面法线方向挤出成面

STEP 23 单击工具列中的 ▣ / ▣【合并曲面】工具，将挤出的两个曲面合并为一 个曲面，效果如图3-189所示。

STEP 24 单击工具列中的【修剪】工具 ▣，利用红色曲线修剪合并后的曲面，效果 如图3-190所示。

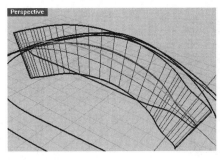

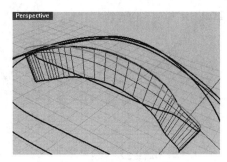

图 3-189　合并曲面　　　　　　　　　　　　　　　　　　图 3-190　修剪合并后的曲面

　　由于红色曲线不可能精确位于顶面曲面上，挤出的曲面边缘与红色曲线也会不重合，所以需要向两侧挤出曲面后再进行剪切，以确保曲面边缘与红色曲线完全重合。

STEP 25 单击工具列中的 ⬚ / ⬚ 【镜像】命令，将修剪后的曲面沿 y 轴镜像一份，效果如图 3-191 所示。

STEP 26 选择图中的红色与蓝色曲线，再单击工具列中的 ⬚ 【开启编辑点】工具显示两条曲线的 EP 点，如图 3-192 所示。

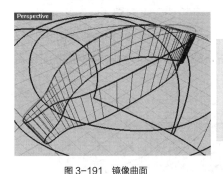

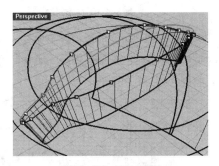

图 3-191　镜像曲面　　　　　　　　　　　　　　　　　　图 3-192　显示 EP 点

STEP 27 为编辑方便，暂时隐藏顶面曲面及曲面上的分割线。

STEP 28 单击工具列中的 ⬚ / ⬚ 【可调式混接曲线】工具，选择指令提示栏中的【边缘】选项，然后在视图中依次选取修剪后的曲面的边缘，并利用【点】捕捉将混接曲线两侧的控制点定位在开启的 EP 点上，如图 3-193 所示。

STEP 29 切换到【Left】窗口，按住 Shift 键，调整混接曲线的高度，如图 3-194 所示。

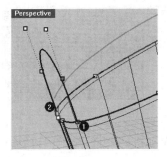
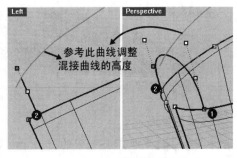

图 3-193　调整混接曲线到 EP 点上　　　　　　　　　　　图 3-194　调整混接曲线

STEP 30 以相同的方式在所有 EP 点上生成混接曲线，效果如图 3-195 所示。注意，位于中间的曲线不需要与曲面边缘形成 G2 连续，以使生成的曲面在中间部位有些变化。

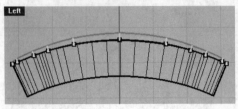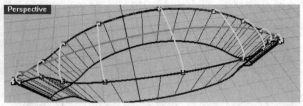

图 3-195　在所有的 EP 点上生成混接曲线

STEP↘31 隐藏参考曲线，再选择图3-196所示的曲线。

STEP↘32 单击工具列中的 ▨ / ◩ 【双轨扫掠】工具，在弹出的【双轨扫掠选项】对话框中勾选【最简扫掠】复选框，然后单击【确定】按钮，完成的效果如图3-197所示。

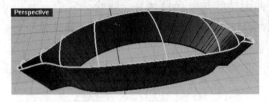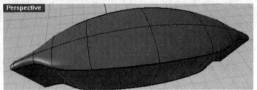

图 3-196　选择曲线　　　　　　　　　　　　　图 3-197　最简扫掠

STEP↘33 删除沿曲面法线方向挤出的曲面，显示STEP18中复制并隐藏的曲线，将该曲线再次沿顶面曲面挤出。注意，这里再次挤出的曲面边缘与最简扫掠生成的曲面边缘也不重合。

STEP↘34 绘制图3-198所示的两条圆弧曲线。

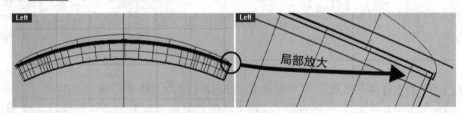

图 3-198　绘制两条圆弧曲线

STEP↘35 单击工具列中的 ▨【修剪】工具，用绘制好的圆弧曲线修剪曲面，效果如图3-199所示。

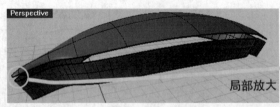

图 3-199　修剪曲面效果

STEP↘36 单击工具列中的 ◩ / ◩ 【混接曲面】工具，在两个修剪后的曲面间生成混接曲面，效果如图3-200所示。

STEP↘37 删除沿曲面法线方向挤出的曲面，效果如图3-201所示。

STEP↘38 利用原先的标记将构建好的浑圆曲面及顶面曲面变换回去。

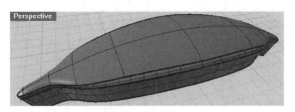

图 3-200　生成混接曲面

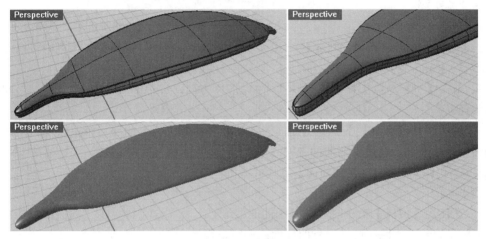

图 3-201　删除曲面

STEP ↘39 显示其他隐藏的曲面，如图3-202所示。最后制作鼠标滚轮及其他部件，创建方法比较简单，这里不再赘述，最终效果如图3-203所示。

图 3-202　显示隐藏的曲面

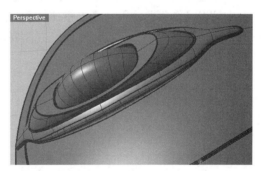

图 3-203　最终效果

STEP ↘40 选择【文件】/【保存】命令，对上述文件进行保存。

小结

本章主要讲述了 NURBS 的绘制（包括关键点几何曲线、控制点曲线、内插点曲线、控制杆曲线以及描绘曲线）、NURBS 调整工具（包括增删 CV 点、维持连续性并调整曲线形态的方法）以及曲线的编辑工具（包括衔接曲线、混接曲线、曲线圆角、偏移曲线、延伸曲线及重建曲线等命令。介绍了 NURBS 的标准结构特征、非标准曲面结构形式、曲面的创建工具以及曲面的编辑工具。曲面的创建与编辑工具是建模的核心工具，在使用时有很多需要注意的细节及技巧。产品的造型千变万化，面的拆解需要从曲面的标准结构着手，而很多造型的面是非标准结构，这就需要读者多加练习与思考，积累经验与技巧。

习题

一、填空题

1. 可塑圆是可以设定_____与_____的曲线。可塑圆的 CV 点分布均匀。

2.【控制点曲线】可以通过定位一系列 CV 点来绘制曲线，在指令提示栏中可以设定曲线的阶数，Rhino 支持 1～11 阶的曲线，默认曲线的阶数为_____阶。

3. 单击【分析方向】按钮可查看曲面的 UVN 方向，红色箭头代表_____向，绿色箭头代表_____向，白色箭头代表_____方向。

4. 用【斑马纹分析】工具检测曲面的连续性时，如果两个曲面边缘重合，斑马纹在两个曲面相接处断开，这表示两曲面之间为_____连续。

5. 利用【以平面曲线建立曲面】工具可以将一条或多条同一平面内的_____曲线创建为平面。

6. 在使用【放样】命令时，所基于的曲线最好_____、_____数目都相同，并且 CV 点的分布相似，这样得到的曲面结构线最简洁。

二、简答题

1. 简述如何应用标准圆与可塑圆。

2. 简述如何维持曲线的 G1 连续并调整曲线形态。

3. 简述【衔接曲线】与【混接曲线】工具的区别。

4. 简述曲线的编辑工具有哪些，并简要说明如何使用。

5. 简述双轨最简扫掠的条件。

4

第 4 章
KeyShot 渲染基础

KeyShot 是一个互动型的光线追踪与全域光渲染程序，无须复杂设定即可产生相片般真实的 3D 渲染影像，是目前的主流渲染软件之一。本章将介绍渲染相关的基础知识以及 KeyShot 的参数含义与使用方法。

4.1 渲染的基本概念

渲染是通过模拟物理环境的光线照明、物理世界中物体的材质质感来得到较为真实的图像的过程，目前流行的渲染器都支持全局光照、HDRI 等技术。同时，焦散、景深、3S 材质的模拟等也是用户比较关注的要点。

1. 全局照明

全局照明（Global Illumination，GI）是一种高级灯光技术（还有一种是热辐射技术，常用于室内效果图的制作），也叫全局光照、间接照明（Indirect Illumination）等。灯光在碰到场景中的物体后会发生反射，再碰到物体后，会再次发生反射，直到反射达到设定的次数（常用 Depth 来表示），次数越高，计算光照分布的时间越长。

利用全局照明技术可以获得更好的光照效果，对象的投影区、暗部不会有死黑的区域。

2. HDRI

高动态范围图像（High Dynamic Range Image，HDRI）中的像素除了包含色彩信息外，还包含亮度信息，如普通照片中天空的色彩（如果为白色）可能与白色物体（纸张）表现为相同的 RGB 色彩，而同一种颜色在 HDRI 中有些地方的亮度更高。

HDRI 通常以全景图的形式存储，全景图指的是包含了 360°范围场景的图像，其形式可以是多样的，包括球体形式、方盒形式、镜像球形式等。在加载 HDRI 时，需要为其指定贴图方式。

HDRI 可以作为场景，还可以作为折射与反射的环境。利用 HDRI，可以使渲染的图像更真实。

KeyShot 的照明主要来源于环境图像，这些图像是映射到球体内部的 32 位图像。KeyShot 相机在球体内时，从任何方向看到的都是一个完全封闭的环境。在 KeyShot 中，只需将缩略图拖曳到实时渲染窗口中，就能创建照片般真实的效果。环境图像分为现实世界的环境、类似摄影棚的环境，现实世界的环境较适合汽车或游戏场景，摄影棚环境较适合产品和工程图，两者都能提供逼真的效果，支持的格式有.hdr 和.hdz（KeyShot 属性的格式）。图 4-1 和图 4-2 所示分别为两种类型的 HDRI。

图 4-1 现实世界环境

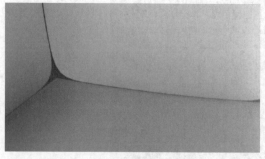

图 4-2 摄影棚环境

3. 光线的传播

在渲染的所有环节中，光线是最为重要的一个因素，为了更好地理解渲染的原理，首先来认识一下现实世界中光线的反射和折射。

（1）反射。

光线的反射是指光线在传播到不同物体表面时改变传播方向的现象，有漫反射和镜面反射两种方式。反射是体现物体质感的一个非常重要的因素，所有能看得见的物体都受这两种反射方式的影响，图 4-3 所示为光线反射示意图，光线反射效果如图 4-4 所示。

首先是色彩，当物体将所有光线反射出去时，人就会看到物体呈现白色；当物体将光线全部吸收而不反射时，物体会呈现黑色；当物体只吸收部分光线然后将其余光线反射出去时，物体就会表现出各种各样的色彩。例如，物体如果只反射红色光线而将其余光线吸收，就会呈现为红色。

其次是光泽度，光滑的物体总会出现明显的高光，如玻璃制品、瓷器、金属制品等；而没有明显高光的物体通常都是比较粗糙的，如砖头、瓦片、泥土等。高光也是光线反射的效果，来自于"镜面反射"。光滑的物体有一种类似"镜子"的效果，它对光源的位置和颜色是非常敏感的，所以，光滑的物体表面会"镜射"出光源，这就是物体表面的高光区。

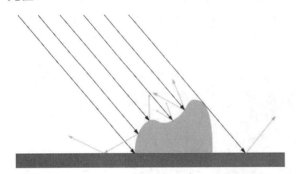

图 4-3　光线反射示意图

图 4-4　光线反射效果

（2）折射。

光线的折射是发生在透明物体中的一种现象。由于物质的密度不同，光线从一种介质传到另一种介质时会发生偏转现象。不同的透明物质具有不同的折射指数，这是表现透明材质的一个重要手段。图 4-5 所示为光线折射示意图，光线折射效果如图 4-6 所示。

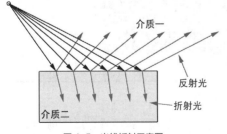

图 4-5　光线折射示意图

图 4-6　光线折射效果

当光线遇到透明物体时，一部分光线会被反射，而另一部分光线会通过物体继续传播。如果光线比较强，光线穿透物体后会产生焦散效果，如图 4-7 所示。

如果物体是半透明，光线会在物体内部产生散射，称为"次表面散射"，如图 4-8 所示。

将自然界中的光影现象运用到渲染中，可以更加真实地表现材质。

图 4-7　光线焦散效果

图 4-8　次表面散射效果

4.1.1　KeyShot 界面简介

　　KeyShot 的操作界面非常简单，一目了然，而不像其他渲染软件那样有繁杂的菜单和命令，用户只要稍有渲染软件使用基础，就可以很快掌握其使用要领，即使是没有渲染软件使用经验的用户，在学习时也不会有太多的困扰。图 4-9 所示为 KeyShot 的工作界面。

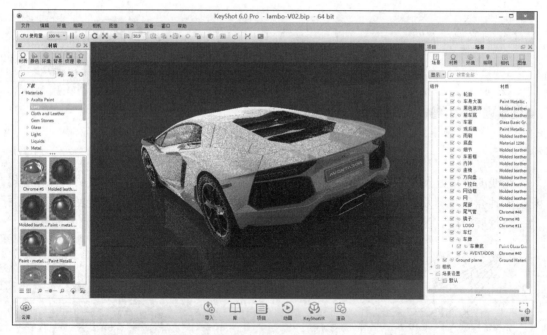

图 4-9　KeyShot 的工作界面

　　【库】面板：存放的是渲染要用到的相关素材文件，包含预制好的材质、颜色、环境、背景与贴图文件，通过简单拖放就可以为对象赋予材质、改变场景环境、配置颜色、加载纹理贴图。用户还可以将自己调整好的材质、环境贴图、纹理图像等保存在相应的文件夹内，方便以后反复调用。

　　【项目】面板：模型文件场景的任何更改都可以在这里完成，包括管理场景、复制模型、删除组件、编辑材质、调整环境、调整相机及图像质量等。

4.1.2　常规渲染流程

1．导入三维模型

在 3D 软件中应该先将不同材质的物件分配在不同的图层中，并给予明确的图层名称，以方便后期的管理与选择。KeyShot 支持的 3D 格式超过 20 多种，来源包括 Sketch Up，SolidWorks，Solid Edge，Pro/ENGINEER，PTC Creo，Rhinoceros，Maya，3ds Max，IGES，STEP，OBJ，3ds，Collada 及 FBX 等。

图 4-10 所示为导入三维模型到 KeyShot 的初始状态。

图 4-10　导入三维模型

2．分配材质

从【库】/【材质】选项卡中，通过拖放的方式赋予每个物件相应的材质。KeyShot 材质库中预制超过 600 种材质，可以将其拖放到 KeyShot 的实时视图中的模型上。

在【项目】/【材质】选项卡中，可以调整材质的参数，如图 4-11 所示。

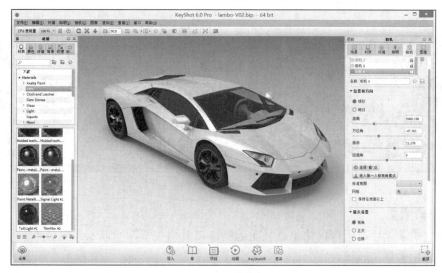

图 4-11　调整材质参数

3. 调整视角与构图

在【项目】/【相机】选项卡中可以调整相机的设置，通过改变角度和距离，可以控制视角、焦距、视野、景深等，以获得最佳构图。如图 4-12 所示，调整相机角度参数，并且在结合 HDR Light Studio 打灯时，最好将 KeyShot 与 HDR Light Studio 的构图调整为相同的角度，以方便查看灯光的反射效果，并加以调整。

图 4-12　调整视角与构图

4. 调整环境与灯光

在【库】/【环境】选项卡中通过拖放可以将环境贴图加载到场景中，环境贴图可以照亮场景，并在物件材质表面产生环境反射效果。

在【项目】/【环境】选项卡中可以调整环境贴图的相关参数。

HDR Light Studio 是专业的环境贴图编辑插件，可以结合此插件来编辑环境贴图。图 4-13 所示为结合 HDR Light Studio 调整环境与灯光。

图 4-13　调整环境与灯光

5. 渲染图像

渲染效果满意后，就可以输出高品质的图像以及相关修图通道了。图 4-14 所示为最终渲染图像与相关修图通道。

图 4-14　渲染并输出图像与通道

6. 后期修图

在 Photoshop 中，结合通道文件对渲染图像进行后期加工，如图 4-15 所示。

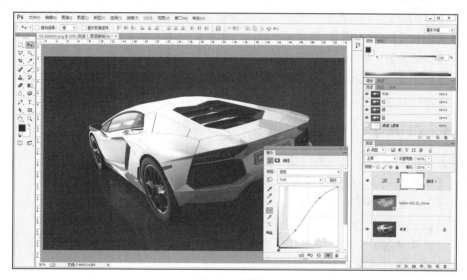

图 4-15　后期修图

4.1.3　导入模型文件

将三维模型导入 KeyShot 有以下两种途径。

（1）在 KeyShot 中选择导入模型来实现。

单击 KeyShot 工作界面底部的【导入】按钮，弹出图 4-16 所示的【KeyShot 导入】对话框。对话框中常用选项含义如下。

- 【打开文件】：新打开 BIP 模型渲染文件。
- 【导入文件】：在现有文件场景的基础上额外导入其他文件的模型内容。通过这个选项可以合并多个文件的内容。
- 【几何中心】：当勾选该复选框时，会将导入的模型放置在环境的中心位置，模型原有的三维坐标会被移除。未勾选时，模型会被放置在原有三维场景的相同位置。
- 【贴合地面】：当勾选该复选框时，会将导入的模型直接放置在地平面上，也会移除模型原有的三维坐标。

图 4-16　【KeyShot 导入】对话框

- 【保持原始状态】：使用原始模式文件的位置配置导入文件。
- 【向上】：不是所有三维建模软件都会定义相同的轴向。根据用户的模型文件，可能需要更改默认的【Y】向上的方向。

（2）从接口导入文件。

从接口导入文件很方便，在 KeyShot 2.0 中，从 Rhino 中导入模型时无法设定网格（Mesh）的精度，这会带来许多问题，如破面或渲染产生灰色斑痕，因此在模型文件导出前需手工转换曲面为网格（Mesh）。

在使用 Rhino 接口导出模型文件时，需要将不同材质分配在不同图层。安装 Rhino 对 KeyShot 的接口后，在 Rhino 菜单栏中会出现【KeyShot 6】菜单，如图 4-17 所示。

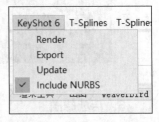

图 4-17 【KeyShot 6】菜单

- 【Render】：可以直接将 Rhino 场景转到 KeyShot 中。
- 【Export】：将场景保存为.bip 文件，再在 KeyShot 中通过导入命令导入。
- 【Update】：在 Rhino 中所做的改动可以更新到 KeyShot 里。
- 【Include NURBS】：KeyShot 6 支持 NURBS 格式的模型，勾选该菜单命令，在导出时可以保留 NURBS 格式的模型。

4.1.4 工具图标

主界面菜单栏下提供了一列快捷工具图标，含义如下。

- 【CPU 核心】 CPU使用量 100% ▾ ：选择用于实时渲染窗口的内核数量。
- 【暂停】 ‖ ：暂停实时渲染。
- 【性能模式】 ↻ ：性能模式下会简化物件的材质与投影等效果的计算，以加快实时渲染速度。当它被激活，在实时渲染窗口右上角会显示【性能模式】的图标。它也可以通过【照明】选项卡开启。
- 【旋转】 ↻ /【平移】 ✥ /【推拉】 ↕ ：使用这些控件可以操控相机来调整视角与构图。当鼠标没有滚轮时可以用这些按钮。
- 【视角】 ⊞ 30.9 ：通过输入数值快速调整相机视角。
- 【新的相机】 ⊡ ：添加一个新的相机到相机列表。
- 【新的视图集】 ⊡ ：添加一个新的视图集，并保存到到相机列表中。
- 【切换相机/viewsets】 ◀⊙▶ ：相机和 viewsets 切换。
- 【复位相机】 ↺ ：将目前的相机或 viewsets 重置为其保存的状态。
- 【锁相机或视图集】 ⊡ ：锁定当前相机或视图集的设置。
- 【几何视图】 ⊡ ：显示/隐藏几何视图窗口。
- 【材质模板】 ⊞ ：显示/隐藏材质模板窗口。
- 【图像编辑器（Pro）】 ⊡ ：打开图像编辑窗口。它也可通过【环境】选项卡开启。
- 【NURBS 模式】 ✕ ：使 NURBS 数据在实时渲染窗口中可以平滑渲染。若没有开启【NURBS 模式】，有些 NURBS 格式的部件会丢失，这时可以尝试开启【NURBS 模式】。
- 【脚本】 ✉ ：打开插件脚本窗口。

4.1.5　【首选项】对话框

在开始介绍渲染之前，先介绍一下 KeyShot【首选项】对话框内各个选项的含义和设置。执行【编辑】/【首选项】命令，弹出图 4-18 所示的【首选项】对话框。

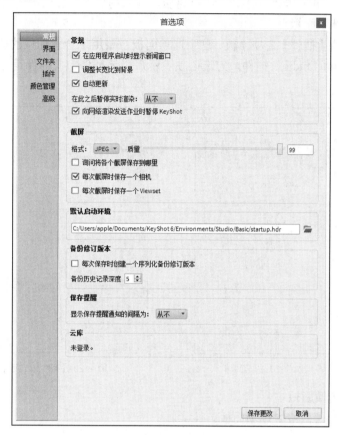

图 4-18　【首选项】对话框

这个对话框中一些重要选项的参数含义如下所述。

1.【常规】选项面板

- 　【调整长宽比到背景】：调整实时渲染窗口的长宽比与背景贴图的长宽比一致。另外一个影响实时渲染窗口的长宽比的选项在【项目】/【设置】选项卡中的【锁定幅面】。
- 　【自动更新】：当有新版本可下载时会提示用户去下载。
- 　【在此之后暂停实时渲染】：实时渲染会 100%占用 CPU，这里可以设置一个数值来确定每过多长时间自动暂停实时渲染。若 CPU 不是很强悍，建议 15s 暂停一次。开启【任务管理器】可以查看 CPU 的使用率。
- 　【截屏】：KeyShot 可以将实时渲染的画面通过截屏保存，保存的格式有.jpg 和.png 两种，还可以指定截图的质量。
- 　【询问将各个截屏保存到哪里】：每次截屏都询问保存目录，一般不用勾选。
- 　【每次截屏时保存一个相机】：此选项比较重要，每次截屏时所使用的视角会自动保存在【相机】面板中，以便以后再次调用这个截图的视角。

2.【文件夹】选项面板

在这里可以指定素材引用的路径，图 4-19 所示为【文件夹】选项面板。需要特别注意的是，当使用【定制每个文件夹】选项来自定义素材的保存目录时，KeyShot 不支持中文路径。使用中文路径时，会出现全黑场景，看不到材质，开启场景也不会显示环境贴图。

3.【插件】选项面板

图 4-20 所示为【插件】选项面板。这个选项面板主要用于管理加载的插件。KeyShot 3.2 新增了【HDR Light Studio】插件，勾选该项表示启用该插件，此插件是专用于编辑环境贴图的。

图 4-19 【文件夹】选项面板

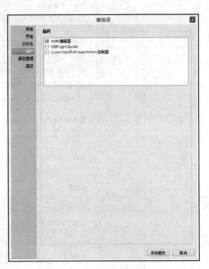

图 4-20 【插件】选项面板

4.【高级】选项面板

图 4-21 所示为【高级】选项面板。

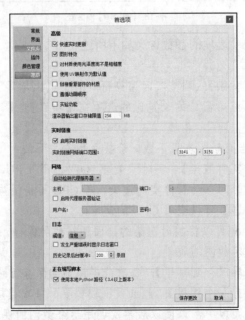

图 4-21 【高级】选项面板

- 【快速实时更新】：若取消勾选，旋转视图时，画面变化也保持平滑，但是更新速度较慢，对于大窗口渲染会比较困难，所以一般都勾选。
- 【网络】：网络渲染的配置，就是多台机器渲染同一个模型。一般个人用户不会用到。

4.2 【项目】面板

单击 KeyShot 工作界面底部的【项目】按钮 ▤，会弹出图 4-22 所示的【项目】面板。

模型文件场景的任何更改都可以在这里完成，包括复制模型、删除组件、编辑材质、调整灯光及调整相机等操作。

图 4-22 【项目】面板

4.2.1 【场景】选项卡

图 4-22 所示为【项目】面板下的【场景】选项卡。在这里可以选择场景文件中的模型、相机和动画等，也可以添加动画。在【场景】选项卡下方还有【属性】、【位置】、【材质】等选项卡，如图 4-23 所示。

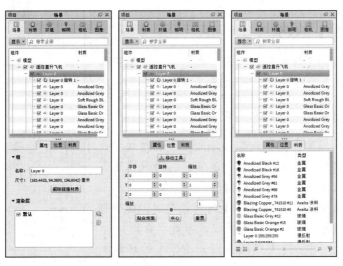

图 4-23 【场景】选项卡

从其他计算机辅助设计中导入的模型会保留原有的层次结构，这些层次结构可以通过单击+图标来展开。被选中的部件会以高亮显示（需要在首选项中激活该选项）。勾选☑图标可以显示或取消显示模型或部件。右键单击模型名称，选择弹出的快捷菜单命令可以对模型进行编辑。

在场景树中选中模型后，可以对模型进行移动、旋转、缩放等操作，也可以输入数值。单击【重置】按钮可以回到初始状态；单击【中心】按钮可以将模型移动到场景中心；单击【贴合地面】按钮可以将模型贴到地面。

4.2.2 【材质】选项卡

图 4-24 所示为【材质】选项卡，被选中材质的属性会在这里显示，场景中的材质会以图像形式显示。从材质库中拖曳一个材质到场景中，就会在这里新增一个材质球。双击材质球可以对此材质进行编辑，如果有材质没有赋予场景中的对象，会从这里移除掉。

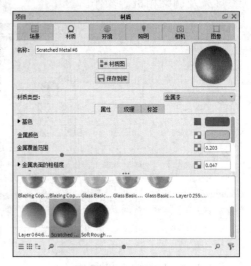

图 4-24 【材质】选项卡

- 【名称】：在输入框中可以给材质命名，单击【保存到库】按钮可以将材质保存到【库】里面。
- 【材质类型】：此下拉菜单中包含了材质库中的所有材质类型，所有材质类型都只显示创建这类材质的参数，这使创建和编辑材质变得很简单。
- 【属性】：这里显示了当前选择的材质类型的属性，单击▷图标可展开其选项。
- 【纹理】：在这里可以添加色彩贴图、镜面贴图、凹凸贴图、不透明贴图作为纹理。
- 【标签】：在这里可以添加材质的标签。

4.2.3 【环境】选项卡

图 4-25 所示为【环境】选项卡，在这里可以编辑场景中的 HDRI，支持的格式有.hdr 和.hdz（KeyShot 的专属格式）。

图 4-25 【环境】选项卡

- 【对比度】：用于提高或降低环境贴图的对比度，可以使阴影变得尖锐或柔和，同时也会增加灯光和暗影的强度，影响灯光的真实感。为获得逼真的照明效果，建议保留初始值。
- 【亮度】：用于控制环境图像向场景发射光线的总量，如果渲染太暗或太亮可以调整此参数。
- 【大小】：用于增大或减小灯光模型中的环境拱顶，这是一种调整场景中灯光反射的方式。

- 【高度】：调整该参数可以向上或向下移动环境拱顶，这也是一种调整场景中灯光反射的方式。
- 【旋转】：设置环境的旋转角度，这是另外一种调整场景中灯光反射的方式。
- 【背景】：在这里可以设置背景为【照明环境】、【色彩】、【背景图像】。在实时渲染窗口中切换背景模式的快捷键分别是 E 键、C 键和 B 键。
- 【地面阴影】：用于激活场景的地面阴影。勾选此复选框，就会有一个不可见的地面来承接场景中的投影。
- 【地面反射】：勾选此复选框，任何三维几何物体的地面反射都会显示在这个不可见的地面上。
- 【整平地面】：勾选此复选框可以使环境的拱顶变平坦。
- 【地面大小】：拖曳滑块可以调整用于承接投影或反射的地面的大小。最佳方式是尽量减小地面尺寸到没有裁剪投影或反射。

4.2.4 【照明】选项卡

图 4-26 所示为【照明】选项卡，在这里可以设置场景中与照明相关的配置。

图 4-26 【照明】选项卡

- 【照明预设值】：此选项栏下有【性能模式】、【基本】、【产品】、【室内】【完全模拟】和【自定义】等选项，单击选中前几个单选按钮之一，会自动配置相关的【设置】参数，也可以通过调整【设置】选项栏内的参数自定照明质量。
- 【射线反弹】：调整场景中光线反弹的总次数，对于渲染反射和折射材质很重要。
- 【间接反弹】：用于设置间接光线在三维模型间的反弹次数。
- 【阴影质量】：调整这个选项会增加地面的划分数量，给地面阴影更多的细节。
- 【细化阴影】：细化三维模型阴影部位的质量，一般需要勾选。
- 【全局照明】：勾选该复选框，允许间接光线在三维模型间反弹，允许透明材质的其他模型被照亮。在渲染透明物体时应该勾选，以额外计算物体之间光线照射不到的地方的间接照明，使画面不出现大片暗色区域。图 4-27 所示为未选和选择【全局照明】对比效果。

● 【地面间接照明】：允许间接光线在三维模型与地面之间反弹，产生较为真实的阴影效果。勾选【全局照明】和【地面间接照明】这两个复选框都会增加渲染的时间。图 4-28 所示为未选和选择【地面间接照明】对比效果。

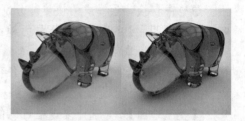

图 4-27 【全局照明】对比效果　　　　　　　　图 4-28 【地面间接照明】对比效果

● 【焦散线】：勾选该复选框，可以透过折射材质产生光线焦散效果。

● 【室内模式】：勾选该复选框，光照计算会模拟封闭空间的弹射模式，一般用于室内场景的渲染。

4.2.5 【相机】选项卡

图 4-29 所示为【相机】选项卡，在这里可以编辑场景中的相机。

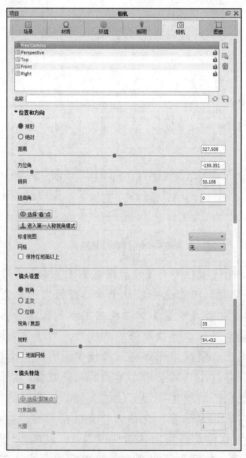

图 4-29 【相机】选项卡

- 【相机】：这个列表框包含了场景中的所有相机。在列表框中选择一个相机，场景会切换为该相机的视角。单击右边的 ⬚ 或 🗑 图标可以增加或删除相机。

- 【已锁定】/【已解锁】：单击右侧的 🔒 或 🔓 按钮，可以锁定或解锁当前选中的相机，若相机被锁定，所有参数都会显示为灰色，并且不能被编辑，在创建中也不能改变视角。

- 【位置和方向】：用于设置相机的位置与角度，有【球形】与【绝对】两种模式，【球形】模式通过与场景中心的距离和角度来定位相机；【绝对】模式通过世界坐标值的坐标值来定位相机。通常使用【球形】模式更方便直观。

- 【距离】：推拉相机向前或向后，数值为 0 时，相机会位于世界坐标原点，数值越大，相机距离原点越远。拖曳滑块改变数值的操作，相当于在渲染视图中滚动鼠标滚轮来改变模型景深的操作。

- 【方位角】：控制相机的轨道，数值范围为 -180～180，调节此数值可以使相机环绕目标点 360°。

- 【倾斜】：控制相机的垂直仰角或高度，数值范围为 -90～90，调节此数值可以使相机向下或向上观察。

- 【扭曲角】：数值范围为 -180～180，调节此数值可以扭转相机，使水平线产生倾斜。

- 【镜头设置】：此选项栏有 3 个选项，为【视角】、【正交】和【位移】，表示调整当前相机为透视角度还是正交角度。正交模式不会产生透视变形，【位移】在【视角】的基础上增加了在垂直和水平方向上平移画面的设置。

- 【视角/焦距】：小一些的数值对应广角镜头，大一些的数值对应变焦镜头。

- 【视野】：相机固定"注视"一点时（或通过仪器）所能"看见"的空间范围，广角镜头视野范围大，变焦镜头视野范围小。

- 【镜头特效】：勾选【景深】复选框，可以使渲染产生景深特效。

4.2.6　【图像】选项卡

图 4-30 所示为【图像】选项卡，各选项功能如下。

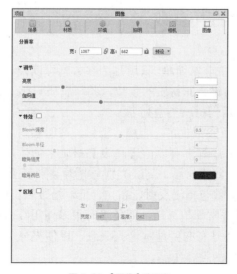

图 4-30　【图像】选项卡

- 【分辨率】：修改分辨率会修改实时渲染窗口的大小，激活 🖉 图标后，自由调整窗口或键入数值时，实时渲染窗口长宽比保持不变。【预设】按钮下有一些常用的图像分辨率。

- 【亮度】：调整实时渲染窗口渲染图像的亮度，类似于 Photoshop 中的调整亮度操作。一般作为一种后处理方式，这样不用通过调整环境亮度重新计算底部的方式来改变亮度。

- 【伽玛值】：类似于调整实时渲染窗口渲染图像的对比度，数值降低会增加对比度，数值增高会降低对比度，若想要逼真的渲染效果，推荐保留初始值。这个参数很敏感，调整太大会使画面失真。

- 【特效】：该选项栏下有【Bloom 强度】、【Bloom 半径】和【暗角强度】3 个选项，调节这 3 个选项参数会改变光晕的效果。调整【Bloom 强度】可以给自发光材质添加光晕特效，给画面添加整体柔和感。调整【Bloom 半径】可以控制光晕扩展的范围。调整【暗角强度】可以使渲染对象周围产生阴影，使视觉焦点集中在三维模型上，效果如图 4-31 所示。

- 【暗角颜色】：设置暗角的颜色。

图 4-31 【暗角强度】效果

- 【区域】：勾选该复选框可以只渲染局部画面，其下可以设置渲染画面的大小。不勾选时，会直接渲染整个画面。

4.3 KeyShot 材质通用参数

KeyShot 软件的材质设置非常简单，只用几个参数就可以控制一个材质类型，金属材质只涉及创建金属材质的参数，塑料材质只涉及创建塑料材质的参数。图 4-32 所示为材质类型列表。

【高级】材质比其他材质参数更多。金属、塑料、透明塑料或磨砂塑料、玻璃、漫反射材质和油漆等都可以由【高级】材质来创建，它不能表现的材质是基本类别下的薄膜材质、高级类别与光源类别下的材质。

常用材质类型的通用参数包括漫反射、高光、折射指数和粗糙度等。虽然 KeyShot 的材质设置非常简单易用，即使没有很多使用经验也可创建出逼真的材质效果，但还是有必要理解这些概念，以便充分掌握渲染和材质设置方法，创作出好的设计作品。

图 4-32 材质类型列表

4.3.1　漫反射

很多材质类型都具有漫反射，可以认为漫反射就是 KeyShot 材质的整体颜色，主要用于表现材质的固有颜色。该参数控制着材质的漫射光的颜色。

漫反射指灯光如何在材质表面反映。材质不同，光线碰到物体表面时反射的方式也不同。抛光的表面，很少或没有瑕疵，光线会垂直反射。如果表面上有许多凹凸或颗粒，光线就会散开。这就是磨砂材质不反光或发亮的原因。

若是在【色彩】贴图通道里面添加了纹理贴图，将会使用贴图来覆盖颜色设置。【色彩】贴图一般用来模拟物体表面的纹理，如木纹、大理石、织物表面。可以单击■按钮加载一幅图像来模拟物体表面的纹理或贴花效果。图 4-33 所示为材质的漫反射效果。

图 4-33　漫反射效果

4.3.2　高光

高光是很多材质类型都具有的另外一个参数。高光（镜面反射）用来表现抛光或很少瑕疵的材质呈现的反射和光泽，可以控制材质镜面反射光线的颜色和强度。漫反射与高光（镜面反射）效果示意图如图 4-34 所示。

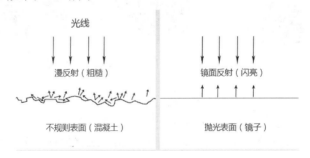

图 4-34　漫反射与高光（镜面反射）效果示意图

当高光（镜面反射）设置为黑色时，材质就没有镜面反射，并不会呈现反射和光泽；设置为白色，就会有 100% 的反射。

金属材质没有漫反射，所以颜色完全来自高光。

塑料材质的高光应该是白色或灰色，不会有彩色的镜面反射。

图 4-35 所示为不同的颜色 V 值（将颜色转为 HSV 模式后的亮度值）对高光的影响。

图 4-35　不同的颜色 V 值对高光的影响

4.3.3 高光传播

高光传播可以看作材料的透明度，黑色是100%不透明，白色是100%透明。

图4-36所示为【高光传播】不同的颜色 V 值对透明度的影响。

V=255　　　V=180　　　V =120　　　V=60　　　V=0

图4-36 【高光传播】不同的颜色 V 值对透明度的影响

高光传播材质与【实心玻璃】、【玻璃】的区别在于提供了【粗糙度】参数用来模拟内部磨砂，表面反射还是清晰的玻璃效果。【实心玻璃】增加【粗糙度】后，表面的反射也会被模糊掉，【玻璃】则没有【粗糙度】参数。三者的区别如图4-37所示。

图4-37 高光传播材质与【实心玻璃】、【玻璃】的区别

4.3.4 漫透射

漫透射会让材质表面产生额外的光线散射，用于模拟半透明效果，会增加渲染时间。半透明效果也可以用【半透明】材质来模拟。图4-38所示为【漫透射】不同 V 值的材质效果。

V=80　　　V=60　　　V =40　　　V=20　　　V=0

图4-38 【漫透射】不同 V 值的材质效果

4.3.5 粗糙度

粗糙度也是一个常用的参数，可通过滑块来调整材质微观层面的凹凸。粗糙度增加，光线在表面散射开，会搅乱镜面反射。

很多材质类型有【粗糙度】这个参数，通常使用滑块调节。

图 4-39 所示为【粗糙度】不同 V 值的材质效果。

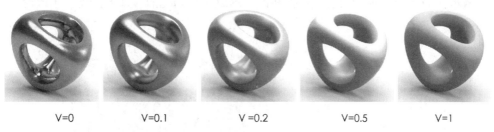

V=0	V=0.1	V =0.2	V=0.5	V=1

图 4-39　【粗糙度】不同 V 值的材质效果

4.3.6　采样值

KeyShot 有一个设置用于提高表现粗糙材料的准确性，这个设置就是【采样值】。采样值是指渲染图像中一个像素发出的光线的数目。每条射线收集它的周围环境信息，并返回此信息到该像素点，以确定它的最终着色。采样值越大，准确性越高。图 4-40 所示为采样值示意图。

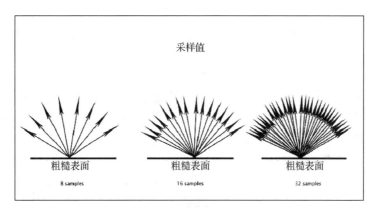

图 4-40　采样值示意图

4.3.7　粗糙度传输

这个参数与【粗糙度】的主要区别在于此参数产生的粗糙感主要位于材质内部，材质表面仍保持光泽。图 4-41 所示为【粗糙度传输】不同 V 值的材质效果。

V=0	V=0.1	V =0.2	V=0.3	V=0.4

图 4-41　【粗糙度传输】不同 V 值的材质效果

4.3.8　折射指数

折射指数（Index Of Refraction，IOR）也是 KeyShot 几种材质类型的参数。折射是很常见的一个物理现象，例如，一个人站在浅水池里面，影像会发生弯曲，使腿看起来是折断的。

插入水杯的筷子，看起来也像是折断的，这就是因为光的传播方向发生了改变，如图4-42所示。

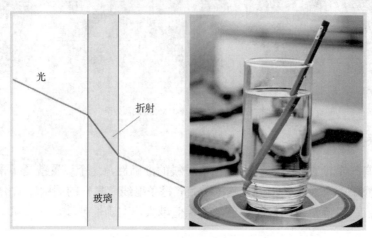

图4-42　折射效果

折射指数是一个数字，例如，水的折射指数为1.33，玻璃的折射指数为1.517，钻石的折射指数为2.417。

图4-43所示为不同折射指数的材质效果。

可以看到，IOR=1的材质中光线并未发生折射扭曲，材质表面也没有反射效果。折射指数越大，光线发生的折射扭曲越明显，同时反射效果也越明显。反射效果太明显会显得不真实，并且会覆盖材质本身的纹理。当折射指数超过3时，反射效果会非常夸张，IOR值最高可以设置到10，但在实际应用时一般设置为1～3。也可以参考真实世界的折射指数来设置，不同材质的折射指数可以很容易地在网上找到。常见材质的折射指数如表4-1所示。

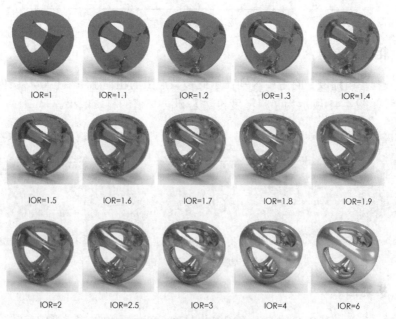

图4-43　不同折射指数的材质效果

表 4-1   常见材质的折射指数

材质	空气	冰	酒精	水	树脂	玻璃	红宝石	水晶	钻石
折射指数	1	1.309	1.329	1.33	1.472	1.517	1.77	2.0	2.417

折射指数用于模拟光线穿透透明材质后发生弯曲的程度。但是，反射也有一个效应：基于反射面与视角的夹角，反射程度会有不同，这个现象称为菲涅尔效应。很多软件，包括 KeyShot 在内，都是通过【折射指数】来调整菲涅尔参数，这是需要注意的地方。

4.3.9 菲涅尔效应与折射指数

开启【菲涅尔】选项可以使物体表面的反射强度不一。反射面与视线越接近平行，物体表面的反射就越强。这个反射由弱到强的过程的程度可以由【折射指数】来控制。

需要注意的是，反射的强度还受到【高光】颜色 V 值的影响，【高光】颜色是对反射的整体控制，【菲涅尔】则是在高光基础上控制基于视线与反射面夹角的不同反射强度。

图 4-44 所示为开启【菲涅尔】选项时不同【折射指数】的材质效果。

Fresnel IOR=1   Fresnel IOR=1.3   Fresnel IOR=1.7   Fresnel IOR=2   Fresnel IOR=3

图 4-44 开启【菲涅尔】选项时不同【折射指数】的材质效果

图 4-45 所示为关闭【菲涅尔】选项的效果。关闭后，反射效果会变成全反射，类似金属或镜子的镜面。

图 4-45 关闭【菲涅尔】选项的效果

4.4 KeyShot 的基础材质类型

KeyShot 的基础材质类型包括漫反射、平坦、液体、金属、油漆、塑料、玻璃、实心玻璃及薄膜等。

4.4.1 漫反射材质

漫反射材质只有一个参数，就是漫反射颜色，如图 4-46 所示，利用该材质可轻松地创建任何一种磨砂或非反光材质。由于这是一个完全的漫反射材质，因此镜面贴图不可用。

图 4-46　漫反射材质

4.4.2　平坦材质

平坦材质是一个非常简单的材质类型，可以产生无阴影、无高光，整个对象只有单一颜色的材质效果，如图 4-47 所示为平坦材质的属性面板。

平坦材质通常用来制作汽车栅格或其他网格后面"黑掉"的材质，也常用于创建"单彩图"的图像，将每个模型部件设定为不同的颜色，在后期处理时，可以轻松地创建选区。

图 4-47　平坦材质

KeyShot 新增的【clown pass】通道可以更快地输出这种单色填充的制作选区用的图像。

● 【色彩】：单击颜色缩略图，可在弹出的【颜色选择】对话框中选择材质的颜色。

4.4.3　液体材质

液体材质是实心玻璃材质的变种，提供了额外的【外部折射指数】参数，可以准确表示材质之间的界面，如玻璃容器和水。但要想创建更高级的容器内有液体的场景（彩色的液体），可能需要使用绝缘材质。液体材质的属性面板如图 4-48 所示。

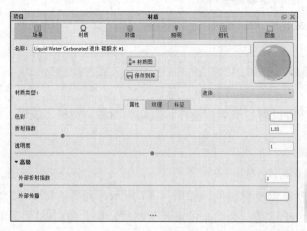

图 4-48　液体材质

- 【色彩】: 用于控制材质整体的颜色, 光线进入曲面后会被染色。这种材质的颜色效果依赖于【透明度】参数的设置。如果已设置一种颜色, 但它看起来太微弱, 则需要减小【透明度】参数的数值。
- 【折射指数】: 用于设定光线折射的程度, 参见 4.3.8 小节。
- 【透明度】: 控制可以看到多少【色彩】参数里设置的颜色。在设置【色彩】参数后, 可以设置【透明度】调整颜色的饱和度。较低的数值使材质薄的区域颜色更饱和, 较高的数值使材质薄的区域颜色较微弱。
- 【外部折射指数】: 这是更高级、功能更强大的参数, 可以准确地模拟两种不同的折射材质之间的界面。其最常见的用途是渲染装有液体的容器, 如一杯水。在这样的场景中, 需要一个单独的表面来表示玻璃和水相交的界面。内部液体的【折射指数】应设置为 1.33, 外面玻璃的【外部折射指数】应设置为 1.5。
- 【外部传播】: 这个选项用于控制材质外光线的颜色, 是更高级、更复杂的设置。

4.4.4　金属材质

金属材质用于创建抛光或粗糙的金属, 设置非常简单, 只需设置【色彩】和【粗糙度】两个参数, 其属性面板如图 4-49 所示。

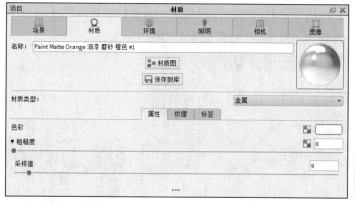

图 4-49　金属材质

- 【色彩】: 该参数用于控制曲面高光的颜色。
- 【粗糙度】: 该参数数值增大, 材质表面会产生细微层次的杂点; 数值为 0, 金属完全光滑。

4.4.5　油漆材质

油漆材质用于不需要金属感的对象, 它们只需要简单的有光泽的喷漆。其设置很简单, 只需设置底层的颜色和表层涂层属性, 图 4-50 所示为油漆材质的属性面板。

- 【色彩】: 油漆底层的颜色。
- 【粗糙度】: 数值增大, 材质表面会产生细微层次的杂点得到类似绒面或亚光喷漆效果; 数值为 0, 油漆表层完全光滑。
- 【采样值】: 低于 8 会使表面显得杂点较多, 增大采样值可使杂点平滑均匀。

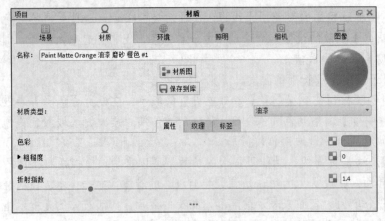

图 4-50　油漆材质

- 【折射指数】：用于控制清漆的强度，一般设置为 1.5。若需要抛光的喷漆，增大数值即可。数值为 1 时，相当于关闭清漆效果，可以用于制作亚光喷漆或模拟金属质感的塑料材质效果。详情参见 4.3.8 小节和 4.3.9 小节。

4.4.6　塑料材质

塑料材质只有几个基本参数，用于创建简单的塑料对象，其属性面板如图 4-51 所示。

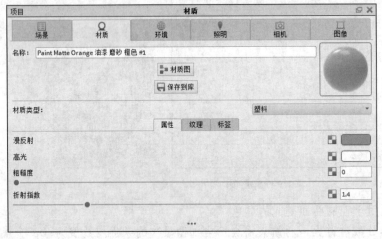

图 4-51　塑料材质

创建透明的塑料材质时，【漫反射】应该设置为黑色，材质所有颜色来自此参数；透明塑料的【高光】颜色也应该为白色。如果需要表现磨砂塑料，【漫反射】应该设置为一个比较深的颜色。

- 【漫反射】：用于控制整个材质的颜色，有透明效果的塑料材质只会显示一点漫反射或没有漫反射。
- 【高光】：用于设置场景中光源的反射颜色和强度，黑色表示关闭反射，白色为 100% 的反射，可以得到抛光塑料效果。真实塑料的【高光】没有颜色，所以一般设置为白色或灰色，设置为彩色会得到类似金属的质感。
- 【粗糙度】：数值为 0，材质完全光滑；数值加大，材质表面会显得粗糙。

- 【折射指数】：用于调整高光反射的强度，一般设置为 1.5。若需要抛光效果，增大数值即可。

KeyShot 5.0 之前有皮革材质，但是 KeyShot 6.0 取消了该材质。要模拟皮革材质，可以基于塑料材质来实现，如图 4-52 所示。

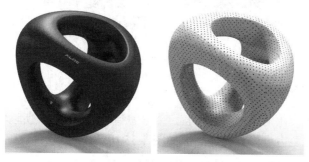

图 4-52　皮革材质

4.4.7　玻璃材质

玻璃材质是一个用于创建玻璃的简单材质类型，其属性面板如图 4-53 所示。

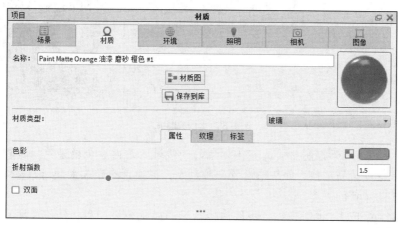

图 4-53　玻璃材质

和实心玻璃材质相比，该材质缺少【粗糙度】与【颜色强度】选项，但是添加了用于创建没有厚度的单一曲面部件（只有反射和透明，没有折射）的选项。该选项通常用于模拟汽车挡风玻璃。

- 【色彩】：用于设定玻璃的颜色。
- 【折射指数】：用于设定玻璃的折射程度。
- 【双面】：用于开启或禁止材质的折射属性。勾选该复选框，材质会产生折射效果；取消勾选，材质就没有折射效果，会看到其表面的反射，光线穿过曲面不会发生弯曲。当希望曲面背后的对象不因折射产生扭曲时，应该取消勾选这个复选框。如图 4-54 所示，左图勾选了该复选框，可以看到曲面的折射使其看起来像厚玻璃，透过玻璃可以观察到扭曲的环境；右图取消勾选该复选框，表面有反射，内部没有折射的扭曲，而是直接透明。汽车的挡风玻璃通常使用未勾选【双面】复选框的玻璃材质进行模拟，只有透明效果，没有折射扭曲。

图4-54　勾选与未勾选【双面】复选框效果

4.4.8　实心玻璃材质

实心玻璃材质与简单的玻璃材质比较，会考虑到对象的厚度，所以实心玻璃材质可以更准确地模拟玻璃的颜色效果，其属性面板如图4-55所示。

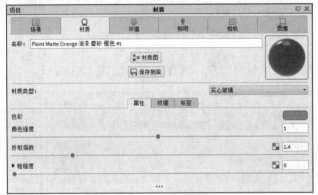

图4-55　实心玻璃材质

- 【色彩】：用于控制材质的整体颜色，光线进入表面后会被染色。这种材质的颜色效果依赖于亮度值，如果已设置一种颜色，但颜色看起来太微弱，整体很暗，则需要提高颜色的亮度。
- 【颜色强度】：控制光线在物件内传输时的颜色效果，和物件的厚度有关。例如，利用这个参数可以模拟海滩浅水区水的颜色和深海位置水的颜色的不同。更高的数值会让物件中薄的位置的颜色更淡。
- 【折射指数】：用于设定实心玻璃的折射程度。
- 【粗糙度】：分散物件表面的反射亮点，使其看起来像磨砂玻璃。展开此参数，可设置【采样值】，取更高的数值，产生的杂点会更少。

4.4.9　薄膜材质

薄膜材质可以产生我们在肥皂泡上看到的彩虹效果，其属性面板如图4-56所示。

- 【折射指数】：可以模拟表面或多或少的反射，增加数值会增大反射强度。实际上薄膜的颜色会受折射指数影响，也可以通过【厚度】选项来调整颜色，通常只需要通过调整【折射指数】来调整反射的总量。
- 【厚度】：用于调整薄膜材质表面的颜色。当该项设置为很高的数值时，表面颜色会出现分层效果，其数值范围为10～5000。

- 【Color Filter】：颜色倍增器，当设置为白色时，材质的颜色将由物件的厚度决定。不饱和的颜色可以用来添加微妙的色调变化。

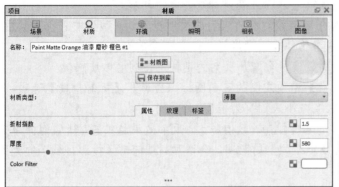

图 4-56　薄膜材质

4.4.10　半透明材质

半透明材质能模拟塑料或其他材质的次表面散射效果，其属性面板如图 4-57 所示。

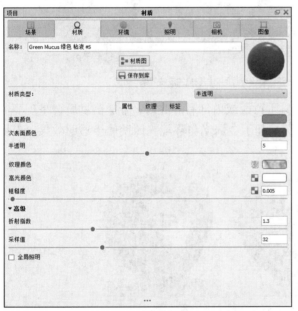

图 4-57　半透明材质

- 【表面颜色】：用于控制材质外表面的扩散颜色，也可以认为是整个材质的颜色。需要注意的是，在半透明材质中，如果【表面颜色】参数设置为全黑，不会产生次表面的半透明效果。
- 【次表面颜色】：用于控制光线通过材质后到达眼睛的颜色。人的皮肤就是一个次表面散射的很好的例子，当一束强光穿过耳朵（或手指）上薄的区域时，因为皮肤内有血液，光线通过后呈现红色。光线通过表面后，会随机反弹到周围，创建一个柔和的半透明效果，而不像玻璃类型的材质是直接折射的效果。对于半透明的塑料材质，可以将这个参数的颜色设置得和【表面颜色】参数很接近，只是更亮一点。

- 【半透明】：用于控制光线穿透表面后进入物件的深度，数值越大，就会呈现越多的次表面颜色，产生的材质效果越柔和。
- 【纹理颜色】：通过颜色或纹理贴图来表现材质表面的色彩。
- 【高光颜色】：通过颜色的 V 值控制材质表面的反射程度，一般用非彩色。若用彩色，可以模拟那种随光线与物件表面角度产生颜色渐变的双色材质。
- 【粗糙度】：增大该参数的数值，会增加反射的延伸，得到磨砂质感。
- 【折射指数】：单击【高级】选项左侧的三角图标，会展开【折射指数】选项，该选项可以用来进一步增大或减小表面反射强度。
- 【采样值】：【折射指数】的采样控制，数值越大，反射效果越细腻，所需时间越久。
- 【全局照明】：启用该材质类型的全局照明，会增加材质暗部（投影区域）的光照，使暗部（投影区域）更明亮。

图 4-58 所示为基于半透明材质模拟的皮肤效果。

图 4-58　基于半透明材质模拟的皮肤效果

半透明材质可以散射光线，当材质背面或内部有灯光时，半透明材质会呈现更完美的光线散射效果。如图 4-59 所示，左图是基于全局光与环境光照明的半透明效果，右图是内部有灯光的半透明效果。

图 4-59　半透明材质受光照影响比较

4.5　KeyShot 的高级材质类型

KeyShot 的高级材质类型包括高级、塑料（高级）、半透明（高级）、宝石效果、绝缘、各向异性、丝绒及金属漆等。

4.5.1　高级材质

高级材质是所有 KeyShot 材质中功能最多的材质类型，其属性面板如图 4-60 所示，它比其他材质类型参数更多。金属、塑料、透明塑料或磨砂塑料、玻璃以及漫反射材质和皮革都可以由这种材质来创建。

- 【漫反射】：该参数用于调整材质的整体色彩或纹理。透明材质很少或没有漫反射。金属没有漫反射，金属所有颜色来自于高光。
- 【高光】：该参数用于控制材质对场景中光源的反射颜色和强度，黑色强度为 0，材质没有反射，白色强度为 100%，完全反射。创建金属材质时，这个参数就是金属颜色；创建塑料材质时，这个参数应该调整为白色或灰色。塑料不会有彩色的高光。

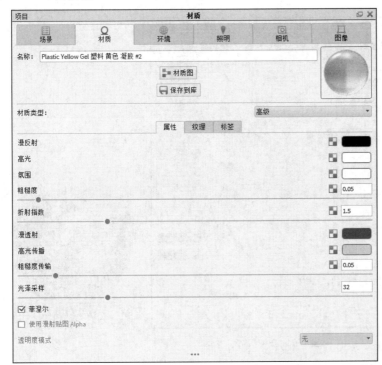

图 4-60　高级材质

- 【高光传播】：该参数用于控制材质的透明度，黑色是 100% 不透明，白色是 100% 透明。如果正在创建透明的玻璃或塑料，【漫反射】应该设置为黑色，材质所有颜色来自此参数；透明的玻璃或塑料的高光也应该为白色。如果需要调整为半透明塑料效果，将【漫反射】设置为一个比较深的颜色就可以了。
- 【漫透射】：该参数可以让材质表面产生额外的光线散射来模拟半透明效果。修改该参数会增加渲染时间，不是很有必要，推荐保留初始设置，即黑色。
- 【氛围】：该参数用于设置场景中的对象有自我遮蔽情况时，光线不能照射到的区域的颜色，会产生非现实的效果。推荐保留初始设置，即黑色。
- 【粗糙度】：该值增加会使材质表面微观层面产生颗粒。设置为 0 时，材质呈现出完美的光滑和抛光质感。数值越大，由于表面灯光漫射，材质越粗糙。
- 【粗糙度传输】：该参数与【粗糙度】的主要区别在于，该参数带来的粗糙感主要位于整个材质的内部，同时需要通过【高光传播】参数使材质透明来呈现这种效果。
- 【折射指数】：该参数用于控制材质折射的程度。

- 【菲涅尔】: 该选项用于控制垂直于相机区域的反射强度, 在现实世界中, 材质对象边缘比直接面对相机区域的折射效果更明显。材质的反射和折射都有菲涅尔效应, 这个选项默认是开启的, 不同材质有不同的菲涅尔衰减数值。
- 【光泽采样】: 该参数用于控制光泽（粗糙）反射的准确性。

4.5.2 塑料（高级）材质

塑料（高级）材质与塑料材质相比多了【漫透射】与【高光传播】参数, 用于模拟半透明或透明塑料, 其属性面板如图 4-61 所示。

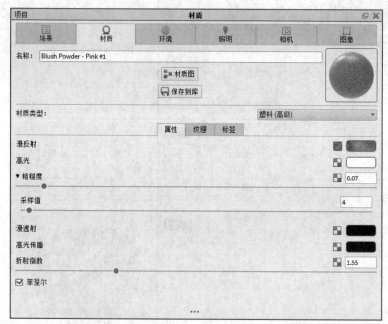

图 4-61 塑料（高级）材质

- 【漫透射】: 该参数可以让材质表面产生额外的光线散射来模拟半透明效果。修改该参数会大大增加渲染时间, 不是很有必要, 推荐保留初始设置, 即黑色。
- 【高光传播】: 该参数可以用于模拟有透明效果的塑料材质, 黑色表示 100%不透明, 白色则是 100%透明。创建透明的玻璃或塑料材质时,【漫反射】应该设置为黑色, 材质所有颜色来自此参数；透明的玻璃或塑料的【高光】应该设置为白色。如果需要表现磨砂塑料,【漫反射】应该设置为一个比较深的颜色。
- 其他参数参见 4.4.6 小节。

4.5.3 半透明（高级）材质

半透明（高级）材质能模拟塑料或其他材质的次表面散射效果, 其属性面板如图 4-62 所示。与半透明材质相比, 半透明（高级）材质控制能力更强, 在【表面颜色】和【次表面颜色】通道内贴图, 可以表现更为复杂的材质变化。而半透明材质的【表面颜色】和【次表面颜色】只能设置单一颜色。参数值说明参见 4.4.10 小节。

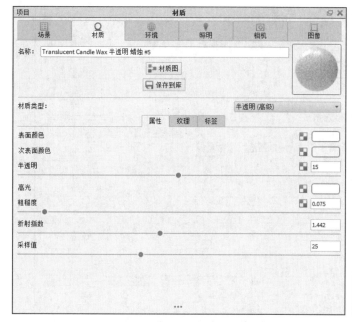

图 4-62　半透明（高级）材质

4.5.4　宝石效果材质

宝石效果材质与实心玻璃、绝缘材质和液体材质相关，其属性面板如图 4-63 所示。这里的设置为渲染宝石做了相关优化，【阿贝数（散射）】参数对于得到宝石表面的炫彩效果非常重要。【内部剔除】选项是这个材质类型的另外一个很重要的参数。

- 【色彩】：参考液体材质参数说明。
- 【折射指数】：控制光线通过这个材质的部件时弯曲的程度。大部分宝石折射指数远比 1.5 高，可以设置为 2 以上的数值。
- 【透明度】：控制可以看到多少【色彩】参数里设置的颜色。设置【色彩】参数后，可以设置【透明度】调整颜色的饱和度，较低的数值使材质薄的区域颜色更饱和，较高的数值使材质薄的区域颜色较微弱。图 4-64 所示是两种相同的材质，【色彩】参数的颜色完全相同，只是【透明度】参数设置不同，左图【透明度】参数设置较低，结果是部件表面所有区域，厚的和薄的区域颜色都比较饱和；右图【透明度】参数设置得相当高，会发现在部件薄的区域颜色没有其他区域明显，在厚的区域，如钻石底部，色彩依然明显。
- 【粗糙度】：和其他不透明材质一样，粗糙度可以用来延伸曲面上的高光形态。但是，这个类型的材质也会透射光线。该选项可以用来创建磨砂效果。这个参数配有一个采样值，采样值小可以产生有杂点的效果，采样值大可以使杂点更平滑。

注意，磨砂效果主要是光线传播到物体表面后被打乱并延展形成的，曲面的折射光线也会延展开。

- 【阿贝数（散射）】：控制光线穿过曲面以后的散射，得到类似棱镜的效果，可以用来创建宝石表面的炫彩。数值为 0，将完全禁用散射效果。如果需要微弱的散射效果，建议以 35～55 为起始值开始调整。这个参数也配有一个采样值，采样值小会产生有杂点的效果，采样值大可以使杂点更平滑。

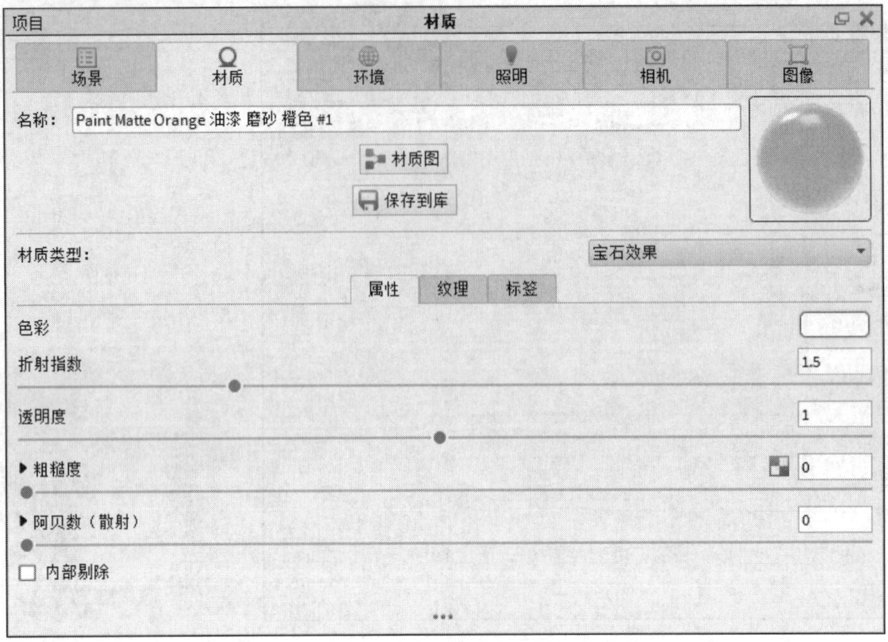

图 4-63　宝石效果材质

图 4-64　珠宝效果

4.5.5　绝缘材质

绝缘材质是一种用来创建玻璃的高级材质类型，与实心玻璃材质类型相比，增加了一个
【阿贝数（散射）】参数项。绝缘材质属性面板如图 4-65 所示。

- 【传播】：用于控制材质的整体色彩。当光线进入表面时，材质会被染色。这种材
质的颜色高度依赖【颜色强度】选项的设置，如果已经在【传播】选项中设置了颜
色，但看起来太微弱，可以减小【颜色强度】的数值。
- 【折射指数】：控制光线通过这个材质类型的部件时会弯曲多少。默认数值为 1.5，
可用于模拟大多数类型的玻璃，增大数值，可以使内表面折射效果更加明显。
- 【外部传播】：用于控制材质外光线的颜色，是更高级、更复杂的设置，在需要渲
染装有液体的容器时使用。例如，渲染一个有水的玻璃杯，需要在液体和玻璃接触
的地方专门创建一个曲面，可以用【外部传播】参数来控制玻璃的颜色，而【传播】
选项用来控制液体的颜色。如果玻璃和液体都是清澈的，【外部传播】和【传播】
的颜色都可以设置为白色。

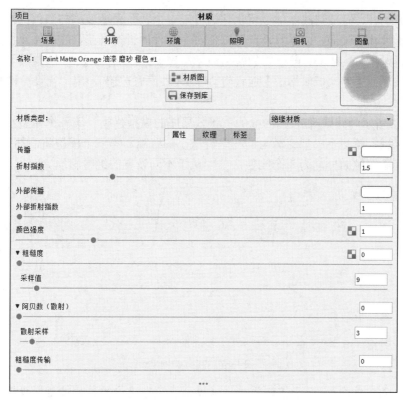

图 4-65　绝缘材质

● 　【外部折射指数】：更高级、功能更强大的设置，可用于准确地模拟两种不同折射指数的材质之间的界面。最常见的用途是渲染装有液体的容器，如一杯水。在这样的场景中，需要一个单一的表面来表示玻璃和水相交的界面。这个表面内部有液体，因此【折射指数】设置为 1.33；外面有玻璃，【外部折射指数】应设置为 1.5。

图 4-66 所示的第一个和第二个模型的材质设置得不正确，整个酒杯是一个材质，折射指数为 1.5。玻璃里面的液体也是一个材质，是整体放大使之与酒杯相交或让酒杯对象的曲面向内微微偏移一些得到的。很多人会建立这样的模型，但是效果不是很理想。玻璃与液体之间的界面不对，读者可以观察真实生活中的容器与液体，注意看液体折射的表现。

图 4-66　酒杯内有红酒效果

图 4-66 所示第三个模型的效果是正确的，首先，用一个表面从杯底开始往上再回到杯

内来表示玻璃杯，但是到液体部位就止住。再来一个表面表示玻璃与液体的接触面。第三个面用于表示液体的顶面。这样的设置可以使每个部件的折射准确，玻璃外部折射指数为1.5，液体顶面折射指数为1.33，最重要的就是液体与玻璃之间的面，【折射指数】设置为1.33（因为里面有液体），【外部折射指数】应设置为1.5（外面有玻璃），用户需要分清哪个设置代表外部或内部。

图4-67所示为分别对应图4-66的三张效果图的模型建模，第一个模型红酒与酒杯壁有重叠相交区域，第二个模型红酒与酒杯壁有微小的缝隙，第三个模型将酒杯壁、红酒表面、酒杯壁与红酒接触面分割为3个物件，分别赋予不同设置的绝缘材质。

图4-67　模型建模的细微区别

● 【颜色强度】：用于控制用户可以看到多少在【传播】属性里所设置的颜色，与材质部件的厚度有关。这是一个用于模拟海滩浅水颜色与深海深水颜色的一个物理参数，若没有颜色强度，最深的海洋与游泳池看上去就没有差别。

在设置一种【传播】颜色后，使用【颜色强度】可以使颜色更加（或更不）饱和和突出。较小的数值可使薄的区域颜色更重，较大的数值会使薄的区域颜色更微弱。

● 【粗糙度】：和其他不透明材质一样，粗糙度可以用来延伸曲面上的高光形态。但是这个类型的材质也会透射光线。利用该参数可以创建磨砂效果。这个参数配有一个采样值，采样值小可以产生有杂点的效果，采样值大可以使杂点更平滑。

● 【阿贝数（散射）】：拖动滑块可以控制光线穿过曲面以后的散射，得到类似棱镜的效果，可以用来创建宝石表面的炫彩。

4.5.6　各向异性材质

各向异性材质用于控制材质表面的亮点（高光），其属性面板如图4-68所示。其他材质类型只有一个【粗糙度】滑块，增大数值会使表面上的亮点在各个方向都均匀地铺开。各向异性材质有两个独立的滑块，可以分别调整两个方向的粗糙度，进而控制高光的形状。这种材质类型通常用来模拟金属拉丝表面。

● 【色彩】：要创建金属材质，该项应设置为黑色。如果设置为任何黑色以外的颜色，这种材质会看起来像塑料。

● 【高光】：参见其他材质的这一参数的说明。

● 【粗糙度X】/【粗糙度Y】：分别用于控制 x 轴和 y 轴方向上的表面高光延伸，增大参数值，表面高光会延伸，并得到拉丝效果。如果两个滑块的值相同，会使各个方向的高光延伸变均匀。

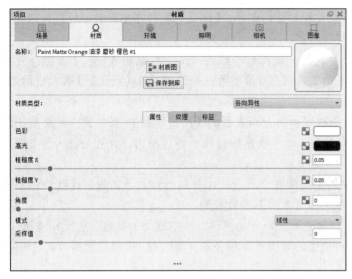

图 4-68　各向异性材质

- 【角度】：当【粗糙度 X/Y】值不同时，这个参数控制高光的旋转，数值范围为 0～360。
- 【模式】：用于控制高光如何延伸的高级参数，有 3 个模式，默认数值为 1，表示线性延伸高光，独立于用户对物体指定的 UV 贴图坐标；数值为 0 时，依据指定的 UV 坐标，可以基于建模软件的贴图来操纵各向异性的高光亮点；数值为 2，是径向高光模式，可以用来模拟 CD 播放面的高光效果。
- 【采样值】：设置较低的采样值（8 或更低），会使表面看起来有更多噪点，显得很粗糙；增大采样值，噪点会更加平滑，可得到分布更均匀的粗糙感。

4.5.7　丝绒材质

丝绒材质可以用来模拟有着特别光线效果的柔软面料。

一般来说，也可以利用塑料材质或高级材质来创建织物材质，但丝绒材质类型提供了几个其他材质没有的参数，其属性面板如图 4-69 所示。

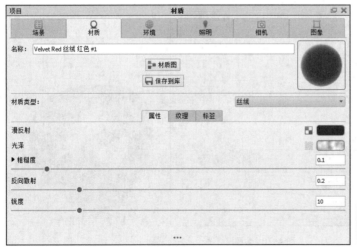

图 4-69　丝绒材质

- 【漫反射】：该参数用于控制材质的颜色，【漫反射】和【光泽】一般首选深色，当用浅色时，材质会变得不自然。

- 【光泽】：从曲面背后穿过的光线反射的颜色。这个参数和【锐度】参数一起可以用来控制整个材质光泽的柔和程度。该参数一般设置为和【漫反射】很相近的颜色，并且稍微明亮些。

- 【粗糙度】：该参数用于决定如何分布表面的【反向散射】。当设置为一个较小的数值时，可以保持【反向散射】的光线集中在较小的区域内；设置为较大的数值，会均匀地在整个对象表面延展光线。

- 【反向散射】：该参数用于控制整个表面，尤其是暗部区域的散射光线，使整个表面看起来柔和，它的颜色由【光泽】参数控制。

- 【锐度】：该参数用于控制表面光泽传播多远。一个较小的数值会使光泽逐渐淡出，而较大的数值会使表面边缘的周围产生明亮的光泽边框。数值设置为 0 时，没有【光泽】效果。

- 【采样值】：该参数用于控制【反向散射】效果。较大的数值将使散射光显得更均匀，较小的值使【反向散射】显得更具颗粒感。要得到平滑效果，可以将数值设置为 32 左右。

4.5.8　金属漆材质

金属漆材质可以模拟三层喷漆材质，开始是基础层，第二层是金属薄片，最上面一层是清漆（用于控制油漆的反射）。金属漆材质的属性面板如图 4-70 所示。

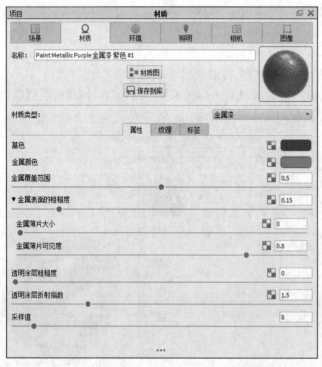

图 4-70　金属漆材质

- 【基色】：整个材质的颜色，可以认为是油漆的底漆。

- 【金属颜色】：这一层相当于在基础层之上喷洒金属薄片，可以选择一个与基色类似的颜色来模拟微妙的金属薄片效果，通常利用白色或灰色的【金属颜色】参数设置来得到真实的油漆质感。金属颜色在曲面高光或明亮区域显示得多一些，基色在照明较少区域显示得多一些。

- 【金属覆盖范围】：用于控制金属颜色与基色的比例。设置为 0 时，只能看到基色；设置为 1 时，表面将几乎完全为金属颜色。对于大多数金属漆材质，这个参数一般设置为 0 就可以，调整时建议以 0.2 为单位开始往上增加。

- 【金属表面的粗糙度】：该参数用于控制曲面金属颜色的延展，数值较小时，只有高光周围有很少的金属颜色；数值较大时，整个表面会有更大范围的金属颜色。建议以 0.1 为单位调整该参数。

- 【金属薄片大小】：该参数用于控制金属薄片的大小，若增大，可使金属薄片效果更明显。

- 【金属薄片可见度】：该参数用于控制金属薄片的透明度。值为 0 时，金属薄片完全透明。该参数数值越高，融进基色的金属薄片越明显。

- 【透明涂层粗糙度】：金属漆材质最上面一层是透明涂层（清漆），可以模拟清晰的反射。如果需要缎面或亚光漆效果，可增大该值，使表面反射延展开形成磨砂效果。

- 【透明涂层折射指数】：该参数用于控制清漆的强度，一般设为 1.5 就可以了。若需要抛光的喷漆，可增大数值。将数值设为 1，相当于关闭清漆效果。该参数也可以用于制作表面亚光或模拟金属质感的塑料材质效果。

- 【采样值】：可以控制喷漆里金属质感的细致程度或粗糙感。较小数值会产生明显的薄片效果，较大数值会使金属颗粒分布更均匀、平滑。为了得到类似珠光的效果，这个参数可以设置得大一些。

4.6　KeyShot 的特殊材质

KeyShot 的特殊材质包括 X 射线、Toon、地面、线框等。

4.6.1　X 射线材质

X 射线材质可以用来创建能直接看到内部的对象。这个材质类型参数很简单，只有一个【色彩】参数，如图 4-71 所示。

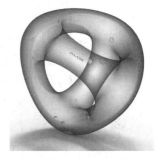

图 4-71　X 射线材质

- 【色彩】：用于设置材质整体的颜色。

4.6.2 Toon 材质

Toon 材质可以创建类似二维卡通风格的效果，可以控制轮廓宽度、轮廓线的数量以及是否将阴影投射到表面上，如图 4-72 所示。

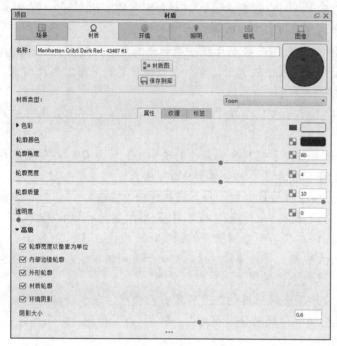

图 4-72　Toon 材质

- 【色彩】：Toon 材质的填充颜色。
- 【轮廓颜色】：控制模型轮廓的颜色。
- 【轮廓角度】：控制内部轮廓线的数量。数值较小将增加内部轮廓线的数量，数值较大将减少内部轮廓线的数量。
- 【轮廓宽度】：控制轮廓线的粗细。
- 【轮廓质量】：控制轮廓线的质量。数值越大，线条越干净、平滑。
- 【透明度】：允许光线穿透模型，用于显示模型内部结构。
- 【轮廓宽度以像素为单位】：当启用此设置时，可设置更细的轮廓线。当此设置被禁用时，可设置较粗的轮廓线。
- 【外形轮廓】：当启用此设置时，允许在草图中显示或隐藏轮廓线。
- 【内部边缘轮廓】：显示或隐藏草图的内部轮廓线。
- 【材质轮廓】：显示或隐藏材质的轮廓线。
- 【环境阴影】：显示或隐藏投射在模型上的由照明环境产生的阴影。
- 【阴影大小】：控制投射在模型上的由照明环境产生的阴影的强度。

4.6.3 地面材质

地面材质是一种简化的材质类型，专门用于地面的创建，如图 4-73 所示。

图 4-73　地面材质

选择菜单栏的【编辑】/【添加几何图形】/【地平面】命令，即可为 KeyShot 场景添加地面。地面材质也可以应用于导入的几何物件。

在 KeyShot 中，即使没有真实的地面，渲染器也会在虚拟的地面上创建投影，通过设置【地面反射】参数，可以开启地面反射效果，但是没法深入控制反射效果。

● 【阴影颜色】：控制模型在地面上产生的投影的颜色。
● 【高光】：非黑色可以让地面产生反射。
● 【折射指数】：控制地面上的反射效果。
● 【剪切地面之下的几何图形】：将地面以下的几何图形从相机中隐藏。

4.6.4　线框材质

线框材质用于多边形的框架和每个多边形表面的顶点，如图 4-74 所示。
● 【线框色彩】：控制线框的颜色。
● 【基色】：控制材料的整体颜色，不包括线。
● 【基本传输色】：控制基色传输，较浅的颜色对应透明的外观。
● 【背面基色】：控制基本色的背面。
● 【线框背面颜色】：控制线框颜色的背面。

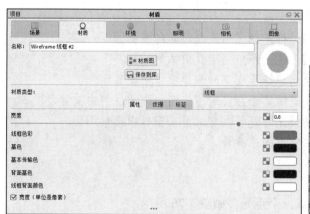

图 4-74　线框材质

4.7 KeyShot 的灯光材质

KeyShot 的灯光材质包括区域光漫射、点光 IES、点光漫射与自发光材质。

除了准确的环境照明、物理灯光之外，还可将 KeyShot 材质类型赋予任何几何体，把它变成一个局部光源。这种方法允许在场景中实现准确的绘制。

KeyShot 是通过对物件赋予灯光材质来制作局部光源的。导入新的几何体或使用现有的几何体作为光源，可以轻松地控制多个光源。

当拖曳灯光材质到一个对象上时，KeyShot 将通过添加一个灯泡图标来确定光源。

4.7.1 区域光漫射

区域光漫射用于将任何物体变成一个光源，如图 4-75 所示。

图 4-75　区域光漫射

- 【色彩】：设置区域光的颜色。
- 【电源】：设置区域光的强度。
- 【应用到几何图形前面】：将光源应用到几何体的前面。
- 【应用到几何图形背面】：将光源应用到几何体的背面。
- 【相机可见】：可以切换光源是否在实时渲染窗口中被显示。
- 【反射可见】：可以切换光源是否在实时渲染窗口中的反射中被显示。
- 【阴影中可见】：可以切换光源是否在实时渲染窗口中投射阴影。
- 【采样值】：控制渲染中使用的采样量。

4.7.2 点光漫射

点光漫射可以把任何物体变成一个点光，如图 4-76 所示。

图 4-76 点光漫射

- 【色彩】: 设置点光的颜色。
- 【电源】: 设置点光的强度。
- 【半径】: 通过调整半径来控制点光的大小与衰减。

4.7.3 点光 IES 配置文件

单击编辑器中的文件夹图标可以加载一个点光 IES 配置文件, 在材质预览窗口中显示灯光剖面形状, 在实时渲染窗口中以网格显示物件。图 4-77 所示为 KeyShot 提供的几款 IES 文件贴图的渲染效果。

- 【文件】: 显示名称和 IES 文件的定位。单击文件夹图标可更改 IES 文件, KeyShot 在资源文件夹目录下的 Textures\IES Profiles 中提供了一些 IES 文件, 用户也可以通过网络下载更多的 IES 文件。
- 【颜色】: 控制灯光的颜色。使用欧凯文量表选择正确的照明温度。
- 【乘数】: 调整光的强度。
- 【半径】: 通过调整半径来控制光的阴影衰减。

图 4-77 渲染效果

4.7.4 自发光材质

自发光材质可用于模拟小的光源, 如 LED、发亮的屏幕等。自发光材质不可以作为场景中的主光源。当需要发光对象的光线对周围物件有影响时, 需要在【项目】/【设置】选项卡里勾选【细化间接照明】复选框, 以便在实时渲染窗口中照亮其他对象, 也需要勾选【地面间接照明】复选框, 用来照亮地面, 如图 4-78 所示。

当使用自发光材质时, 可以在【项目】/【设置】选项卡中勾选【特效】/【光晕】复选框。

图 4-78 自发光材质

- 【色彩】：控制发光材质的颜色。
- 【强度】：控制发光强度，当使用【色彩贴图】时依然有效。
- 【相机可见】：用于对相机隐藏自发光材质物件。
- 【反射可见】：取消勾选该复选框，会隐藏材质的发光效果。
- 【双面】：取消勾选该复选框，材质单面发光，另一面变为黑色。

4.8 云端材质

　　KeyShot 的云端材质库里面提供了用户上传的大量材质资源，用户可以下载喜欢的资源到本地硬盘。

　　除了云端用户上传的资源外，一些公司为材质库添加了基于真实世界的材质，给 KeyShot 的视觉效果带来了更高的准确度。

4.8.1 艾仕得涂料系统

　　作为汽车车身涂料制造商，艾仕得（Axalta）公司创建的 KeyShot 材质是基于真实世界的，如图 4-79 所示。用户可以到 KeyShot 官方网站下载 Axalta Coating Systems 材质集，并查阅如何使用 Axalta 涂料材质。

图 4-79 艾仕得涂料系统

4.8.2 模德蚀纹

　　用户可以到 KeyShot 官方网站下载模德模具公司（Mold-Tech® Materials）出品的材质，

或者在 KeyShot 的云端材质库里面直接搜索 "Mold-Tech"。模德蚀纹材质效果如图 4-80 所示。

图 4-80　模德蚀纹

4.8.3　索伦森皮革

用户可在 KeyShot 的云端材质库里搜索 "Sorensen Leather"，其材质效果如图 4-81 所示。

图 4-81　索伦森皮革

4.9 KeyShot 的贴图通道

贴图是三维图像渲染中很重要的一个环节，通过贴图操作可以模拟物体表面的纹理效果，添加细节，如木纹、网格、瓷砖、精细的金属拉丝效果。贴图可在【材质】属性面板的【纹理】选项卡中添加，图 4-82 所示为【纹理】选项卡状态。

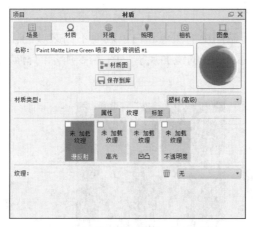

图 4-82　【纹理】选项卡

KeyShot 提供了 4 种贴图通道，包括【漫反射】、【高光】、【凹凸】和【不透明度】，相比于其他渲染程序贴图通道要少一些，但是可以满足调整材质所需，而且每个通道的作用各不相同。

4.9.1 【漫反射】通道

该通道可以用图像来代替漫反射的颜色，可以用真实照片来创建逼真的数字化材质效果，支持常见的图像格式。图4-83所示为通过【漫反射】通道模拟瓷砖表面的效果。

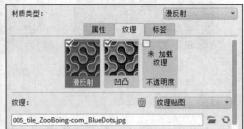

图 4-83　通过【漫反射】通道模拟瓷砖表面的效果

勾选【混合颜色】复选框可以将贴图和其右侧的颜色混合，得到叠加的纹理效果，贴图中的白色会被【混合颜色】选项设定的颜色替代，黑色区域依然保留贴图的图像，灰色相当于半透明，二者叠加，如图4-84所示。

图 4-84　勾选【混合颜色】复选框

4.9.2 【高光】通道

【高光】通道可以使用贴图中的黑色和白色表明不同区域的镜面反射强度，黑色不会显示镜面反射，而白色会显示100%的镜面反射。图4-85所示的材质通道可以使材质表面的镜面区域效果更细腻。

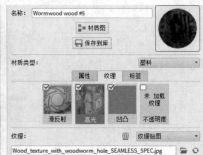

图 4-85　【高光】通道贴图效果

图4-86所示为【高光】通道未放置贴图与放置贴图的效果对比。

图 4-86　【高光】通道未放置贴图与放置贴图效果对比

4.9.3　【凹凸】通道

现实世界中表面有细小颗粒的材质效果可以通过这个通道来实现，这些材质细节在建模中不容易或没法实现，像锤击镀铬、拉丝镍、皮革表面的凹凸质感等，如图 4-87 所示。

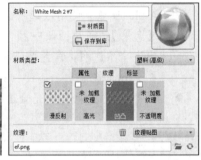

图 4-87　【凹凸】通道

创建凹凸质感有两种不同的方法：第一种是最简单的方法，就是采用黑白图像；第二种方法是使用法线贴图。法线贴图是 KeyShot 特有的一种贴图类型。

● 黑白图像：黑白图像中黑色表示凹陷，白色表示凸起，如图 4-88 左图所示。
● 法线贴图：法线贴图比黑白图像包含更多颜色，这些额外的颜色代表 x 轴、y 轴、z 轴方向上的扭曲程度，能比黑白图像创建更复杂的凹凸效果，如图 4-88 右图所示。但是即使不用法线贴图，黑白图像也能创建非常逼真的凹凸效果。

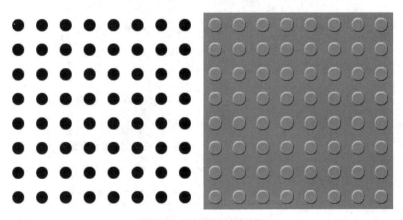

图 4-88　黑白贴图与法线贴图

4.9.4 【不透明度】通道

【不透明度】通道可以使用黑白图像或带有 Alpha 通道的图像来使材质的某些区域透明。常用于创建实际没有打孔的模型的网状材质效果，如图 4-89 所示。

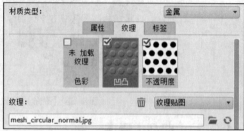

图4-89 【不透明度】通道

【不透明度】通道中实现透明效果的模式有 3 种。

- 【Alpha】：使用嵌入在图像中的 Alpha 通道来创建局部透明效果。如果图像中没有 Alpha 通道，使用该选项会没有透明效果。
- 【色彩】：通过图像中颜色的亮度值来表示透明度，一般采用黑白图像，白色区域为完全不透明，黑色区域为完全透明，50%灰色表示透明度为 50%。这种方法不需要 Alpha 通道。
- 【补色】：黑色表示完全透明，白色表示完全不透明，50%灰色表示透明度为 50%。

4.10 贴图类型

贴图是在三维物体上置放二维图像。如何将二维图像放置到三维对象上，是所有三维软件都必须解决的问题。KeyShot 的贴图类型如图 4-90 所示。

图4-90 贴图类型

4.10.1 【平面 X/Y/Z】模式

该模式只通过 x 轴、y 轴、z 轴来投射纹理。三维模型的表面纹理会沿某个单轴轴向伸展，如图 4-91 所示。

图 4-91 【平面 X/Y/Z】模式

当贴图类型设置为【平面 X/Y/Z】时，只有面对轴向的曲面上显示原始的贴图，其他曲面上的贴图会被延长、拉伸以包裹三维空间。

4.10.2 【盒贴图】模式

这种贴图模式会从一个立方体的 6 个面向三维模型投影纹理，纹理从立方体的一个面投影过去直到发生延展。大多数情况下，这是最简单快捷的方式，产生的延展最小。

图 4-92 展示了二维图像如何以【盒贴图】模式投影到三维模型上，每个平面的延展都是最小的，缺点是不同投影面相交处有接缝。

图 4-92 【盒贴图】模式

4.10.3 【球形】模式

该模式会从一个球的外部向球心方向投影纹理，大部分未变形图像位于赤道部位，到两极位置开始收敛。对于有两极的对象，采用【盒贴图】模式与【球形】模式或多或少都有扭曲，如图 4-93 所示。

4.10.4 【圆柱形】模式

图 4-94 所示为【圆柱形】模式贴图的效果，面对圆柱体内壁的位置投影的纹理较好，不面对圆柱内壁的位置纹理会变形。

图 4-93 【球形】模式　　　　　　　　　　图 4-94 【圆柱形】模式

4.10.5 【交互式贴图】模式

除了上面的自动映射模式外，KeyShot 还有一种【交互式贴图】模式。在【纹理】选项卡中的【映射】中单击 🔧映射工具 图标，会出现图 4-95 所示的操作轴与门板，这种模式通过操作轴平移、旋转或缩放上述各种模式的贴图。【交互式贴图】模式通常用来微调映射到模型上的纹理的方位。

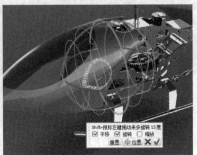

图 4-95 【交互式贴图】模式

4.10.6 【UV 坐标】模式

该模式是一个完全自定义模式，会耗费更多的渲染时间，更广泛用于游戏、电影等领域，如图 4-96 所示。【UV 坐标】模式比其他贴图类型更耗时、更烦琐，但效果更好。

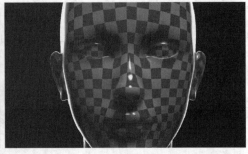

图 4-96 【UV 坐标】模式

把模型摊平为二维图像的过程称为"展开 UV"。将球形的地图摊平为二维地图，就是这样的过程。图 4-97 所示为展开 UV 的贴图。

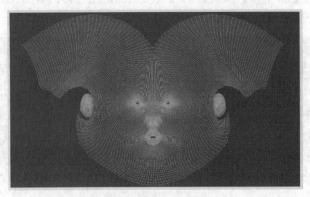

图 4-97 展开 UV 的贴图

4.11 【标签】选项卡

　　【标签】选项卡专门用来在三维模型上自由方便地放置标志、贴纸或图像。如图 4-98 所示，支持常见的图像格式，如.jpg、.tiff、.tga、.png、.exr 及.hdr。【标签】没有数量限制，每个标签都有它自己的映射类型。如果一个图像内带 Alpha 通道，该图像中的透明区域将不可见。图 4-99 所示的图片使用的是透明.png 图像，图像周围的透明区域不显示。

图 4-98　【标签】选项卡

图 4-99　.png 图像效果

4.11.1　添加标签

　　单击➕或📁图标（或双击【载入纹理】图标）可以添加标签到标签列表，加入标签的名称会显示在标签列表中，如果在其他软件中编辑更新了标签，可以单击🔄图标来刷新标签。在列表中选择标签后单击🗑图标可以删除该标签。

　　标签按添加顺序罗列，列表顶部的标签会位于标签层的顶部。单击⬆图标可以使标签移动到上面，单击⬇图标可以使标签移动到下面。

4.11.2　【映射】选项栏

　　映射选项栏中的参数说明如下。

● 　【映射类型】：标签与其他纹理拥有大致相同的映射类型，但是标签有一个其他纹理没有的映射类型，这就是【法线投影】，利用该功能可以以交互的方式来投影标签到曲面，这是标签的默认模式。

- 【位置】：要定位标签，可单击【位置】按钮，在模型上移动标签，当标签位于需要的位置时，单击【完成】按钮，就会停止互动式定位。
- 【缩放比例】：拖曳滑块，可以调整标签的大小，同时保持长宽比例，要水平或垂直缩放，可展开【缩放】选项栏。
- 【移动 X/Y】：拖曳【移动 X】或【移动 Y】滑块可以移动标签的位置。
- 【角度】：拖曳滑块，可以旋转标签。
- 【深度】：该参数控制标签能穿过材质多远，例如，模型有两个表面直接相对，该参数可以控制标签是出现在一个面上还是双面上。如图 4-100 所示，左边的标签【深度】大，所以酒杯背面也出现标签；右边的标签【深度】小，所以酒杯背面没有标签。
- 【DPI】：用于重新设置标签贴图的解析度（即分辨率）。
- 【水平翻转】/【垂直翻转】：用于将标签贴图在水平或垂直方向上镜像。
- 【重复】：勾选该复选框，标签贴图会重复拼贴铺满整个表面。
- 【双面】：该选项控制在物体的背面是否显示标签。如图 4-101 所示，两个酒杯在相同位置都放置了标签，将视图旋转到酒杯的背面查看，右边杯子的标签由于勾选了【双面】复选框，可以在背面看到标签贴图，而左边杯子的标签没有勾选【双面】复选框，在背面就看不见标签了。
- 【同步】：当同一幅贴图用于多个贴图通道时，若勾选这个复选框，则可以同步修改每个通道的贴图。

图 4-100 【深度】效果

图 4-101 【双面】效果

- 【亮度】/【对比度】：这两个选项用于调整亮度。如果一个场景的整体照明是好的，仅标签出现过亮或过暗的情况，则可以通过【亮度】/【对比度】滑块来调整。

4.11.3 【标签属性】选项栏

图 4-102 所示为【标签属性】选项栏，参数说明如下。

- 【漫反射】：贴图后，漫反射通道会以贴图纹理替换原本的颜色。
- 【高光】：这个参数主要控制标签的镜面反射。当颜色设置为黑色时，标签上将没有反射效果；设置为白色，会有很强的反射。这个参数也可以使用彩色，但最真实的效果应该是介于黑色和白色之间。如图 4-103 所示，左边的酒杯标签【高光】设置为黑色，右边的酒杯标签【高光】设置为白色。
- 【粗糙度】：使标签部分的材质产生粗糙颗粒感。

图 4-102　【标签属性】选项栏

● 　【折射指数】: 虽然这个是最常用的与透明度有关的属性, 但是这里的【折射指数】
只作用于标签上, 让其增加反射。它只会影响标签的反射效果 (需要将【高光】设
置为黑色以外的颜色)。如图 4-104 所示, 左边的酒杯标签【折射指数】为 3, 右边
的酒杯标签为 1, 左边酒杯的标签比右边的反射强。

图 4-103　【高光】效果

图 4-104　【折射指数】效果

4.12　渲染设置

　　KeyShot 中除了可以通过截屏来保存渲染好的图像, 也可以通过选择【渲染】/【渲染设
置】命令来输出渲染图像, 图像的输出格式与质量可以通过【渲染】对话框中的参数来设置。
【渲染】对话框如图 4-105 所示。

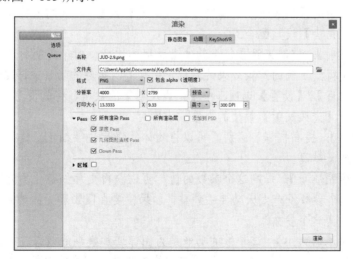

图 4-105　【渲染】对话框

这里需要注意的是，KeyShot 6.0 新增了 Pass 选项，可以输出各种通道，以便于后期图像处理与合成，所以建议在【渲染】对话框中勾选这些复选框，这些通道会在渲染完成后一并保存在 Renderings 文件夹中。

（1）【输出】选项面板。

这个面板内的选项用于对输出图像的名称、路径、格式和大小等进行设定，参数都比较简单，这里不做赘述。

（2）【选项】选项面板。

这个面板内的选项用于设定输出图像的渲染质量，如图 4-106 所示。

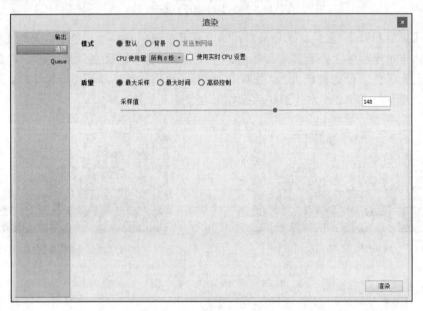

图 4-106 【选项】选项面板

KeyShot 提供了【最大采样】、【最大时间】和【高级控制】3 种质量模式。

【高级控制】质量选项参数说明如下。

- 【采样值】：控制图像每个像素的采样数量。在大场景的渲染中，模型的自身反射与光线折射的强度或者质量都需要较高的采样数量。较高的采样数量设置可以与较高的【抗锯齿】设置配合。

- 【光线反射】：控制光线在每个物体上反射的次数。对于透明材质，适当的光线反射次数是得到正确的渲染效果的基础。在有透明物件的场景中，该参数的设定可以参考【项目】/【设置】选项卡中【光线反射】的数值，将其设为【项目】/【设置】选项卡中【光线反射】数值的 2 倍左右即可。

- 【抗锯齿】：提高抗锯齿级别，可以将物体的锯齿边缘细化。这个参数值越大，物体边缘质量越高。

- 【全局照明质量】：提高这个参数的值，可以获得更加细节化的光线处理。一般情况下，这个参数没有太大必要去调整，如果需要在阴影和光线的效果上做处理，可以考虑改变这个参数。

- 【像素过滤器大小】：该参数的功能是为图像增加模糊的效果，得到柔和的图像。建议使用 1.5～1.8 的参数值，不过在渲染珠宝首饰图像的时候，大部分情况下有必要将参数值降低到 1～1.2。

● 【DOF 质量】：增大这个选项的数值，将导致画面出现一些小颗粒状的像素点。一般将该参数设置为 3 即足以得到很好的渲染效果。不过要注意的是，数值变大将会增加渲染的时间。

● 【阴影品质】：控制物体投在地面上的阴影质量。

● 【阴影锐化】：默认为勾选状态，通常情况下尽量不要改动，否则将会影响画面细节方面阴影的锐利程度。

● 【锐化纹理过滤】：开启该功能可以得到更加清晰的纹理效果，不过这个功能通常没有必要开启。

4.13　加载额外素材

本书配套资源中有丰富的材质与环境素材，后面章节中的渲染会调用这些素材，读者可以先将这些素材加载到 KeyShot 资源夹。

在 KeyShot 中执行【编辑】/【首选项】命令，在弹出的面板左侧的【文件夹】选项卡下可以查看 KeyShot 资源夹路径，如图 4-107 所示。

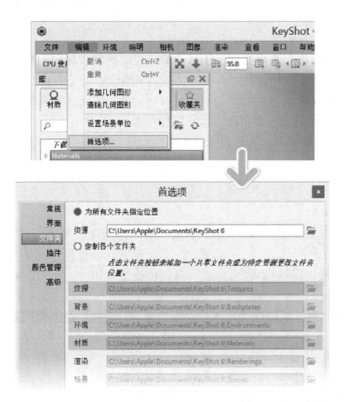

图 4-107　KeyShot 资源夹路径

读者可以参考图 4-108 将配套资源内 "KeyShot 资源" 文件夹中的文件分别复制到 KeyShot 资源夹对应的目录下。

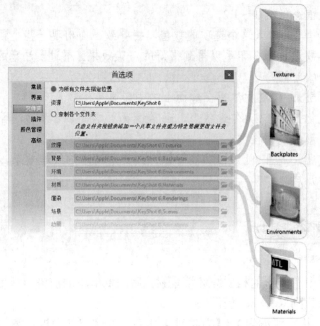

图 4-108 复制素材到对应的资源夹目录下

小结

建模完成后，通常需要将模型用渲染软件渲染成逼真的效果图。本章主要讲述了渲染软件 KeyShot 的工作界面、使用流程以及材质参数选项含义。渲染的重点是材质参数以及灯光环境的调节，这需要读者对材质的类型与特征有所了解，并通过大量练习来积累经验，同时收集和积累好的材质库与纹理素材库，以提高做图效率。

习题

一、填空题

1. HDRI 通常以全景图的形式存储，全景图指的是包含了 360° 范围场景的图像，全景图的形式可以是多样的，包括_____形式、_____形式、镜像球形式等。

2. 创建凹凸映射有两种不同的方法，第一种就是采用_____图像；第二种方式是通过_____。

3.【透明度】贴图模式可以使用黑白图像或带有_____通道的图像来使材质的某些区域透明。

二、简答题

1. 简述反射材质的特征。

2. 简述 KeyShot 有哪些贴图通道。

3. 简述贴图类型有哪些。

5 Chapter

第 5 章
小产品建模渲染实例

　　只有把理论知识同具体实际相结合，才能正确回答实践提出的问题，扎实提升读者的理论水平与实战能力。本章以两个造型比较简单的案例带读者熟悉 Rhino 建模的流程和思路。这两个小产品在结构上相对比较简单，外观造型变化也不算太复杂，有利于读者快速掌握完整的产品外观设计流程，以便在后续章节向结构更复杂、造型更丰富的产品案例过渡。

　　本章将使用 Rhino 进行小产品类产品设计创意表达，通过刨皮刀和苹果耳机的外观设计两个实例，向读者介绍产品的初步设计方法和相关知识。

5.1 刨皮刀建模案例

本节案例模型曲面的变化比较丰富，需要花一定的时间分析面片划分方式以及曲面建模流程，圆角处理也需要分步完成；渲染部分的场景布置、灯光与材质的设置则相对简单。

5.1.1 最终效果、三视图及创意表达流程

本节要制作的刨皮刀最终效果如图 5-1 所示。

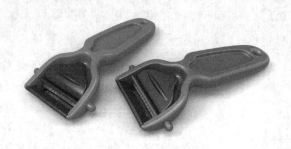

图 5-1 最终效果图

为方便读者理解和操作，本节将刨皮刀的建模流程大致分为 4 个步骤，依次为构建刨皮刀主体部件、构建刀头部件、处理曲面圆角、构建其他部件，如图 5-2 所示。

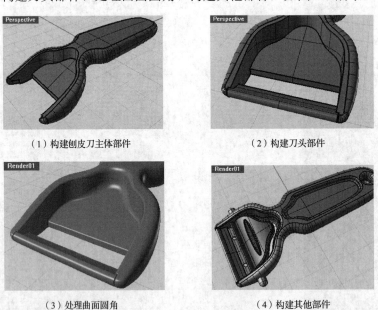

（1）构建刨皮刀主体部件　　　　　　　　（2）构建刀头部件

（3）处理曲面圆角　　　　　　　　　　（4）构建其他部件

图 5-2 建模流程

5.1.2 构建刨皮刀主体部件

刨皮刀主体部件的曲面比较丰富，能达到什么样的效果，取决于采用什么样的建模思路，

具体操作如下。

STEP 1 启动 Rhino 5.0，新建一个文件，将文件以"刨皮刀模型.3dm"为名保存。

STEP 2 新建一个名称为【曲线】的图层，并设置为当前图层，这个图层用来放置曲线对象。

STEP 3 激活【Front】窗口，单击工具列中的【控制点曲线】工具 ，参照图 5-3 绘制刨皮刀侧面的曲线。

STEP 4 将 STEP3 绘制好的曲线原地复制一份，然后垂直向上移动，再按 F10 键打开曲线的 CV 点，参照图 5-4 调整复制后的曲线的 CV 点（注意，调节时须保证 CV 点在垂直方向移动，以便使后面的曲面的 ISO 较为整齐）。

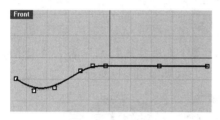
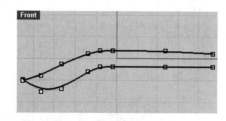

图 5-3　绘制曲线　　　　　　　　　图 5-4　调整复制后的曲线形态

STEP 5 在【Top】窗口中绘制刨皮刀顶面的曲线，如图 5-5 所示（保证端点处的 CV 点水平对齐或垂直对齐）。

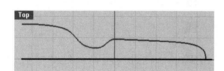
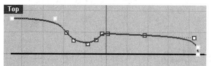

图 5-5　绘制曲线

STEP 6 将 STEP5 绘制好的曲线原地复制一份，再垂直向上调节图 5-6 所示亮黄显示的 3 个 CV 点，其他 CV 点保持不变。

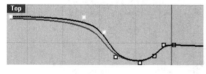
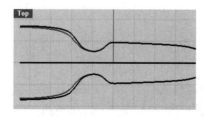

图 5-6　调整 CV 点

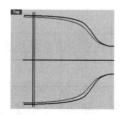

图 5-6　彩图

STEP 7 将两条曲线沿 x 轴镜像一份，效果如图 5-7 所示。

STEP 8 绘制图 5-8 所示的两条直线。

图 5-7　沿 x 轴镜像曲线　　　　　　图 5-8　绘制两条直线

STEP 9 单击【修剪】工具 ，参照图 5-9 将曲线相互修剪。

STEP **10** 单击【曲线圆角】工具，将圆角【半径】大小修改为"0.3"（根据实际需要选择合适的数值），如图5-10所示；再利用【组合】工具将修剪后的曲线分别结合为两条闭合曲线。

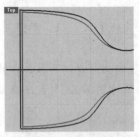
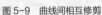

图5-9　曲线间相互修剪

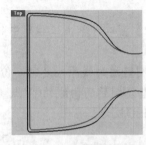

图5-10　曲线圆角

图5-10　彩图

STEP **11** 选择前面绘制的两条侧面曲线，单击【直线挤出】工具，在【Top】窗口中将曲线拉伸成为曲面，拉伸长度应超出顶面曲线，效果如图5-11所示。

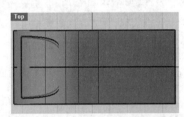
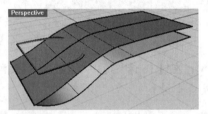

图5-11　挤出成面

STEP **12** 单击【修剪】工具，使用STEP10中编辑好的两条曲线修剪拉伸曲面（图中黑色显示的曲线修剪上面的曲面，红色显示的曲线修剪下面的曲面）。

STEP **13** 新建一个名称为【曲面】的图层，并设置为当前图层，用来放置曲面对象；将修剪后的曲面调整到该图层，并隐藏【曲线】图层，现在视图的状态如图5-12所示。

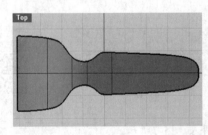
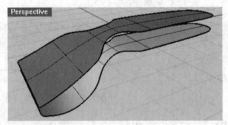

图5-12　修剪曲面

STEP **14** 单击工具列中的 / 【混接曲面】工具，分别选取两个修剪后曲面的边缘。

STEP **15** 参照图5-13调整混接曲面的接缝。

 要点提示

混接曲面的接缝不在对象的中点处时，应手动调整到中点处。若找不到中点，可以在对称中心线处画一直线后投影到曲面上，利用【端点】捕捉调整混接的接缝位置。混接起点在中点处时，生成的混接曲面的ISO才不会产生扭曲。

STEP 16 参照图5-13设置【调整曲面混接】对话框，然后单击【确定】按钮，生成的混接曲面效果如图5-14所示。再利用【组合】工具  将所有曲面组合为一个多重曲面对象。

图 5-13 调整混接曲面的接缝

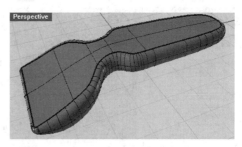

图 5-14 生成混接曲面

STEP 17 单击工具列中的 /【抽离结构线】工具，捕捉边缘线中点，分别提取图5-15所示的两条结构线，并将抽离的结构线调整到【曲线】图层，后面的操作中需要利用这两条曲线。

STEP 18 绘制图5-16所示的曲线，并保证图中的两个黄点在同一竖线上。

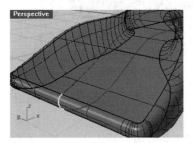

图 5-15 抽离结构线

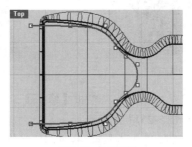

图 5-16 绘制曲线

图 5-16 彩图

STEP 19 原地复制一份曲线，切换到【Front】窗口，参照图5-17在垂直方向上调整原始曲线与复制后的曲线的位置。

STEP 20 切换到【Top】窗口，显示复制后曲线的CV点，参照图5-18微微水平向左调整图中亮黄显示的CV点。

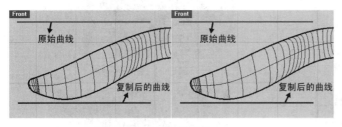

图 5-17 调整曲线

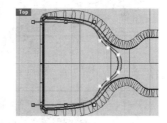

图 5-18 调整曲线的 CV 点

STEP 21 单击工具列中的 /【放样】工具，利用【放样】工具将两条曲线放样成为曲面，效果如图5-19所示。

STEP 22 激活【Front】窗口，参照图5-20绘制多重直线。

STEP 23 利用工具列中的 /【直线挤出】工具，将绘制好的多重直线沿直线挤出成为曲面，效果如图5-21所示。

图 5-18 彩图

STEP 24 单击工具列中的【修剪】工具 ，选择图5-22所示的曲面对象，然后右键单击鼠标确认。再对刨皮刀主体前端对象进行修剪处理，修剪后的效果如图5-23所示。

图 5-19　放样成面

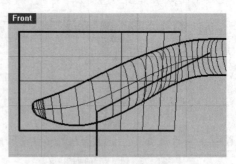

图 5-20　绘制多重直线

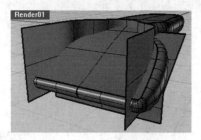

图 5-21　挤出曲线成面

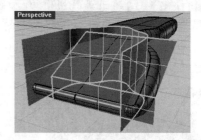

图 5-22　选择曲面对象

STEP 25 选择刨皮刀主体，再次单击【修剪】工具 ，选择图5-24所示的曲面对象进行处理，修剪后的效果如图5-25所示。

STEP 26 再次利用【修剪】工具 参照图5-26修剪其余曲面，并将修剪后的曲面组合为一个对象。

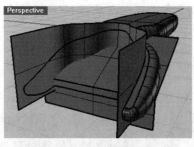

图 5-23　修剪曲面

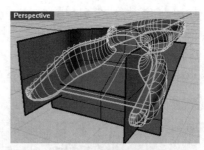

图 5-24　选择曲面对象

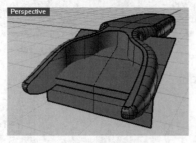

图 5-25　修剪曲面

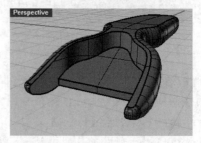

图 5-26　修剪曲面

5.1.3　构建刀头部件

刀头部件包括刀片及刀片槽,这部分部件的构建要保证绘制曲线的准确性,具体操作如下。

STEP 1 切换【曲线】图层为当前图层,并隐藏【曲面】图层。

STEP 2 只显示5.1.2小节STEP17中抽离的两根结构线,现在视图的状态如图5-27所示。

STEP 3 激活【Front】窗口,参照图5-28复制4条曲线。

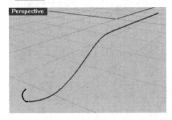

图 5-27　视图状态

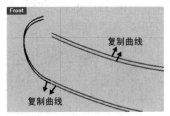

图 5-28　复制曲线

STEP 4 选择复制后的蓝色曲线,参照图5-29调整亮黄色显示的3个CV点。

STEP 5 再参照图5-30绘制两条直线,并利用【最近点】捕捉在曲线上放置两个点对象。

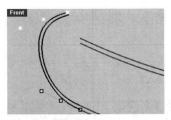

图 5-29　调整曲线形态

图 5-29　彩图

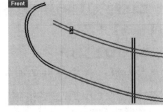

图 5-30　创建曲线与点对象

STEP 6 单击工具列中的【修剪】工具，参照图5-31修剪曲线。

STEP 7 删除点对象,单击工具列中的【可调式混接曲线】工具,参照图5-32生成混接曲线。

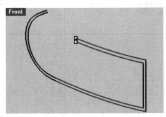

图 5-31　修剪曲线

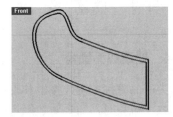

图 5-32　生成混接曲线

STEP 8 单击工具列中的【组合】工具,将所有曲线组合为两个闭合的多重曲线对象,如图5-33所示。

STEP 9 显示【曲面】图层,激活【Top】窗口,利用工具列中的【直线挤出】工具,将命令栏中的【实体】选项修改为"是",选择图5-33中的蓝色闭合多重曲线,沿直线挤出成为曲面,效果如图5-34所示。

STEP 10 选择图5-33中的红色闭合多重曲线,沿直线挤出成为曲面,效果如图5-35所示。

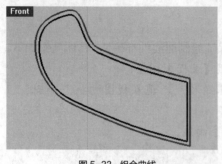

图 5-33　彩图

图 5-33　组合曲线

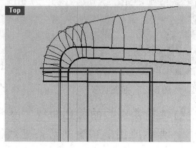

图 5-34　挤出成面

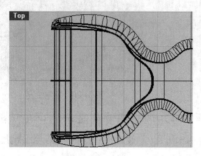

图 5-35　挤出成面

STEP 11 切换【曲面】图层为当前图层，将挤出的两个曲面调整到该图层中，并隐藏【曲线】图层。

STEP 12 单击工具列中的 ⚪/⚪【布尔运算差集】工具，选取刨皮刀主体对象后单击鼠标右键，再选取红色闭合曲面后单击鼠标右键，布尔运算结果如图 5-36 所示。

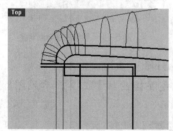
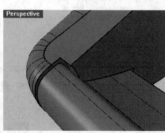
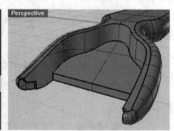

图 5-36　布尔运算结果

5.1.4　处理曲面圆角

生活类产品直接被用户接触和使用，必须保证使用时的安全，应尽量避免尖锐边缘，所以在构建数字模型时，需要对边缘进行圆角处理，具体操作如下。

STEP 1 在图 5-37 所示的路径上放置两个关于 x 轴对称的点对象。

STEP 2 单击工具列中的 ⚪/⬢【不等距边缘圆角】工具，将【目前的半径】的参数值修改为"0.2"，再选取图 5-38 所示的边缘。

STEP 3 单击鼠标右键，在指令提示栏中选择【新增控制杆】选项，然后利用【点】捕捉与【中点】捕捉在图 5-39 所示的位置新增 3 个控制杆，选择半径并将其改为"3"，再单击鼠标右键，然后选择中点处的控制杆，如图 5-40 所示。单击鼠标右键确认后，圆角效果如图 5-41 所示。

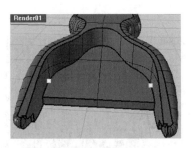

图 5-37　放置两个点对象

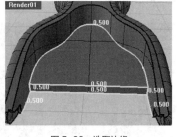

图 5-38　选取边缘

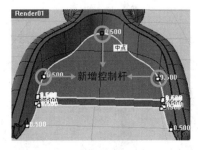

图 5-39　新增 3 个控制杆

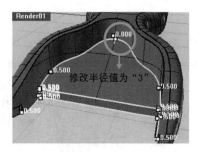

图 5-40　修改圆角半径值

STEP 4 在图5-42所示的路径上放置两个关于x轴对称的点对象。

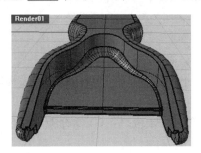

图 5-41　圆角效果

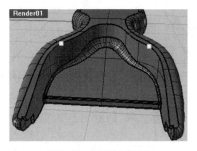

图 5-42　放置两个点对象

STEP 5 单击工具列中的🔩/⬜【不等距边缘圆角】工具，再选取图5-43所示的边缘，参照图5-43新增控制杆，并修改中点处控制杆的圆角半径值为 "0.8"，右键单击确认后，圆角效果如图5-44所示。

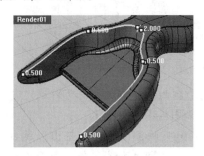

图 5-43　选取边缘

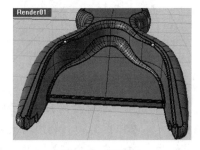

图 5-44　圆角效果

STEP 6 单击【不等距边缘圆角】工具⬜，将【目前的半径】的参数值修改为 "0.05"（可根据实际需要选择不同的数值），再选取图5-45所示的边缘，单击鼠标右键确认后，圆角效果如图5-46所示。

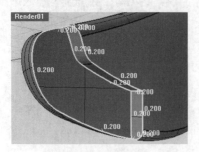

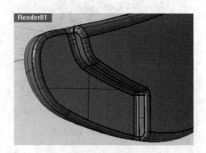

图5-45 选取边缘   图5-46 圆角效果

STEP⤵7 对另一侧也用同样的方法进行圆角处理，圆角完成后的效果如图5-47所示。

图5-47 曲面圆角效果

5.1.5 构建其他部件

本小节将构建刨皮刀主体及刀头以外的其他部件，具体操作如下。

STEP⤵1 新建一个名称为【曲线02】的图层，并设置为当前图层，用来放置构建其他部件所需的曲线对象。

STEP⤵2 在【Front】窗口中参照图5-48左图绘制闭合曲线，CV点分布如图5-48右图所示。

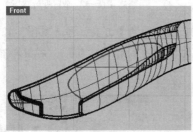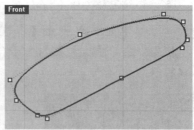

图5-48 绘制曲线

STEP⤵3 激活【Top】窗口，参照图5-49左图绘制曲线，该曲线也可以通过复制并调整5.1.2小节STEP18中绘制好的曲线得到。CV点分布如图5-49右图所示。

STEP⤵4 参照图5-50，利用【直线挤出】工具 将两条曲线分别挤出形成曲面。注意，生成的两个曲面要完全相交，即不能出现任何一个曲面的边缘完全包含于另一个曲面内的情况。

STEP⤵5 利用【修剪】工具 在曲面之间进行修剪，效果如图5-51所示，然后将修剪后的曲面组合为一个对象。

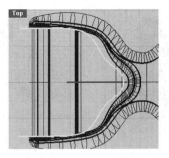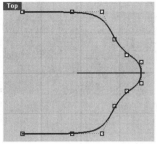

图 5-49　绘制曲线

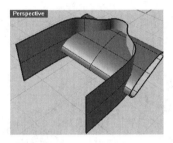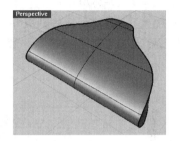

图 5-50　挤出成面　　　　　　　　　　图 5-51　曲面相互修剪

STEP 6 单击【不等距边缘圆角】工具 ，将【目前的半径】的参数值修改为 "0.1"（根据实际需要选择合适的数值），再选取图5-52所示的边缘。参照图5-22新增控制杆，并修改中点处控制杆的圆角半径值为 "0.4"，单击鼠标右键确认后，圆角效果如图5-53所示。

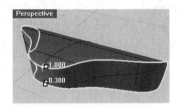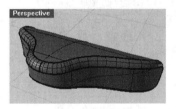

图 5-52　圆角设置　　　　　　　　　　图 5-53　圆角效果

STEP 7 在【Front】窗口中参照图5-54左图绘制闭合曲线，CV点分布如图5-54右图所示。

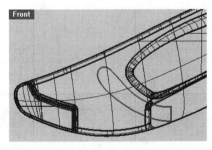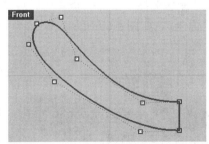

图 5-54　绘制曲线

STEP 8 单击【直线挤出】工具 ，将命令栏中的【实体】选项修改为 "是"，选择图5-54中的闭合多重曲线，沿直线挤出成面，效果如图5-55所示。

STEP 9 利用【椭圆体】工具 参照图5-56创建一个椭圆体。

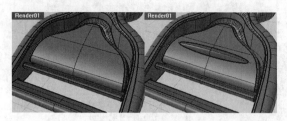

图 5-55　沿直线挤出成面

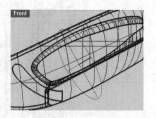

图 5-56　创建椭圆体

STEP 10 利用【修剪】工具 修剪曲面，再利用【不等距边缘圆角】工具 对其倒圆角，效果如图5-57所示。

STEP 11 其他部件的创建非常简单，这里不再赘述，完成后的模型如图5-58所示。场景文件可参见本书配套资源中"案例源文件"目录下的"刨皮刀模型.3dm"文件。

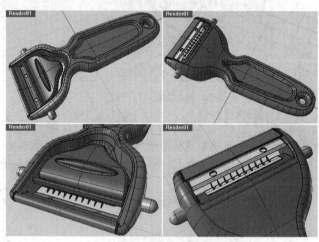

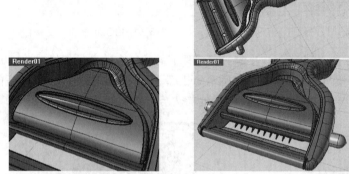

图 5-57　圆角效果

图 5-58　模型最终效果

5.1.6　KeyShot 渲染

下面利用 KeyShot 对构建的模型进行渲染，最终效果如图 5-59 所示。

为方便对模型进行渲染，首先应按照模型的材质与色彩进行分层。因为线不需要渲染，所以把"线"单独分成一层并隐藏。然后将刨皮刀模型旋转至合适角度（保持刨皮刀的两端在同一水平面上），如图 5-60 所示。

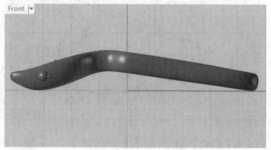

图 5-59　最终效果

图 5-60　旋转至合适角度

STEP 1 启动KeyShot，新建一个文件，将文件以"刨皮刀.bin"为名保存。

STEP 2 在KeyShot中打开创建的刨皮刀模型，如图5-61所示。

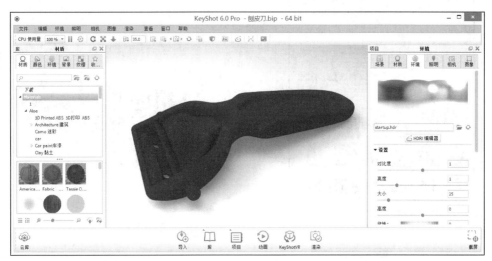

图5-61　打开模型

STEP 3 单击【库】图标，打开【材质】面板，如图5-62所示。

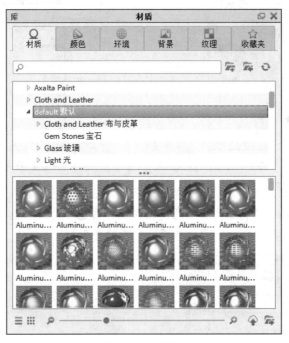

图5-62　打开材质库

STEP 4 在【材质】选项卡中打开【Paint油漆】选项栏，选择图5-63所示的目标材质（后期可以调整出自己想要的颜色）。单击选择的材质，并将其拖曳到想要赋予材质的面上，这里先拖到大面积的面上，如图5-64所示。

STEP 5 双击图5-64中的材质，出现图5-65所示的对话框，然后双击【色彩】缩略图，出现图5-66所示的对话框，选择颜色，模型上也显示对应的颜色，也可以调节一下粗糙度，查看不同的效果。

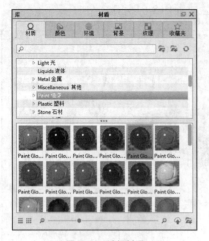

图 5-63　选择材质

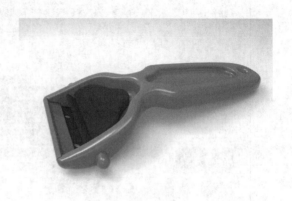

图 5-64　材质效果

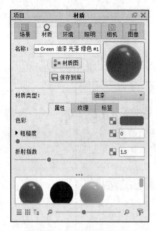

图 5-65　调整材质

图 5-66　调整颜色

STEP 6 单击【项目】按钮，打开【环境】选项卡。在【背景】选项栏中单击选中【色彩】单选按钮，再选择相应的背景色，这里选择白色作为背景色，如图5-67所示，效果如图5-68所示。同时可以旋转一下背景并调节背景的亮度。

图 5-67　背景色彩

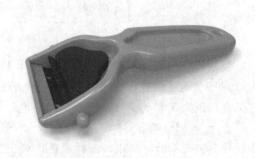

图 5-68　背景显示为白色

STEP 7 单击【环境】选项卡下的【HDRI编辑器】按钮，选择【HDRI编辑器】选项，在弹出的【HDRI编辑器】对话框内单击【针】选项卡，在列表框右侧单击 + 按钮，在弹出的菜单中选择【添加针】选项，增加圆形灯光，如图5-69所示，单击【设置高亮显示】按钮，然后到渲染窗口通过鼠标单击确定灯光反射高光的位置，如图5-70所示。

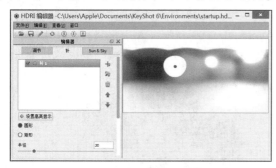

图 5-69　【HDRI 编辑器】对话框

图 5-70　设置高亮显示

STEP 8 打开【Paint油漆】材质，选择图5-71所示的目标材质，给滑块和末端赋材质，再微调材质颜色，效果如图5-72所示。

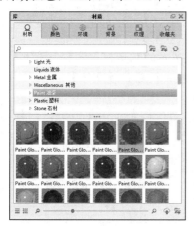

图 5-71　选择材质

图 5-72　材质效果

STEP 9 打开【Metal金属】材质，如图5-73所示，给刀片赋材质，效果如图5-74所示。

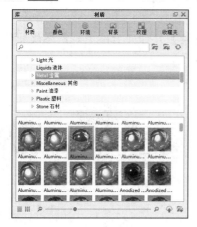

图 5-73　选择材质

图 5-74　材质效果

STEP 10 切换到【场景】选项卡，右键单击【模型】下的【刨皮刀_渲染】模型组件，在弹出的快捷菜单中选择【复制】命令，效果如图5-75所示，然后在复制出的【刨皮刀_渲染#1】组件上单击【移动】选项，在渲染窗口通过操作轴调整复制后的模型的位置与角度，如图5-76所示，调整好后单击 ✓ 按钮即可。

图 5-75　选择模型

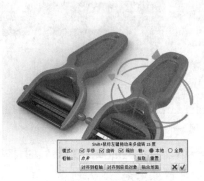

图 5-76　调整位置与角度材质效果

STEP 11 给复制后的模型赋另外颜色的材质，效果如图5-77所示。

STEP 12 选择材质后单击 按钮，打开图5-78所示的对话框，设置合适的【分辨率】参数，选择合适的保存路径以及合适的分辨率，渲染模式设置为【默认】。

图 5-77　材质效果

图 5-78　【渲染】对话框

STEP 13 若需要渲染出质量更好的图片，可以切换到【选项】面板调整所需参数，如图5-79所示。

STEP 14 调整物体至合适的角度后单击【渲染】按钮开始渲染，最终效果如图5-80所示。

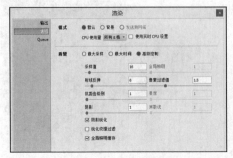

图 5-79　选择合适的数值

图 5-80　最终渲染效果

5.2 苹果耳机建模案例

本节介绍苹果耳机的建模与渲染，向读者展示 Rhino 5.0 建模和 KeyShot 渲染的基本方法及要点。此产品结构简单，主要用【双轨扫掠】与【旋转】工具制作主体，在双轨扫掠时要注意做到曲面最简。

5.2.1　最终效果、三视图及创意表达流程

该耳机建模以简化曲面结构为要点，其最终效果图与产品正、侧视图如图 5-81 和图 5-82 所示。

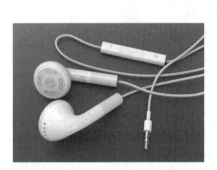

图 5-81　最终效果图

图 5-82　产品正、侧视图

为方便读者理解和操作，本节将耳机的建模流程大致分为 3 个步骤，即构建耳机主体部件、制作线控、细节处理，如图 5-83 所示。

（1）构建耳机主体部件　　　　　　　　　　　　（2）制作线控

（3）细节处理

图 5-83　建模流程

5.2.2　构建耳机主体部件

该耳机主体部件为几块变化平顺的曲面组成的实体，由于各部分要赋予不同的材质，所以建模时要分开创建，这分开的几个部分需要在创建时就做到平顺，成面后再补一次衔接操作，具体操作如下。

STEP 1 启动Rhino 5.0。在开始建模时，应当配置好文档的单位、公差等，基于不同的模型，选择的单位和公差不尽相同，图5-84所示为本产品建模所使用的单位及公差。

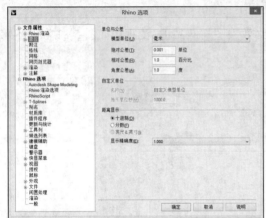
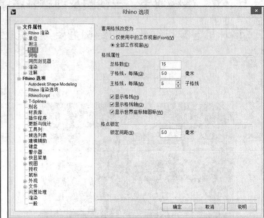

图5-84　单位及公差设置

STEP 2 单击工具列中的 ⊘【圆：中心点、半径】工具，以原点为圆心，绘制一个半径为8的圆，并参考这个圆摆放背景图。

STEP 3 单击【标准】工具列中的 ▦ / ▣ 【放置背景图】工具，或在视图左上角（视图名称的蓝色区域）单击鼠标右键，在弹出的快捷菜单中选择【背景图】/【放置】命令，将本书配套资源中"Map"目录下的正、侧视图"ejfront.jpg""ejright.jpg"文件导入Rhino 5.0各相应窗口中，再使用【背景图】中的【移动】、【对齐】、【缩放】等命令将图片调整至合适大小及位置，如图5-85所示。

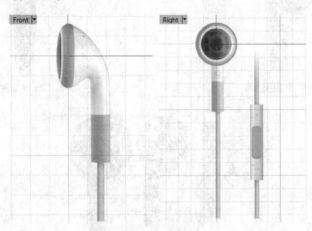

图5-85　放置背景图

STEP 4 新建一个图层，重命名为【耳机主体】，并设置为当前图层，再单击工具列中的 ⋏【多重直线】工具，绘制图5-86所示的直线。

STEP⤵5 单击工具列中的 ⌐ / ⌾【更改阶数】工具，将曲线升为3阶，再按F10键，显示曲线的CV点，选择中间2点参考底图调整曲线的形态，如图5-87所示。

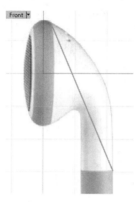

图 5-86 绘制直线

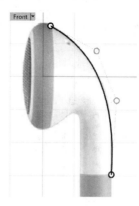

图 5-87 升阶后调整

STEP⤵6 单击工具列中的 ⌐ / 🐵【重建曲线】工具，将曲线重建为3阶6点的曲线。

STEP⤵7 按F10键显示曲线的CV点，选中图5-88所示的3个CV点，利用工具列中的 ⌁/ ⌁【设定 XYZ 坐标】工具，单击选中【设置点】面板中的【以工作平面坐标对齐】单选按钮，勾选【设置X】复选框，将选中的CV点以最底部的CV点为基点对齐。

STEP⤵8 单击工具列中的 ▱ / ⌇【分析方向】工具，查看曲线的曲率图形，如图5-89所示，确保曲率图形过渡平顺，且都在曲线的同侧。曲率图形都在同侧可以保证曲线是单弧曲线。

 要点提示

这里分 3 步绘制这个曲线的目的是让曲线更平滑，并且 CV 点分布更均匀，直接以手工方式一次画成的曲线往往不如以这种方式画的曲线平顺。

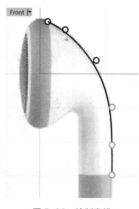

图 5-88 绘制直线

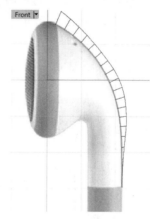

图 5-89 升阶后调整

STEP⤵9 将绘制好的曲线复制一份，参考底图调整曲线形态，如图5-90所示，注意这条曲线与原来是曲线首尾的CV点分别垂直对齐和水平对齐。

STEP⤵10 单击工具列中的 ⊙ / ⊙【圆：可塑形的】工具，将指令提示栏的【阶数】

选项修改为"5"，【点数】修改为"10"，单击选中【两点】单选按钮，结合【端点】捕捉，在【Right】窗口中绘制一个可塑圆，如图5-91所示。

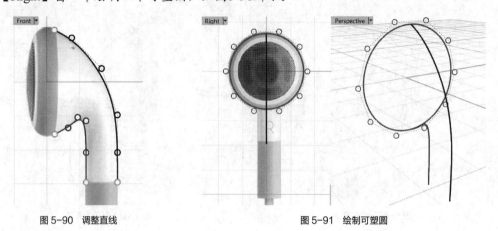

图 5-90　调整直线　　　　　　　　　　　　图 5-91　绘制可塑圆

要点提示

这里用可塑圆做断面而不用标准圆的原因是，可塑圆做断面形成的曲面的 CV 点可以自由调整，标准圆做断面形成的曲面 CV 点调整后会出现尖锐折痕。

STEP 11 单击工具列中的 ◤【分割】工具，利用最开始的两条曲线分割可塑圆，然后删除一侧的曲线，结果如图5-92所示。

STEP 12 单击工具列中的 ◢ / ◗【双轨扫掠】工具，用嵌面的3条曲线做双轨面，在【双轨扫掠选项】对话框内勾选【最简扫掠】复选框，结果如图5-93所示。

STEP 13 单击工具列中的 ◢ / ◫【镜像】工具将做好的双轨面沿着世界坐标轴的*x*轴镜像，效果如图5-94所示。

STEP 14 单击工具列中的 ◢ / ◙【直线挤出】工具，选择双轨面的曲面边缘，向下挤出成面，效果如图5-95所示。

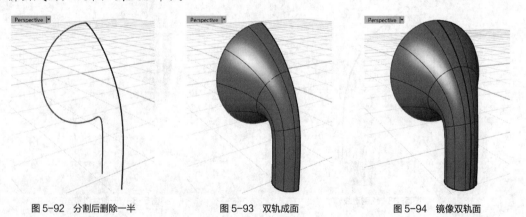

图 5-92　分割后删除一半　　　　　图 5-93　双轨成面　　　　　图 5-94　镜像双轨面

STEP 15 单击工具列中的 ∧【多重直线】工具，绘制图5-96所示的直线。

STEP 16 单击工具列中的 ⌐ / ◉【更改阶数】工具，将曲线升为3阶，再按F10键显示曲线的CV点，选择中间2点参考底图调整曲线的形态，如图5-97所示。

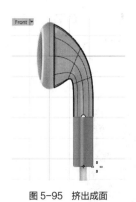

图 5-95　挤出成面

图 5-96　绘制直线

图 5-97　调整形态

STEP 17 右键单击工具列中的 ⬛ / 🔦 【沿路径旋转】工具，以前面绘制的曲线为"轮廓曲线"，以STEP10绘制的一半可塑圆为"路径曲线"，旋转起点为坐标原点，选择终点时按住Shift键选择*x*轴上的任意一点，如图5-98所示，做好的旋转曲面如图5-99所示。

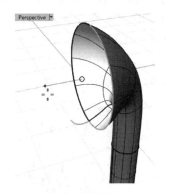

图 5-98　旋转轴

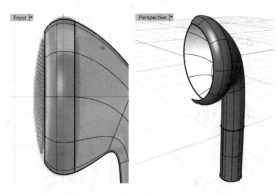

图 5-99　旋转曲面

STEP 18 单击工具列中的 ⬛ / ⬛ 【镜像】工具，将做好的旋转曲面沿着世界坐标轴的*x*轴镜像，效果如图5-100所示。

STEP 19 单击工具列中的 ⋀ 【多重直线】工具，从原点开始绘制一条水平直线，然后结合【端点】与【最近点】捕捉绘制一条倾斜直线，如图5-101所示。

图 5-100　镜像旋转面

图 5-101　绘制直线

STEP 20 单击工具列中的 ⬛ / ⬛ 【更改阶数】工具，将曲线升为3阶，再按F10键显示曲线的CV点，选择中间2点参考底图调整曲线的形态，如图5-102所示。

STEP 21 选择最下端的2个CV点,利用工具列中的 ／ 【设定 XYZ 坐标】工具,
单击选中【设置点】面板中的【以工作平面坐标对齐】单选按钮,勾选【设置X】复选框,
设置选中的CV点以最底部的CV点为基点对齐,如图5-103所示。

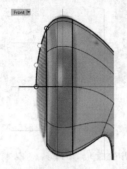
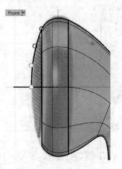

图 5-102　调整中间2个CV点　　　　　　　　图 5-103　对齐CV点

STEP 22 右键单击工具列中的 ／ 【沿路径旋转】工具,选择STEP21调整好的
曲线为"轮廓曲线",选择STEP16做好的旋转曲面的曲面边缘为"路径曲线",旋转起点为坐
标原点,选择终点时按住Shift键选择x轴上的任意一点,做好的旋转曲面如图5-104所示。

STEP 23 单击工具列中的 【以结构线分割曲面】工具,将STEP22中做好的旋转
曲面沿底图所示的位置分割为两部分,如图5-105所示,分割后的效果如图5-106所示。

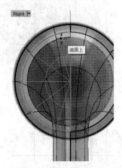

图 5-104　旋转曲面　　　　　图 5-105　分割曲面　　　　　图 5-106　分割效果

STEP 24 单击工具列中的 ／ 【偏移曲面】工具,将指令提示栏中【实体】选
项修改为"是",【距离】选项改为"0.3",选择分割后的大一些的曲面向内偏移,效果如图
5-107所示。

STEP 25 单击工具列中的 【抽离曲面】工具,将偏移后的面炸开,删除图5-108
所示选中的侧面的面,删除后的效果如图5-109所示。

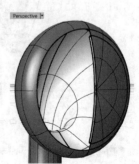

图 5-107　偏移曲面　　　　　图 5-108　选择面　　　　　图 5-109　删除选中的面

STEP 26 选中图5-110所示的曲面，单击工具列中的 ⬚ / ⧑ 【镜像】工具，将其沿着世界坐标轴的x轴镜像，效果如图5-111所示。

图 5-110 选择面

图 5-111 镜像曲面

STEP 27 将侧面的面复制一份，分别与主体面组合，在后面要对这些部位再次分割并做圆角处理。

5.2.3 制作线控

线控部分的造型非常简单，但是绘制线条要用到很多技巧，并且这个部分只有两个角度作为参考图，剖面造型与另外一个侧面的造型是看不到的，这时可以利用可见的角度来推测另外两个角度的造型，建模中常会遇到这种情况，具体操作如下。

STEP 1 新建一个图层，命名为【线控】，并设置为当前图层，将前面的图层隐藏起来。

STEP 2 单击工具列中的 ⊙ 【圆：中心点、半径】工具与 ∧ 【多重直线】工具，参考底图线控调整位置的凹面，绘制图5-112所示的直线，这里的线条有部分是直线，只绘制出直线的部分，其余先不画。

STEP 3 单击工具列中的 ⬚ / ⬚ 【垂直居中】工具，将垂直的直线对齐到水平直线的中点位置，如图5-113所示。

STEP 4 将水平直线垂直向上移动到线控的顶端位置，如图5-114所示。

图 5-112 绘制直线

图 5-113 对齐

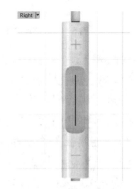

图 5-114 调整直线位置

STEP 5 在【Top】窗口中调整顶部直线的位置，并沿y轴镜像一份，调整这两条直线的水平间距为3.5mm，如图5-115所示。

STEP 6 单击工具列中的 ⌐ / ⌐ 【可调式混接曲线】工具，在两条直线间生成混接曲线，【连续性】选项选择【曲率】，按住Shift键调整一侧的第二控制点，对称调整曲线的CV点，如图5-116所示；切换到【Right】窗口，使曲线的宽度与底图吻合，如图5-117所示。

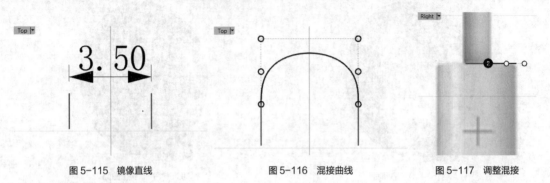

图 5-115　镜像直线　　　　　图 5-116　混接曲线　　　　　图 5-117　调整混接

STEP 7 单击工具列中的 ⌐ / ⌐ 【镜像】工具，将混接好的曲线镜像一份，效果如图5-118所示，并将这4条曲线组合成1条封闭曲线。

STEP 8 单击工具列中的 ⌐ / ⌐ 【直线挤出】工具，将组合后的曲线挤出成面，如图5-119所示。

STEP 9 在【Front】窗口中调整图5-113中的垂直直线到图5-120所示的位置，再绘制一条倾斜的直线，与原来的直线夹角为22.5°，长度为3.28mm。

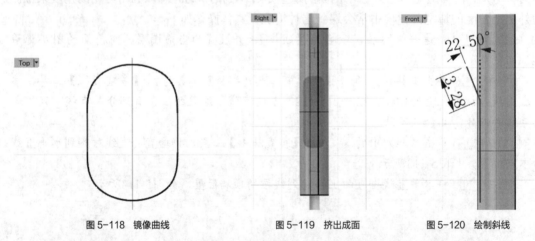

图 5-118　镜像曲线　　　　　图 5-119　挤出成面　　　　　图 5-120　绘制斜线

STEP 10 单击工具列中的 ⌐ 【旋转】工具，将斜线旋转90°，如图5-121所示。

STEP 11 单击工具列中的 ⌐ / ⌐ 【镜像】工具，将垂直的直线沿斜线镜像，如图5-122所示，然后删掉作为对称轴的斜线。

STEP 12 单击工具列中的 ⌐ / ⌐ 【可调式混接曲线】工具，在两条直线间生成混接曲线，【连续性】选项选择【曲率】，如图5-123所示。

STEP 13 单击工具列中的 ⌐ / ⌐ 【镜像】工具，将混接的曲线沿垂直直线中点的水平方向镜像，如图5-124所示，然后组合这3条曲线。

STEP 14 单击工具列中的 ⌐ / ⌐ 【直线挤出】工具，将指令提示栏中【两侧】选项修改为"是"，将组合的线挤出成面，如图5-125所示。

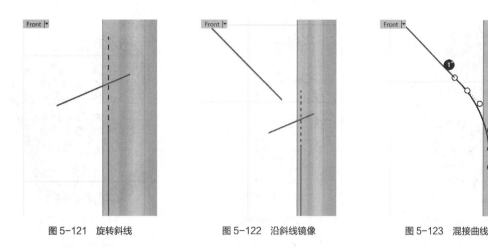

图 5-121　旋转斜线　　　　　图 5-122　沿斜线镜像　　　　　图 5-123　混接曲线

STEP 15 单击状态栏的【记录建构历史】选项，开启记录建构历史模式，然后再单击工具列中的 🥫 / 📄 【物件交集】工具，求取两个挤出曲面的交线，如图5-126所示。观察【Right】窗口中的交线，与底图不会太吻合。

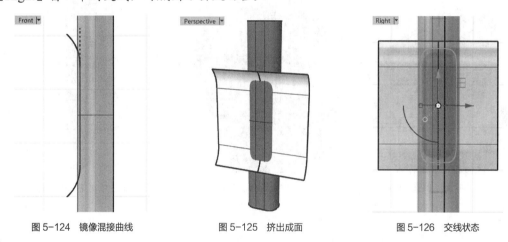

图 5-124　镜像混接曲线　　　　图 5-125　挤出成面　　　　　图 5-126　交线状态

STEP 16 由于记录了构建历史，这时对两个挤出曲面的调整会及时更新到交线上，因此可以一边调整两个挤出曲面的造型或位置，一边观察交线的更新结果，以此判断挤出曲面的位置和造型是否正确。在【Front】窗口中水平调整STEP14中挤出曲面的位置，一边观察交线，直到与底图吻合，效果如图5-127所示。

STEP 17 删掉竖直的曲面，再参考图5-128所示的标注绘制直线、矩形和混接曲线，弧线的间距分别为0.1mm与0.3mm，矩形的宽度为0.1mm，高度超出曲线上下端头即可，并分别组合成封闭的曲线。

STEP 18 单击工具列中的 📥 / 📦 【直线挤出】工具，再分两次重新将封闭的曲线挤出成面，指令提示栏中【实体】选项修改为"是"，效果如图5-129所示。

STEP 19 单击工具列中的 📥 / 📦 【直线挤出】工具，将STEP17中绘制的矩形挤出成面，挤出高度超出上一次的挤出面的高度，如图5-130所示。

STEP 20 单击工具列中的 🎱 / 🎱 【布尔运算差集】工具，两个挤出曲面做布尔运算差集，结果如图5-131所示。

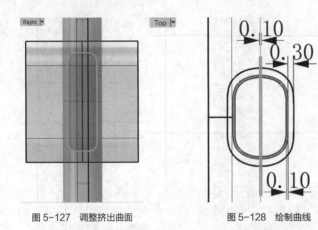

图 5-127　调整挤出曲面　　　　　图 5-128　绘制曲线　　　　　　图 5-129　挤出成面

STEP 21 单击工具列中的 / 【布尔运算差集】工具，再利用STEP14中挤出的曲面与线控主体面做布尔运算差集，结果如图5-132所示。

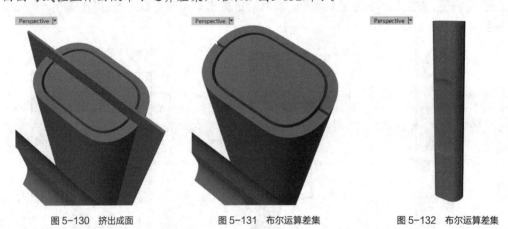

图 5-130　挤出成面　　　　　图 5-131　布尔运算差集　　　　　图 5-132　布尔运算差集

5.2.4　细节处理

耳机内有出音孔、金属网罩，这些细节都要建模，但是网罩并不需要做出真实的洞，可以利用不透明贴图来实现，具体操作如下。

STEP 1 新建一个图层，命名为【分割曲线】，并设置为当前图层，将前面的图层隐藏起来。

STEP 2 单击工具列中的 【圆：中心点、半径】工具与 【多重直线】工具，结合工具列中的 / 【镜像】工具，参考底图出音孔的位置绘制图5-133所示的圆与直线。

STEP 3 单击工具列中的 【修剪】工具，利用直线修剪圆，如图5-134所示。

STEP 4 单击工具列中的 / 【可调式混接曲线】工具，在修剪后的两个圆弧之间生成混接曲线，如图5-135所示。

STEP 5 单击工具列中的 / 【镜像】工具，将混接曲线沿y轴镜像，效果如图5-136所示，并将这4条曲线组合成一条封闭曲线。

STEP 6 单击工具列中的 / 【环形阵列】工具，选择组合后的曲线，以原点为基点，阵列数为"4"，阵列360°，如图5-137所示。

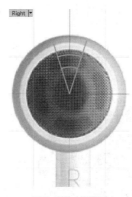

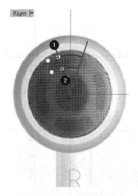

图 5-133　绘制圆与直线　　　　　　图 5-134　修剪圆　　　　　　　图 5-135　生成混接曲线

STEP 7 显示【耳机主体】图层的耳机部件，先将耳机出音孔处的网罩面隐藏，再将STEP6中阵列后的曲线挤出成面，如图5-138所示。

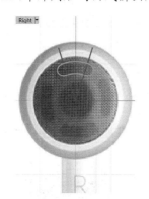

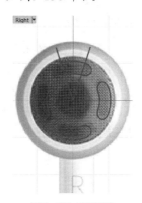

图 5-136　镜像曲线　　　　　　　　图 5-137　阵列曲线　　　　　　　图 5-138　挤出成面

STEP 8 单击工具列中的 / 【偏移曲面】工具，将图5-139所示的面向内偏移0.3个单位，指令提示栏内的【松弛】选项修改为"是"，偏移结果如图5-140所示。

STEP 9 将偏移后的曲面沿y轴镜像，单击工具列中的 / 【布尔运算差集】工具，再利用STEP7中挤出的曲面与偏移前的曲面做布尔运算差集，结果如图5-141所示。

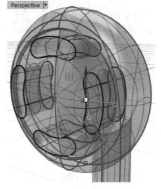

图 5-139　选择曲面　　　　　　　　图 5-140　偏移曲面　　　　　　　图 5-141　布尔运算差集

STEP 10 将各个部件组合成一体，再单击工具列中的 / 【不等距边缘圆角】工具，将组合后的面边缘做成圆角，圆角大小为0.1个单位，效果如图5-142所示。

STEP 11 将网罩面显示出来，并挤出侧面，组合成一体，圆角大小为0.1个单位，效果如图5-143所示。

STEP 12 单击工具列中的⊘【圆：中心点、半径】工具，在【Top】窗口中绘制5个圆，如图5-144所示。

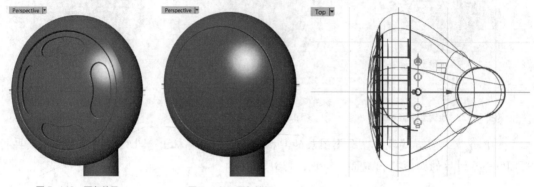

图 5-142　圆角效果　　　　　　图 5-143　圆角效果　　　　　　图 5-144　绘制 5 个圆

STEP 13 单击工具列中的🞀 / 🞐【直线挤出】工具，指令提示栏中的【实体】选项修改为"是"，将5个圆挤出为实体，如图5-145所示。

STEP 14 单击工具列中的🞀 / 🞐【布尔运算差集】工具，再利用STEP7中挤出的曲面与偏移前的曲面做布尔运算差集，结果如图5-146所示。

STEP 15 单击【标准】工具列中的🞐【控制点曲线】工具，绘制图5-147所示的曲线。

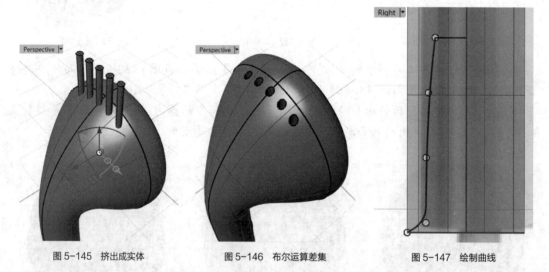

图 5-145　挤出成实体　　　　　图 5-146　布尔运算差集　　　　　图 5-147　绘制曲线

STEP 16 单击工具列中的🞀 / 🞐【旋转】工具，将STEP15中绘制的曲线沿中轴旋转成面，如图5-148所示。

STEP 17 将做好的耳机复制一份，如图5-149所示。

STEP 18 单击工具列中的🞐【文字物件】工具，弹出【文字物件】对话框，参数设置如图5-150所示。

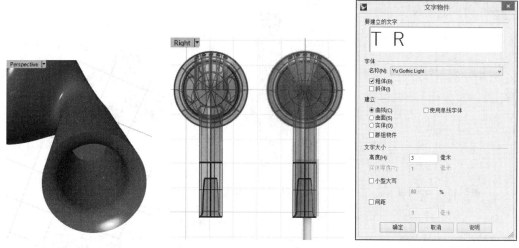

图5-148 旋转成面　　　　　　图5-149 复制　　　　　　图5-150 【文字物件】对话框

STEP 19 参考图5-151放置文字曲线。

STEP 20 单击工具列中的 ⚒【分割】工具，利用文字曲线分割耳机主体，效果如图5-152所示。

STEP 21 以相同的方式做出线控上的文字效果，如图5-153所示。

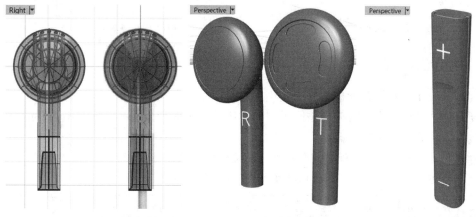

图5-151 绘制曲线　　　　　　图5-152 分割效果　　　　　　图5-153 做出线控的文字效果

STEP 22 利用工具列中的 ⟳【控制点曲线】工具、∧【多重直线】工具、⌐【曲线圆角】工具绘制图5-154所示的曲线。

STEP 23 单击工具列中的 ▱ / 🍷【旋转】工具，将STEP22中绘制的曲线沿中轴旋转成面，如图5-155所示。

STEP 24 参照图5-156摆放各个部件，注意每个部件的底部位于xy平面上。

STEP 25 利用工具列中的 ⟳【控制点曲线】工具绘制图5-157所示的曲线，注意曲线相交位置上下要错开。

STEP 26 单击工具列中的 ⬡/ ◗【圆管（平头盖）】工具，利用STEP25绘制的曲线圆管形成曲面，半径为 "0.5"，最终建模效果如图5-158所示。注意，要检查确定生成的圆管面没有互相穿透的情况，并返回调整线的造型后再次生成圆管。

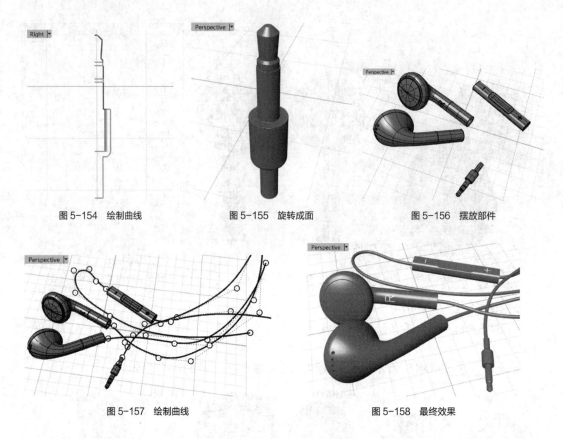

图 5-154　绘制曲线　　　　　图 5-155　旋转成面　　　　　图 5-156　摆放部件

图 5-157　绘制曲线　　　　　　　　　图 5-158　最终效果

5.2.5　KeyShot 渲染

下面利用 KeyShot 对构建的模型进行渲染。

为方便对模型进行渲染，首先应按照模型的材质与色彩进行分层。因为线不需要渲染，所以把"线"单独分成一层并隐藏。

STEP 1 启动KeyShot，新建一个文件，将文件以"耳机.bin"为名保存。

STEP 2 在KeyShot中打开创建的耳机模型，如图5-159所示。

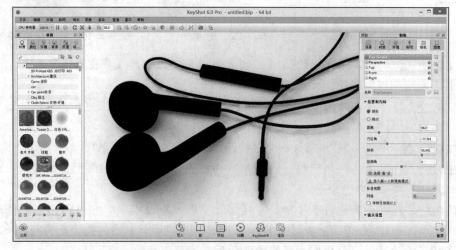

图 5-159　打开模型

STEP 3 单击【项目】面板的【相机】选项卡，调整【视角/焦距】选项为"65"，然后调整画面的角度与构图，调整合适后单击 按钮将这个视角保存起来，并且单击相机列表中当前角度右侧的 按钮将视角锁定，如图5-160所示。

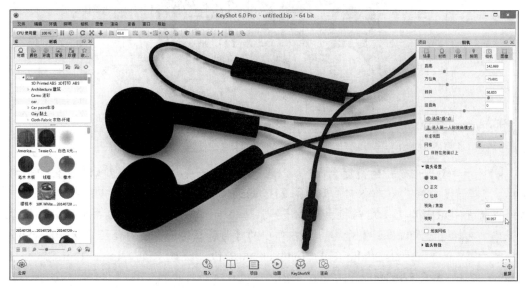

图 5-160　调整视角

STEP 4 选择【编辑】/【添加几何体】/【地平面】工具，为场景添加一个地面物件，并且双击地面，在【项目】面板的【材质】选项卡下调整材质，如图5-161左图所示。切换到【环境】选项卡，在【背景】选项栏中单击【色彩】缩略图，选择相应的背景色。此处选择灰色作为背景色，如图5-161中图所示，效果如图5-161右图所示。

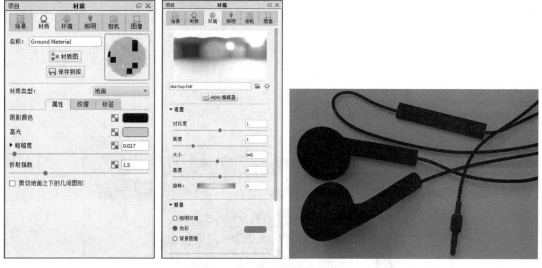

图 5-161　调整环境与地面材质

STEP 5 在【材质】选项卡中打开【Porcelain 瓷器】选项栏，选择图5-162所示的目标材质，将其拖到耳机主体上，效果如图5-162所示。

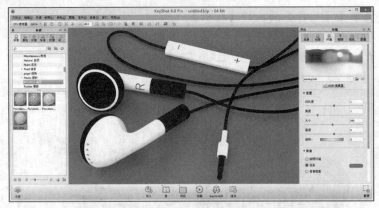

图 5-162　赋予材质

STEP 6 现在场景的亮度太高了，以至于主颜色曝光过度，切换到【环境】选项卡下，将环境【亮度】值修改为"0.85"，再单击【HDRI编辑器】按钮，选择【HDRI编辑器】选项，在弹出的【HDRI编辑器】对话框中单击【针】选项卡，在列表框右侧单击 ➕ 按钮，在弹出的菜单中选择【添加图像针】命令，再在弹出的【为针指定图像】对话框中选择KeyShot资源目录 "…\Environments\Studio\Light Tent\Screen Reflections" 下的 "Light Tent Screen Top 2k.hdr" 文件，如图5-163所示。

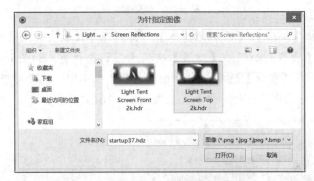

图 5-163　选择图像

STEP 7 单击【设置高亮显示】按钮，然后到渲染窗口，单击确定灯光反射高光的位置，如图5-164所示，然后单击【完成】按钮，完成高光指定。

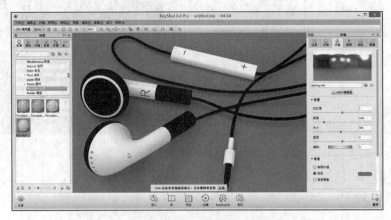

图 5-164　指定高光

STEP 8 将STEP5的材质赋予耳机灰色部分，然后双击该部件，调节灰度，效果如图5-165所示。

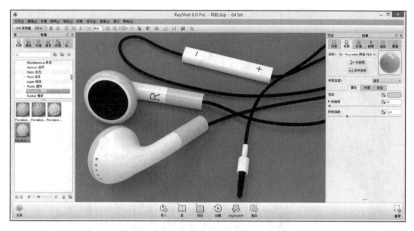

图5-165 调整材质

STEP 9 在【项目】面板的【场景】选项卡中取消勾选【网罩】物件，这样可以隐藏该物件；然后双击网罩内部的部件，修改其材质颜色为白色和灰色，效果如图5-166所示。

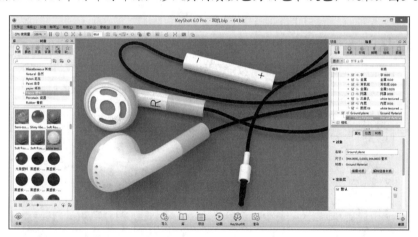

图5-166 隐藏网罩

STEP 10 显示网罩并双击网罩，调整该部件的材质，将其材质类型修改为【塑料(高级)】，并参考图5-167调整材质的参数。单击【材质图】按钮，弹出【材质图】对话框，在空白位置单击右键，在弹出的快捷菜单中选择【纹理】/【纹理贴图】命令，再将其链接到【塑料（高级）】材质的【凹凸】通道内，在其参数面板内载入本书配套资源中的"mesh_circular_normal.jpg"图片，同时载入"mesh_circular_alpha.jpg"图片并链接到【透明度】通道内。

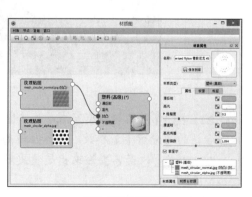

图5-167 调整材质

STEP 11 调整贴图的【映射类型】与【缩

放比例】，这些参数要根据模型的具体情况进行调整，所以图中的参数仅供参考，如图5-168所示。

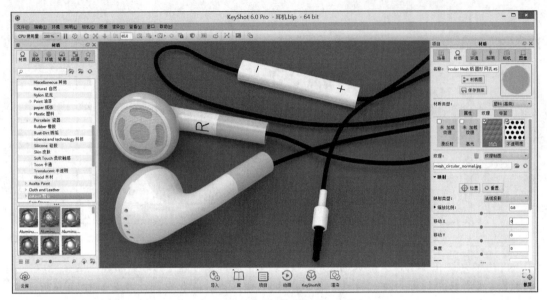

图 5-168　调整材质

STEP 12 剩余部件赋予【材质库】内的默认材质即可，如图5-169所示。

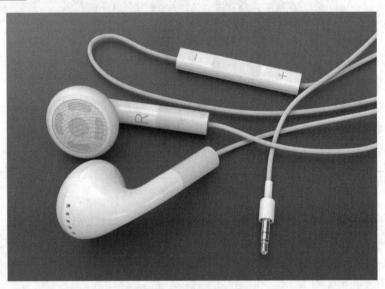

图 5-169　赋予材质

STEP 13 选择材质完成后单击 按钮，打开图5-170所示的对话框，进行渲染设置，设置合适的【分辨率】参数，选择合适的保存路径，渲染模式设置为【默认】。

STEP 14 若需要渲染出质量更好的图片，可以切换到【选项】选项卡调整所需参数，如图5-171所示。

STEP 15 调整物体至合适的角度，单击【渲染】按钮开始渲染。

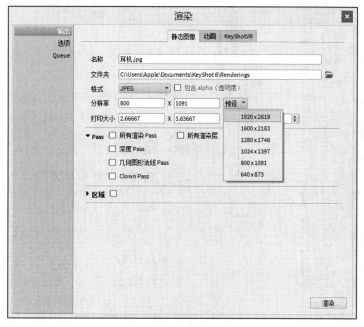

图 5-170　【渲染】对话框

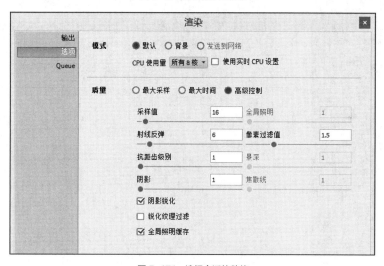

图 5-171　选择合适的数值

小结

　　本章通过刨皮刀和苹果耳机两个实例的设计表达，系统地介绍了小产品 Rhino 建模和 KeyShot 渲染的基本方法、要点以及需要注意的事项，涉及 Rhino 建模中各种曲面成型的命令使用方法，如放样、单轨和双轨扫掠、网格曲线生成曲面等；还有布尔运算、构建辅助曲面等手段的操作。渲染方面有基本材质的调节、灯光及场的设置、相关参数的设置等。通过本章的学习，读者会对生活用品类产品的设计要点及建模、渲染表现方法有更深刻的理解。

6 Chapter

第 6 章
数码类产品设计实例

　　数码类产品市场的激烈竞争促使生产者和设计者不断对消费者进行细分，满足个性化需求的新技术、新产品应运而生，大屏幕的触屏手机、智能化的家用计算机、高技术的数码影像产品都更多地体现出造型轻薄化与操控人性化的设计趋势。

　　本章将使用 Rhino 进行数码类产品设计创意表达，通过打印机和数字投影仪外观设计两个实例，向读者介绍一些数码类产品的设计方法和相关知识。

6.1 打印机外观设计创意表达

本节介绍打印机外观的设计创意表达。该打印机外观造型总体融入了楔形特征，充满动感与张力，寓意打印机的高速与效率；进纸口与出纸口均可折叠收缩，节省空间；自动化触屏控制，方便实用。本实例主要介绍 Rhino 5.0 在设计中的运用，希望读者能够从中获得启发，并且通过实践能够熟练地应用 Rhino 5.0 表现自己的设计创意。

6.1.1 设计创意表达流程

打印机模型曲面变化比较丰富，设计重点在于分析面片划分方式以及曲面建模流程，对消隐面、圆角和细节的处理也需要分步完成。为方便读者理解和操作，本节将打印机的建模流程大致分为 3 个步骤，依次为构建打印机主体部件、构建结构部件、细节处理。最终模型图和渲染效果图分别如图 6-1 和图 6-2 所示。

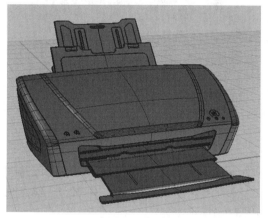

图 6-1 最终模型图

图 6-2 渲染效果图

6.1.2 构建打印机主体部件

本小节讲述如何构建该产品的主体部分——打印机主体。该部分的建模主要运用【双轨扫掠】、【分割】、【可调式曲线混结】、【布尔运算】等重要工具，重点和难点在于消隐面的构建方法，具体操作如下。

STEP 1 启动Rhino 5.0，导入三视图并互相对齐。选择【查看】/【背景图】/【放置】命令，或在各视图左上角（视图名称的区域）右键单击，在弹出的快捷菜单中选择【背景图】/【放置】命令，将本书配套资源中"Map"目录下用平面软件绘制的三视图文件"dyj-front""dyj-right""dyj-top"导入各相应视图，再使用【背景图】中的【移动】、【对齐】、【缩放】等命令将图片调整至合适大小及位置，如图6-3所示。

STEP 2 切换到【Right】窗口，单击工具列中的【绘制曲线】工具 ，参考背景图绘制曲线，如图6-4所示。注意曲线的CV点要尽量少而均匀，转折处可多设置点。切换到【Front】窗口，开启【正交】模式，将曲线水平拖至背景图边缘，以z轴镜像得到图6-5所示的两条曲线，作为扫掠路径。

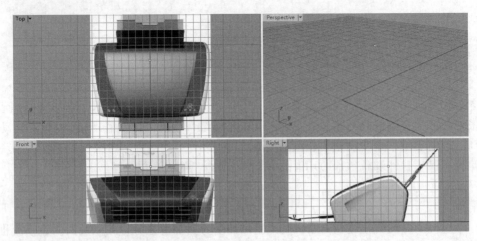

图6-3　已经对齐的三视图

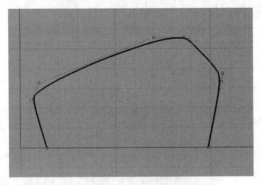

图6-4　【Right】窗口绘制路径曲线

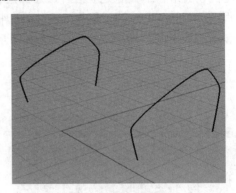

图6-5　水平拖动并镜像

STEP 3 切换到【Front】窗口，开启【物件锁点】中的【最近点】，捕捉STEP2得到的曲线最高点处，参照背景图绘断面曲线，3个CV点即可，如图6-6所示。同理，于端点处绘制另外两条断面曲线，最终得到空间曲线组如图6-7所示。

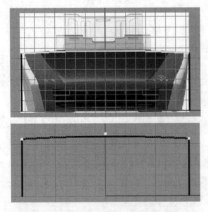

图6-6　【Front】窗口绘制断面曲线

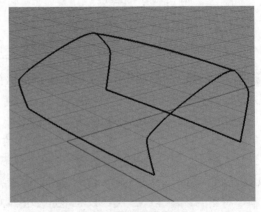

图6-7　得到空间曲线组

STEP 4 单击工具列中的 [图标]【双轨扫掠】工具，建立曲面，依次选取路径和断面曲线，选断面曲线时要注意同时选择它们的左端或右端，右键单击确认后，扫掠出图6-8所示的曲面。

STEP 5 单击工具列中的 🖋 / ✎ 【移除节点】工具，选取曲面，按照指令提示栏的提示，选择V方向，水平方向的ISO以白色显示并随着鼠标指针移动，单击移除多余ISO，结果如图6-9所示。

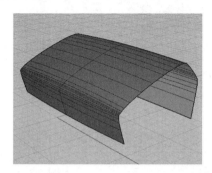

图6-8　双轨扫掠结果

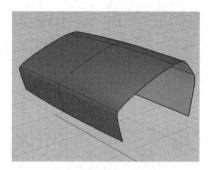

图6-9　移除多余 ISO 结果

STEP 6 构建侧面。侧面向内倾斜，所以绘制扫掠线的时候要把握好，各扫掠曲线的空间位置如图6-10所示，单击工具列中的 🖋 / 🖋 【单轨扫掠】工具，建立曲面，移除多余ISO，并镜像得到图6-11所示的侧面。侧面和第一个曲面完全相交即可。

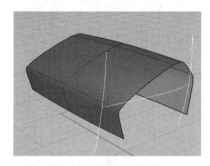

图6-10　绘制侧面扫掠曲线

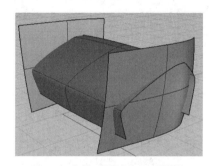

图6-11　扫掠后移除多余 ISO 并镜像

🎯 **要点提示**

采用面面相交的方法是为了得到相交线，不同的曲面相交能得到意想不到的相交线，从而得到与众不同的边缘。读者可以尝试不同曲面形成的相交线，用以积累造型方案素材。

STEP 7 单击工具列中的 🖋 / 🖋 【放样】工具，建立曲面，选取双轨得到曲面的两条边进行放样，组合放样曲面与双轨曲面得到多重曲面，如图6-12所示。单击工具列中的 🔵 / 🔵 【布尔运算差集】工具，按照指令提示栏的提示进行曲面间的相减。右键单击确认后得到图6-13所示的相减结果，即打印机的雏形。

STEP 8 倒圆角。期望的打印机圆角与其他面是平滑连续相接的，且有较大变化；由于双轨曲面曲率变化过大，只能倒较小的圆角，效果不理想，所以要采取切割边缘再混接或双轨的方法构建圆角。单击工具列中的 🔲 / 🖋 【复制边缘】工具，复制图6-14所示的曲线。选取曲线，切换到【Right】窗口，将其向内偏移0.25个单位，如图6-15所示，用偏移曲线切割侧面，但它没超过侧面，单击工具列中的 🖋 /〰 /【延伸曲线（平滑）】工具 🖋，延伸偏移曲线使之超过侧面即可。炸开多重曲面，单击工具列中的【修剪】工具 🖋，用延伸后的偏移曲线切去侧面的朝外部分，得到图6-16所示的效果。

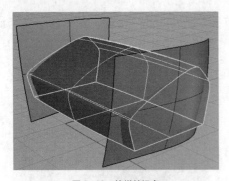

图 6-12　放样并组合

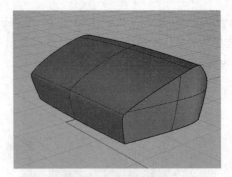

图 6-13　布尔相减结果

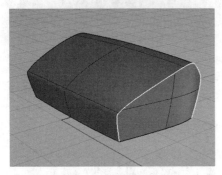

图 6-14　复制相交边缘

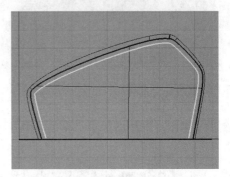

图 6-15　向内偏移 0.25 个单位以切割侧面

STEP 9　切换到【Front】窗口，参照背景图绘制图6-17所示的曲线，选取曲线修剪楔形曲面，如图6-18所示。单击工具列中的 ◉/◔【混接曲面】工具，选取两曲面边缘进行混接，如图6-19所示。同理构建另一半圆角，如图6-20所示。

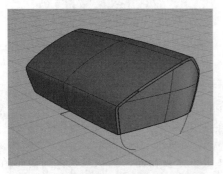

图 6-16　切割侧面

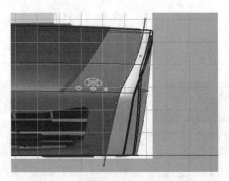

图 6-17　绘制曲线

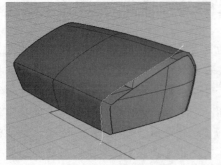

图 6-18　曲线修剪另一边

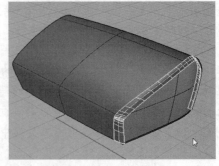

图 6-19　混接曲面得到圆角

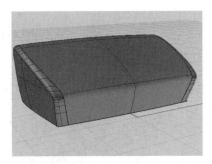

图 6-20 完成圆角的构建

要点提示

倒圆角的方法有多种，以上介绍的手动倒圆角方法能构建比较复杂且质量较好的圆角，不足之处是手动倒圆角较麻烦。建模的时候需要视情况选择相应的方法。

STEP 10 构建侧面消隐面。切换到【Right】窗口，参照背景图消隐面的轮廓绘制曲线，如图 6-21 所示，注意 CV 点要少且均匀；选取曲线，单击工具列中的 🔧 / 🔧 【偏移曲线】工具，设置【距离】为"0.2"，右键单击确认偏移，得到的曲线转折处 CV 点过于密集导致尖锐，手动删除多余点；由于下部较短无法实现侧面的修剪，单击工具列中的 🔧 / 🔧 / 🔧 【延伸曲线（平滑）】工具实现延伸，结果如图 6-22 所示。

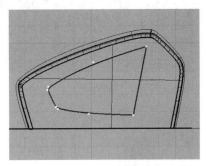

图 6-21 绘制曲线

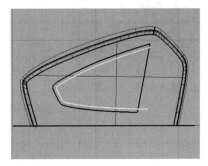

图 6-22 偏移并延伸偏移曲线的下部

STEP 11 对侧面进行分割和修剪，得到图 6-23 所示的黄色曲面，此面与侧面连接处要保持原来的连续性，另一端则要错开即能形成消隐面的效果。选取此面，如图 6-24 所示，单击工具列中的 🔧 / 🔧 【弯曲】工具，以其与原曲面的下部交点为中心进行弯曲，得到图 6-25 所示的曲面。

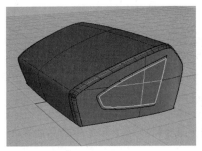

图 6-23 修剪结果

图 6-23 彩图

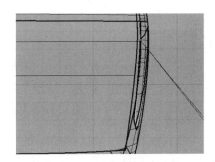

图 6-24 以图中所示点为中心弯曲曲面

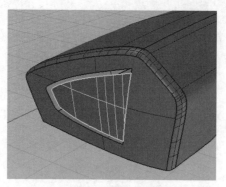

图6-25　得到弯曲的曲面

STEP 12 调出斑马纹分析，如图6-26所示，可知弯曲后曲面与侧面连接处保持了原来的连续性，另一端错开了。采用双轨扫掠的方法补面，如图6-27所示，【A】、【B】均选择【相切】，确认后完成补面。将得到的所有面进行组合，单击工具列中的 🔾/【着色】模式查看消隐面效果，如图6-28所示。镜像得到另一侧的消隐面，完成侧面消隐面的建模。

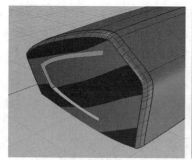

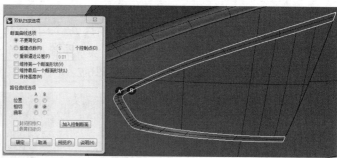

图6-26　斑马纹分析弯曲曲面与原曲面的连续性　　　　　　　　图6-27　双轨扫掠

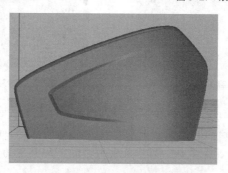

图6-28　组合后【着色】模式查看消隐面

要点提示

很多工业产品都有消隐面，它能够使单一曲面变得丰富有变化，其构建是产品建模中重要的环节之一。当然构建方法不是唯一的，上述方法是其中比较快捷的一种，不足之处是会导致曲面ISO增多，适用于小曲面。读者可以尝试其他不同种类的构建方法。

STEP 13 组合所有曲面，如图6-29所示，切换到【Front】窗口，参考背景图绘制曲线，如图6-30所示。

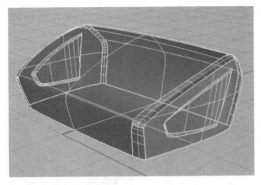
图6-29　组合曲面

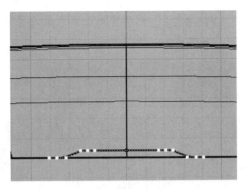
图6-30　绘制曲线

STEP 14 选取曲线，单击工具列中的 / 【直线挤出】工具，挤出曲面至完全贯穿多重曲面，如图6-31所示；再与多重曲面进行布尔相减，得到图6-32所示的结果。

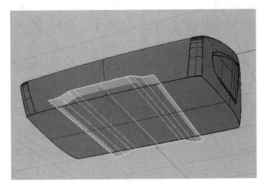
图6-31　挤出曲面贯穿多重曲面

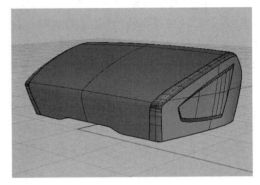
图6-32　布尔相减结果

STEP 15 炸开多重曲面，选取楔形曲面、侧面以及底面分别存入相应的图层，选取各种曲线、备份的曲面分别存入相应的图层，以便管理和查看。

STEP 16 构建顶部消隐面。首先对整块的楔形曲面进行切割划分，单击工具列中的【以结构线分割曲面】工具，选取楔形曲面，切换至U方向的ISO，参考前视图和顶视图的背景分割，将其分割成前、顶和后3个曲面，如图6-33所示。然后在顶面上建构消隐面。切换到【Top】窗口，参照背景图绘制分割曲线的方法绘制顶部消隐面切割线，如图6-34所示。向内偏移0.4个单位并镜像得到图6-35所示的曲线，将4条曲线存入【消隐切割线】图层隐藏备用。

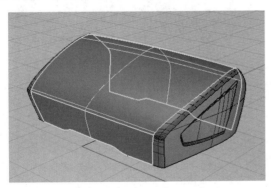
图6-33　以ISO分割楔形曲面

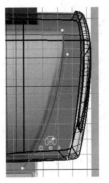
图6-34　绘制顶部消隐面切割线

STEP 17 开启【物件锁点】的【中点】锁点，单击工具列中的 ⬚/▨【抽离结构线】工具，选取顶面，设置V方向的ISO，捕捉至中点时确认抽离ISO，如图6-36所示。

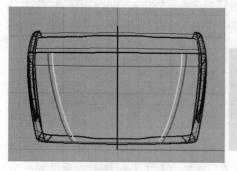

图6-35 彩图

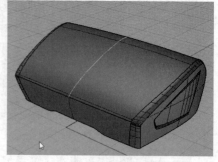

图6-35 切割曲线偏移0.4个单位并镜像

图6-36 抽离ISO

STEP 18 用此线扫掠构建消隐面，设计的消隐面高出顶面一部分，所以切换到【Right】窗口对提取到的ISO进行编辑。按F10键打开曲线的CV点，开启【正交】模式，只选取左边第2个和第3个点往上微调，如图6-37所示。不动右边的CV点才能保证消隐面与原连接处保持连续。以此线为路径、以顶部分割边为断面曲线进行单轨扫掠，得到图6-38所示的曲面。

STEP 19 单击工具列中的 ⬚/✐【移除节点】工具，选取曲面，移除多余ISO，如图6-39所示。显示图6-35中的曲线，用红色曲线修剪顶面，用黄色曲线修剪消隐面。由于改变了左边第2个和第3个CV点的位置，破坏了消隐面前段的连续性，故提取ISO修剪掉消隐面前端，结果如图6-40所示。

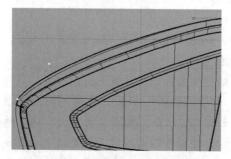

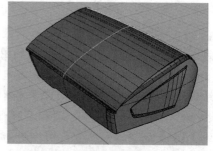

图6-37 往上微调第2个和第3个CV点

图6-38 单轨扫掠

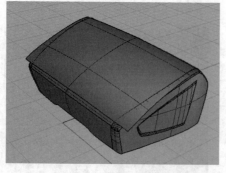

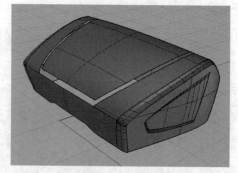

图6-39 移除多余ISO

图6-40 修剪顶面和消隐面，修剪消隐面前端

STEP 20 完成消隐面和顶面之间的连接。在【Front】窗口延伸消隐面边缘，如图6-41

所示；同理延伸另一个方向的边缘，两处延伸交点如图6-42所示；以这两个点为分割点分割曲面边缘，结果如图6-43所示。

图 6-41 延伸消隐面边缘

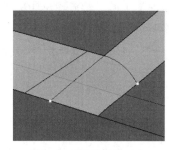
图 6-42 延伸另一边，交点

图 6-43 用点分割边缘

STEP 21 打开【双轨扫掠选项】对话框，如图6-44所示，【A】、【B】均选择【相切】，确认后得到扫掠结果并镜像，结果如图6-45所示。

STEP 22 以相同的方法延伸另一边，切换到【Front】窗口，投影、可调式曲线混接并分割曲面边缘，如图6-46所示。单击工具列中的 ▦ /【以网线建立曲面】工具 ◈，按照指令提示栏提示依次选取4条边，弹出对话框，【A】、【C】选择【位置】，【B】、【D】选择【相切】，确定后结果如图6-47所示。

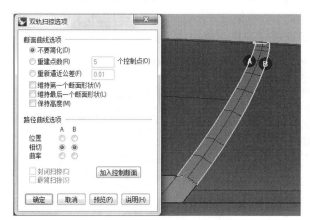
图 6-44 【双轨扫掠选项】对话框

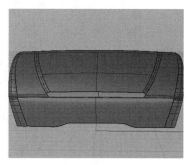
图 6-45 镜像双轨扫掠结果

图 6-46 延伸并分割边缘

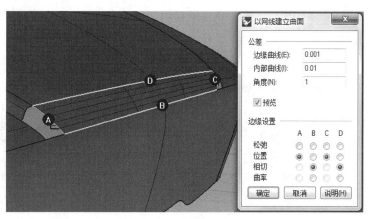
图 6-47 以网线建立曲面

STEP 23 目前还剩下两处曲面没被补上，再次采用【以网线建立曲面】工具进行修补，对话框中【A】、【B】、【C】、【D】均选择【相切】，确定后得到图6-48所示的曲面。单击工具列中的 🔧/🔧【可调式混接曲线】工具，按照图6-49选择两边进行可调式混接，在弹出的对话框中【1】、【2】选择"曲率"，确定混接。

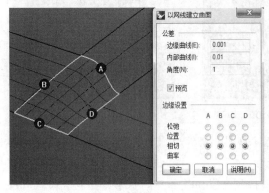
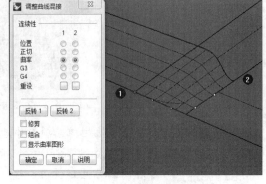

图6-48 以网线建立曲面　　　　　　　　图6-49 可调式混接曲线

STEP 24 用图6-49中混接得到的曲线分割图6-50所示的曲面，选取图6-51所示的曲面进行组合，得到多重曲面，并存入【顶盖】图层。选取除侧面外剩下的曲面进行组合，并存入【主体】图层。单击工具列中的【全部选取】工具 🔧，分别选取构建消隐面产生的曲线和点，存入新建图层并隐藏。至此，完成顶部消隐面的构建，如图6-52所示。

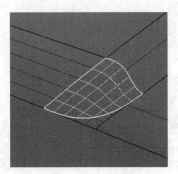

图6-50 分割曲面　　　　　　　　图6-51 组合得到多重曲面

STEP 25 选取消隐多重曲面，进行斑马纹分析，结果如图6-53所示。消隐面后部与原曲面保持原有连续性，其他处错开成位置连续，可见消隐面符合要求，可以使用。

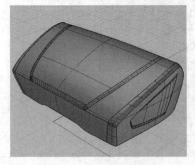
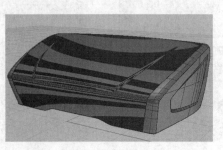

图6-52 完成顶部消隐面的构建　　　　　　　　图6-53 斑马纹分析弯曲曲面与原曲面的连续性

要点提示

比较小的曲面可以采用【以网线建立曲面】工具，它可以兼顾曲面各边缘的连续性设置，方便快捷。不管采用哪种方法构建消隐面，其基本思路是一致的，读者可以多加尝试。

6.1.3 构建结构部件

完成打印机的主体后，接下来完成其结构部件，主要包括进出纸门、纸托和部分内部结构的构建。这些部件的建模比较简单，主要运用到【分割】、【偏移】、【直线挤出】、【布尔运算】、【倒圆角】等常规工具。

STEP 1 构建进出纸门。在【Front】窗口中单击工具列中的【控制点曲线】工具，绘制封闭曲线，如图6-54所示；分割出纸门，如图6-55所示。选取分割后的曲面，单击工具列中的 / 【偏移曲面】工具，指令提示栏中设置【距离】为 "0.08"、【松弛】、【实体】，其余选项不动，结果如图6-56所示。用同样的方法分割进纸门，如图6-57所示。

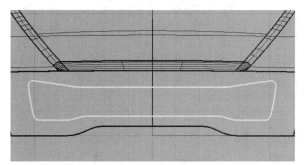

图 6-54　绘制曲线

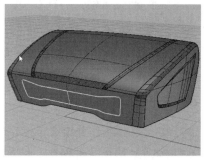

图 6-55　分割出纸门

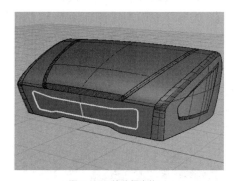

图 6-56　偏移得实体

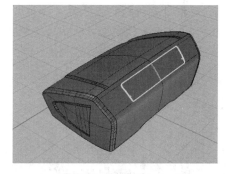

图 6-57　分割进纸门

STEP 2 构建出纸托，主要用到建立实体工具中的挤出实体、布尔相减、倒圆角等操作，效果如图6-58和图6-59所示，建模操作简单，不再赘述。用同样的方法构建进纸托，效果如图6-60和图6-61所示。

要点提示

在水平方向构建好纸托模型后，再进行旋转装配，这样会比较方便快捷。

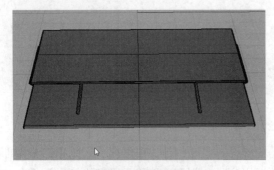

图 6-58　构建出纸托

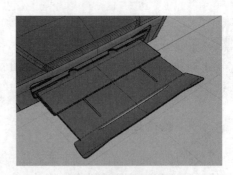

图 6-59　出纸托最终效果

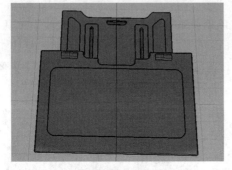

图 6-60　构建进纸托

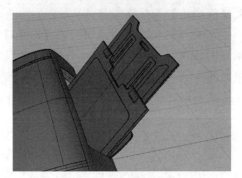

图 6-61　进纸托最终效果

6.1.4　细节处理

细节处理包括制作分模线、操作界面、倒圆角等步骤，具体操作如下。

STEP 1 隐藏其余部件，仅显示侧面图层。单击工具列中的 🖼/✏ 【复制边缘】工具，选取复制外表面边缘，如图6-62所示；单击工具列中的 🗞/🗐 /【往曲面法线方向挤出曲面】工具 🐾，选取复制得到的边缘为【曲面上的曲线】，选取外表面为【基底曲面】，【距离】设置为 "0.1"，【方向】指向里，确认后得到图6-62所示的法线方向的曲面。把此曲面和侧曲面组合，得到多重曲面，如图6-63所示。

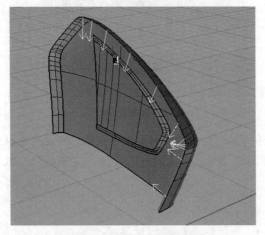

图 6-62　往曲面法线方向挤出曲面

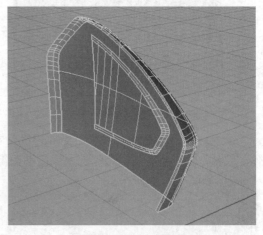

图 6-63　组合得到多重曲面

STEP 2 为曲面倒圆角，设置半径为 "0.02"，倒圆角效果如图6-64所示。用同样的方法构建其他圆角，完成分模线的制作。

STEP 3 至此，打印机的全部建模完成，如图6-65所示。场景文件参见本书配套资源中"案例源文件"目录下的"打印机.3dm"文件。

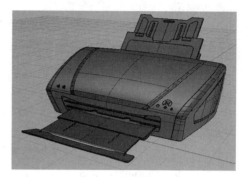

图6-64　倒圆角　　　　　　　　　　　　　　图6-65　完成建模

6.1.5　KeyShot 渲染

使用 KeyShot 渲染软件对创建的模型进行渲染。

STEP 1 启动KeyShot，选择【文件】/【打开】命令，打开本书配套资源中"案例源文件"目录下的"打印机_模型.3dm"文件进行渲染。

STEP 2 对模型赋予材质。单击【库】工具 ，打开材质库，选择相应的材质，拖曳材质球到指定部分后释放鼠标即可。打印机顶盖和进出纸门为工程塑料表面涂漆，剩余主体和侧面为工程塑料，纸托为透明磨砂塑料，选择材质库中的【车漆】/【表面金属颗粒类】/【金属颗粒深灰色】作为打印机顶盖材质，【塑胶】/【硬质类】/【磨砂类】/【硬质磨砂塑胶–灰色】作为主体材质，【塑胶】/【硬质类】/【磨砂类】/【硬质磨砂塑胶–白色】作为侧面材质，【灯光】/【冷光源】作为操作界面材质，将光源色彩修改为蓝色，以增加界面的科技感。

STEP 3 调节环境参数。环境参数包括环境的亮度和对比度、光源的亮度、高度和方向以及透视角度等，这些参数不是固定不变的，要求用户根据实际的渲染效果来调整。在这里选择环境文件为"startup.hdr"，【对比度】为"1"，【亮度】为"1"，【大小】为"35"，【高度】为"0"，光源角度【旋转】为"0"，【背景】设置为白色，便于做展板时抠图，并勾选【地面阴影】复选框，【相机】选项卡中【视角】设置为"30"，相关环境项目对话框参数和选项如图6-66所示。

图6-66　环境项目对话框

STEP 4 单击 按钮，设置渲染参数，根据需要设置展板的尺寸，【格式】为"TIFF"，【分辨率】为"300DPI"，如图6-67所示。

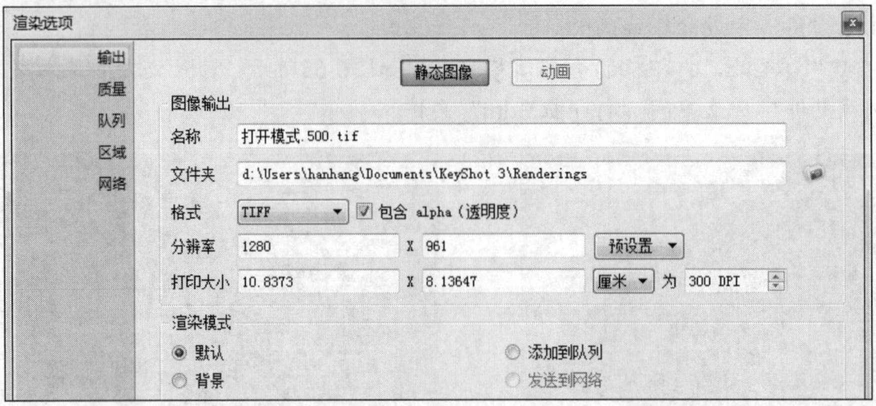

图 6-67　渲染选项设置

STEP 5 单击【渲染】工具进行渲染，效果如图6-68所示。

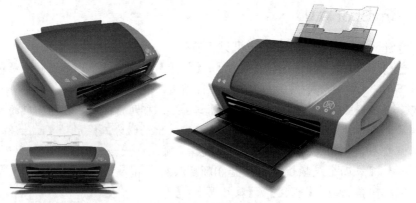

图 6-68　渲染效果图

6.2 数字投影仪外观设计创意表达

本节以一款数字投影仪作为设计对象，对此产品外观设计创意表达方法和相关设计知识予以详细介绍，同时介绍一些设计技巧。希望读者能够认真学习并熟练掌握，为日后同类产品的设计表达应用打好基础。图 6-69 所示为该设计表达实例的渲染效果图。

图 6-69　渲染效果图

6.2.1 设计创意表达流程

任何产品都有较为具体的市场定位，此款数字投影仪定位于高端市场，注重于细节、工艺、材料的表现，在外观设计上追求简洁大方，整体上采用造型和材质的对比设计手法，经典的黑白对比使得产品本身洋溢着典雅、大方的气息，整体尺寸为 155mm×105mm×60mm，设计创意表达流程如图 6-70 所示。

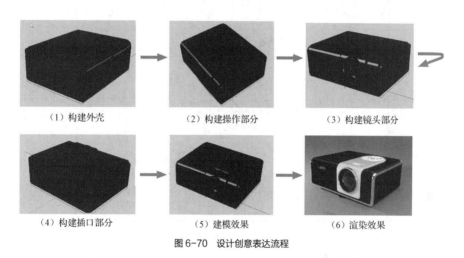

（1）构建外壳　　　　　（2）构建操作部分　　　　　（3）构建镜头部分

（4）构建插口部分　　　　　（5）建模效果　　　　　（6）渲染效果

图 6-70 设计创意表达流程

6.2.2 准备工作

建模之前先将相关的准备工作完成，如背景图放置、【Rhino 选项】对话框的设置等，具体操作如下。

STEP 1 启动 Rhino，选择【工具】/【工具列配置】命令，弹出【工具列】对话框，勾选【背景图】选项，弹出【背景图】面板。

STEP 2 单击【放置背景图】图标，将本书配套资源中"Map"目录下的"tyyfront.jpg、tyyright.jpg、tyytop.jpg"文件作为底图导入 Rhino 各相应视图，将图片调整至合适的大小及位置，最终效果如图 6-71 所示。

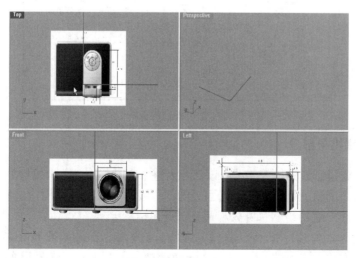

图 6-71 底图导入效果

STEP**3** 单击 按钮，弹出【Rhino选项】对话框，设置渲染网格品质参数，如图6-72所示；在【着色模式】面板中设置背面颜色，如图6-73所示。

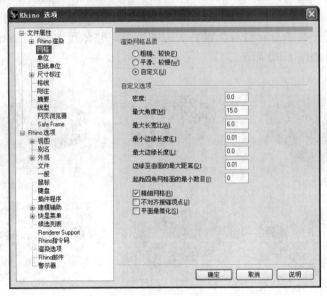

图 6-72　渲染参数设置

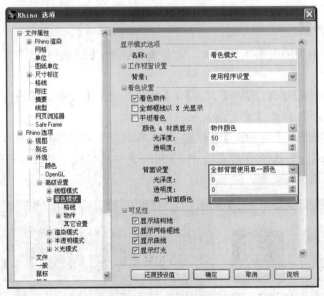

图 6-73　背面颜色设置

6.2.3　构建机身部分

本小节将构建投影仪的机身部分，该部分为整个产品的主体，构建模型主要表现在整体轮廓的构建、边缘圆角的处理及内部曲面之间的过渡等方面，具体构建过程如下。

STEP**1** 参照底图绘制机身轮廓曲线，如图6-74所示。

STEP**2** 单击工具列中的 / 【直线挤出】工具，最终效果如图6-75所示。

STEP**3** 单击工具列中的 / 【不等距边缘圆角】工具，设置圆角半径为"8"，选择曲面边缘如图6-76所示，单击鼠标右键确定；设置圆角半径为"6"，选择需要进行圆角处理的曲面边缘，如图6-77所示，单击鼠标右键确定。

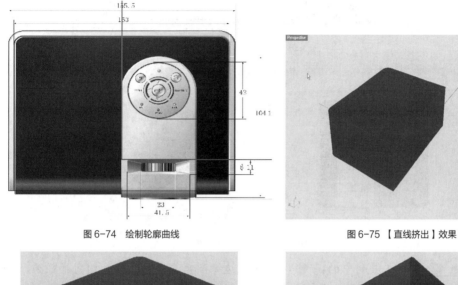

图 6-74　绘制轮廓曲线　　　　　　　　图 6-75　【直线挤出】效果

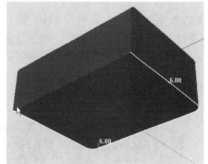

图 6-76　曲面边缘　　　　　　　　　　图 6-77　曲面边缘

STEP 4　隐藏所有对象，参照底图绘制曲线，如图6-78所示。

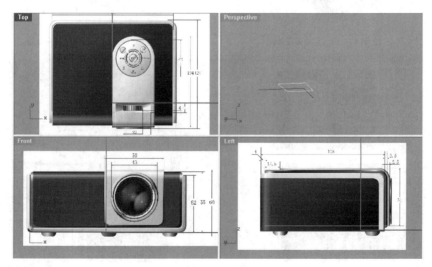

图 6-78　绘制曲线

STEP 5　单击工具列中的 ／ 【直线挤出】工具，选择刚绘制的曲线，单击鼠标右键确定，在指令提示栏中设置参数，如图6-79所示。在适当位置单击鼠标右键确定，效果如图6-80所示。

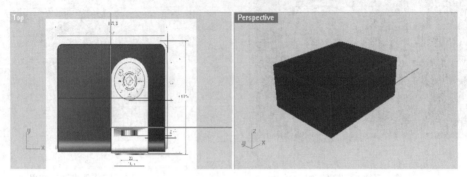

图6-79 【直线挤出】参数设置

图6-80 【直线挤出】效果

STEP 6 单击工具列中的 ∅/⬛ 【不等距边缘圆角】工具，设置圆角半径为"10"，选择曲面边缘，如图6-81所示。单击鼠标右键确定，对所选边缘进行圆角处理。

STEP 7 选择曲面边缘，如图6-82所示，单击鼠标右键确定，对所选边缘进行圆角处理；然后绘制曲线，如图6-83所示。

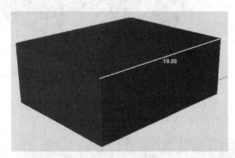

图6-81 曲面边缘圆角处理

图6-82 曲面边缘圆角处理

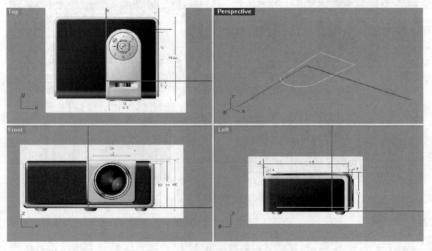

图6-83 绘制曲线

STEP 8 单击工具列中的 / 【直线挤出】工具，选择刚绘制的曲线并单击鼠标右键确定，指令提示栏设置参数如图6-84所示，在适当位置单击鼠标右键确定，效果如图6-85所示。

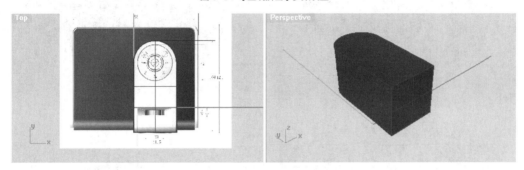

图6-84 【直线挤出】参数设置

图6-85 【直线挤出】效果

STEP 9 单击工具列中的 / 【不等距边缘圆角】工具，设置圆角半径为"12"，选择曲面边缘，如图6-86所示。单击鼠标右键确定，圆角效果如图6-87所示。

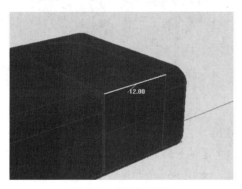

图6-86 选择曲面边缘

图6-87 边缘圆角效果

STEP 10 单击工具列中的 / 【不等距边缘圆角】工具，设置圆角半径为"12"，选择曲面边缘，如图6-88所示。单击鼠标右键确定，圆角效果如图6-89所示。

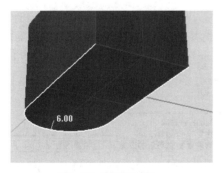

图6-88 选择曲面边缘

图6-89 边缘圆角效果

STEP 11 单击 🔘 按钮显示隐藏内容，选择实体进行备份并隐藏，如图6-90所示。单击工具列中的 🔘/🔘 【布尔运算差集】工具，选择第1组曲面，如图6-91所示，单击鼠标右键确定。然后选择第2组曲面，如图6-92所示，单击鼠标右键确定。最终效果如图6-93所示。

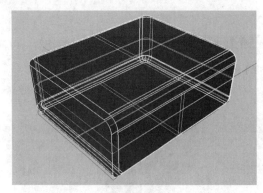

图 6-90 复制实体

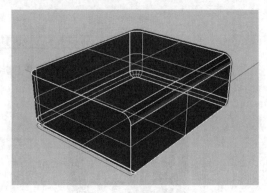

图 6-91 选择第 1 组曲面

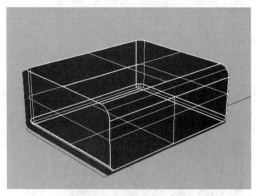

图 6-92 选择第 2 组曲面

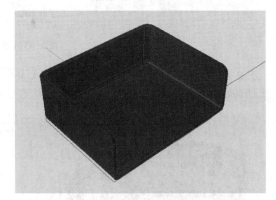

图 6-93 最终效果

STEP 12 取消隐藏，对实体进行布尔相减运算，最终效果如图6-94所示。

STEP 13 显示外框，单击工具列中的 🔘/🔘 【不等距边缘斜角】工具，设置斜角参数，如图6-95所示。选择所要进行斜角处理的边缘，如图6-96所示。单击鼠标右键确定，斜角效果如图6-97所示。

图 6-94 布尔相减结果

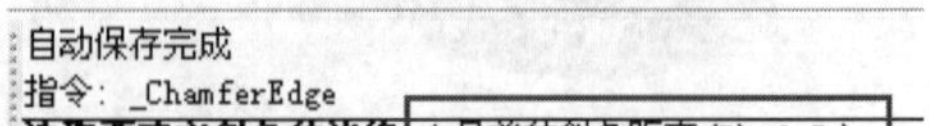

自动保存完成
指令：_ChamferEdge
选取要建立斜角的边缘 （目前的斜角距离 ©=0.8）：

图 6-95 【不等距边缘斜角】参数设置

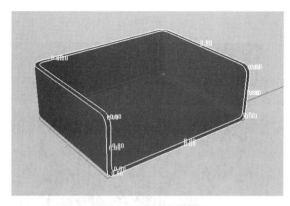

图 6-96　选择曲面边缘

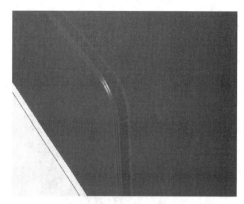

图 6-97　边缘斜角效果

STEP 14　单击工具列中的 ❂/ ▦ 【抽离曲面】工具，选择要抽离的曲面，如图 6-98 所示。单击鼠标右键确定，将抽离的曲面删除，以节省空间，效果如图 6-99 所示。

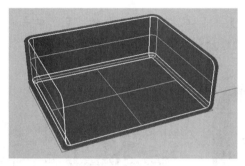

图 6-98　选择抽离的曲面

图 6-99　删除抽离的曲面

STEP 15　单击 💡 按钮显示隐藏内容，单击工具列中的 ❂/ ▣ 【不等距边缘斜角】工具，设置斜角参数，如图 6-100 所示。选择要进行斜角处理的边缘，如图 6-101 所示，单击鼠标右键确定，斜角效果如图 6-102 所示。

正在复原 ChamferEdge
指令：_ChamferEdge
选取要建立斜角的边缘（目前的斜角距离 ⓒ）=1.5）：|

图 6-100　【不等距边缘斜角】参数设置

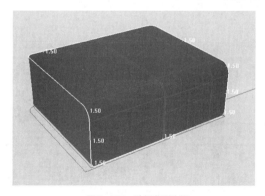

图 6-101　选择曲面边缘

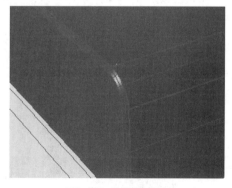

图 6-102　边缘斜角效果

STEP 16　继续选择要进行斜角处理的边缘，如图 6-103 所示。单击鼠标右键确认，效果如图6-104所示。

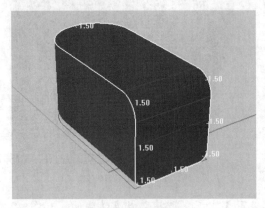

图6-103　选择曲面边缘

图6-104　边缘斜角效果

STEP　17 绘制曲线，如图6-105所示。

STEP　18 在【Left】窗口中单击【分割】工具，选择要分割的对象，单击鼠标右键确定。选择刚绘制的曲线，单击鼠标右键确定，分割效果如图6-106所示。

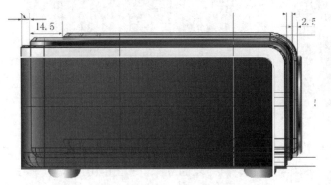

图6-105　绘制曲线

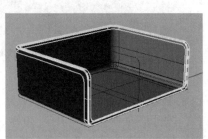

图6-106　分割效果

STEP　19 单击工具列中的【抽离曲面】工具，选择要抽离的曲面，如图6-107所示，单击鼠标右键确定。

STEP　20 单击【分割】工具，以ISO分割曲面，在适当的位置单击鼠标右键确定，效果如图6-108所示。

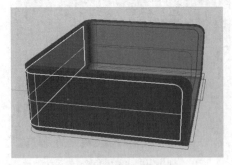

图6-107　选择要抽离的曲面

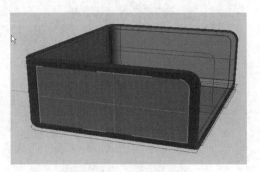

图6-108　分割曲面

STEP 21 绘制曲线，如图6-109所示。

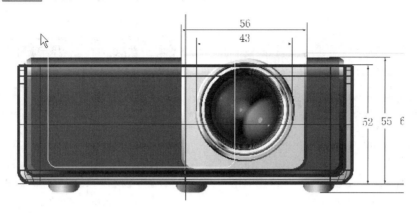

图6-109 绘制曲线

STEP 22 在【Front】窗口中单击【分割】工具 ，选择要分割的对象，单击鼠标右键确认，如图6-110所示。然后选择刚绘制的曲线并单击鼠标右键确定，效果如图6-111所示。

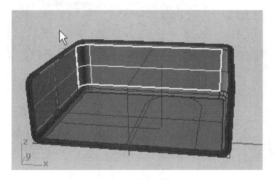

图6-110 选择对象

图6-111 分割效果

STEP 23 在【Left】窗口中移动刚分割的曲面到适当的位置，效果如图6-112所示。

STEP 24 单击【分割】工具 ，选择STEP17绘制的曲线，如图6-113所示，单击所有要分割的部分，完成后单击鼠标右键确定。

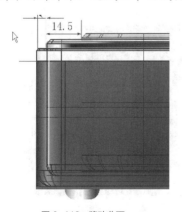

图6-112 移动曲面

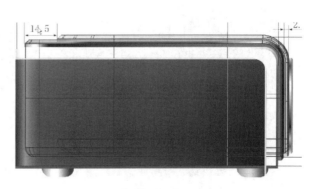

图6-113 分割曲线

STEP 25 单击工具列中的 【直线：曲面法线】工具，选择分割所得的曲面，如图6-114所示，其他隐藏，然后捕捉端点，在适当的位置单击鼠标右键确定，效果如图6-115所示。

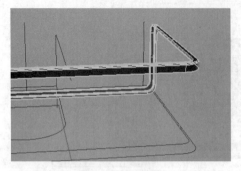

图6-114 选择曲面

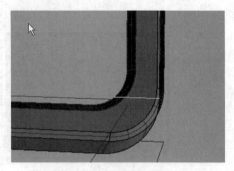

图6-115 绘制曲线

STEP 26 单击工具列中的 ▨/【单轨扫掠】工具 ◢，选择扫掠轨道，如图6-116所示，选择STEP25所绘曲线为扫掠截面线进行扫掠，效果如图6-117所示。

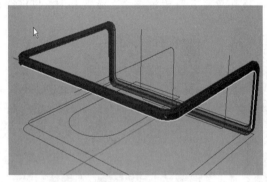

图6-116 扫掠轨道

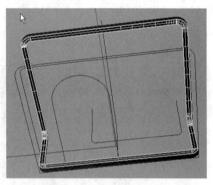

图6-117 扫掠效果

STEP 27 单击工具列中的 ▨/▨ 【不等距边缘圆角】工具，设置圆角半径为"0.5"，选择边缘，如图6-118所示，进行圆角处理。

STEP 28 显示分割所得另一部分，先勾选【物件锁点】子工具列中的【端点】选项，再绘制曲线，如图6-119所示。

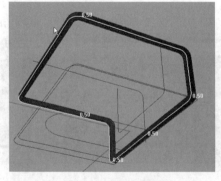

图6-118 曲面边缘圆角

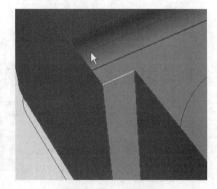

图6-119 绘制曲线

STEP 29 单击工具列中的 ▨/▨ 【双轨扫掠】工具，选择扫掠轨道，如图6-120所示，选择所绘曲线为扫掠截面线，扫掠效果如图6-121所示。然后单击工具列中的 ▨/▨ 【单轨扫掠】工具，完成环状曲面的绘制，效果如图6-122所示。

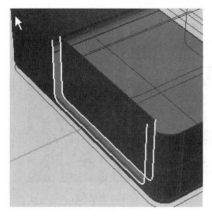

图 6-120　扫掠轨道

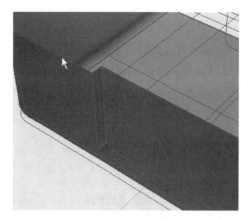

图 6-121　扫掠效果

STEP 30　将图6-123所示的曲面复制一份。

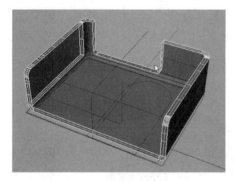

图 6-122　扫掠完成效果

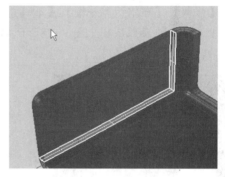

图 6-123　复制曲面

STEP 31　将所复制的曲面和与之接触的另一个曲面组合，然后与图6-124所示的曲面组合。

STEP 32　对图6-125所示的边缘进行圆角处理，设置圆角半径为"0.5"。

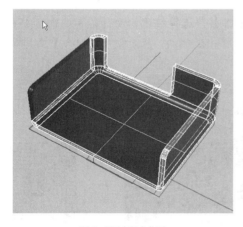

图 6-124　组合曲面

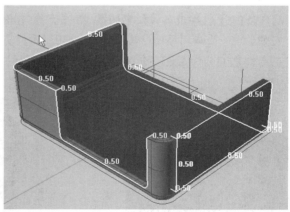

图 6-125　选择曲面边缘

STEP 33　对图6-126所示的边缘进行圆角处理，设置圆角半径为"0.5"，最终效果如

图6-127所示。

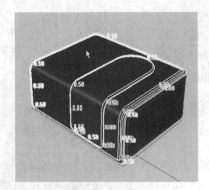

图 6-126　曲面边缘

图 6-127　边缘圆角效果

6.2.4　构建操作部分

操作部分具有区域划分醒目、按键布局紧凑、细节表现合理等特点。这部分的构建主要涉及【修剪】、【布尔运算差集】、【不等距边缘圆角】等命令，具体操作如下。

STEP 1 参照底图上图6-128所示的圆，单击【分割】工具 分割曲面，效果如图6-129所示。

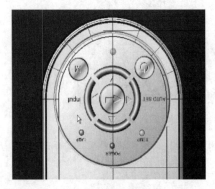

图 6-128　参照的圆

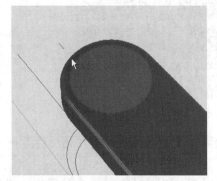

图 6-129　分割曲面效果

图 6-129　彩图

STEP 2 单击工具列中的 / 【直线挤出】工具，选择红色曲面的边缘，向下挤出一定的长度，生成圆环面，效果如图6-130所示。复制挤出的曲面，然后使用【组合】工具 分别与红色部分和蓝色部分组合，如图6-131所示。

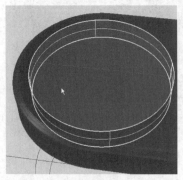

图 6-130　挤出曲面

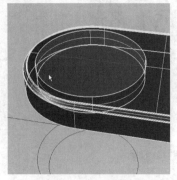

图 6-131　组合效果

图 6-131　彩图

STEP 3 单击工具列中的 🖊/⬡ 【不等距边缘圆角】工具，选择蓝色部分和红色部分相交的圆边缘进行圆角处理，圆角参数分别为 "1.5" 和 "0.5"，如图6-132所示。

STEP 4 选择红色部分实体，按住Shift键向下移动1mm左右，效果如图6-133所示。

图6-132 边缘圆角   图6-133 移动曲线

STEP 5 参照底图绘制图6-134所示的黄色曲线，并使用【修剪】工具 ⊒ 修剪按键表面，效果如图6-135所示。

图6-134 绘制曲线   图6-135 修剪按键表面效果

STEP 6 绘制曲线，如图6-136所示，调节靠近圆心的3个控制点，使其在一条直线上，以保证旋转成形时圆心处G3连续。

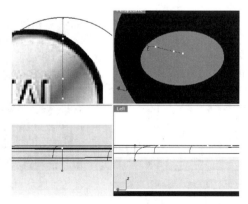

图6-136 绘制曲线

STEP 7 单击工具列中的 🖊/🖊 【旋转成形】工具，选择刚绘制的曲线为旋转曲线，选择曲线的端点为旋转轴，如图6-137所示。按住Shift键向下移动鼠标指针，旋转成形效果如图6-138所示。

图6-137　确定旋转轴

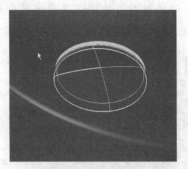

图6-138　旋转成形效果

STEP 8 将刚生成的小按钮向上移动1mm左右，如图6-139所示，效果如图6-140所示。

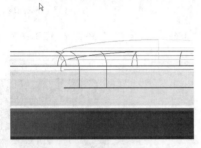

图6-139　向上移动

图6-140　移动后的效果

STEP 9 单击【文字物件】工具，在弹出的对话框中输入"M"，参数设置如图6-141所示。通过【缩放】、【旋转】、【移动】等工具，得到图6-142所示的效果。

图6-141　【文字物件】对话框

图6-142　字体效果与位置

STEP 10 切换到【Right】窗口，垂直向下移动M字母实体到图6-143所示的位置，然后使用【布尔运算差集】工具，得到的效果如图6-144所示。

STEP 11 重复STEP9、STEP10的操作，得到的整体效果如图6-145所示。

图 6-143 移动字母位置   图 6-144 布尔运算差集   图 6-145 整体效果

STEP 12 参照底图绘制图6-146所示的黄色曲线，使用【修剪】工具🗚将其修剪成图6-147所示的效果，对修剪后的曲线进行组合。

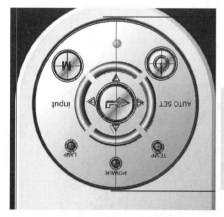

图 6-146 彩图

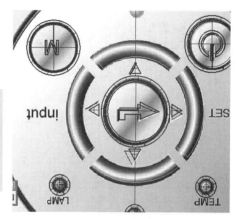

图 6-146 绘制曲线

图 6-147 修剪效果

STEP 13 单击【分割】工具🗚，将曲面分割成图6-148所示的效果。单击工具列中的🗚/🗚【直线挤出】工具挤出曲面，并复制一份与红色部分组合，另一份与蓝色部分组合，如图6-149所示。

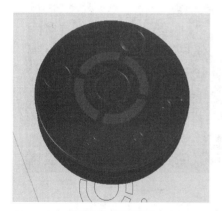

图 6-148 彩图

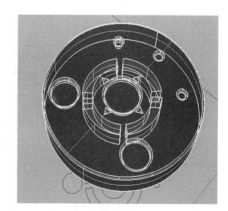

图 6-148 分割曲面

图 6-149 曲面组合

STEP 14 单击工具列中的🗚/🗚【不等距边缘圆角】工具，对图6-150所示的边缘进行圆角处理，效果如图6-151所示。

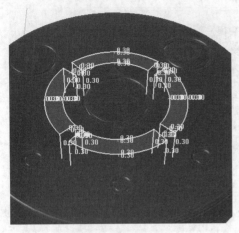

图6-150 选择曲面边缘

图6-151 边缘圆角效果

STEP 15 单击工具列中的 / 【球体】工具，在适当位置生成图6-152所示的球体。单击工具列中的 / 【单轴缩放】工具，选择刚生成的球体，将其压缩成图6-153所示的效果。

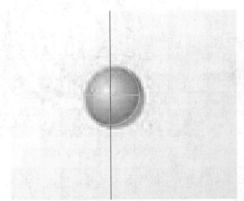

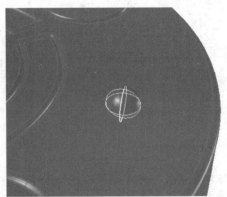

图6-152 生成球体

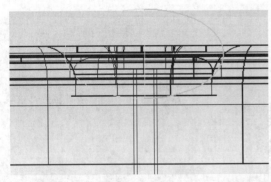

图6-153 缩放效果

STEP 16 单击工具列中的 / 【布尔运算并集】，选择球体和与其相交的实体，将两者组合。然后对其相交边缘进行适当的圆角处理，效果如图6-154所示。

STEP 17 按键部分的最终效果如图6-155所示。

图 6-154　边缘圆角效果

图 6-155　按键效果

6.2.5　构建镜头部分

镜头部分包括镜头玻璃、焦距调整旋钮、螺旋纹等，具体操作如下。

STEP 1 绘制两条曲线，即两个圆，如图6-156所示；然后使用【直线挤出】工具 🔲 挤出曲面并原地复制备份，如图6-157所示。

图 6-156　绘制曲线

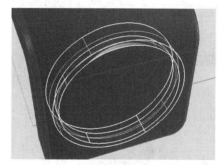

图 6-157　挤出曲面

STEP 2 单击工具列中的 🖉/【混接曲面】工具 🔦，依次单击图6-158所示的曲面边缘，右键单击确定混接曲面。单击 🖧 工具，将所得曲面与挤出曲面进行组合，并将其隐藏，如图6-159所示。

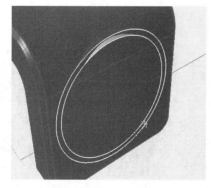

图 6-158　选择曲面边缘

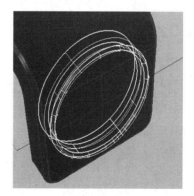

图 6-159　组合曲面

STEP 3 选择STEP1中所备份的曲面，单击【修剪】工具 🖽，将曲面修剪成图6-160所示的效果，并进行组合。然后进行圆角处理，圆角参数为 "0.2"，效果如图6-161所示。

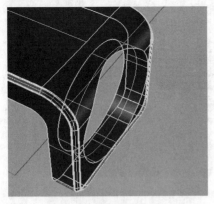

图 6-160 修剪、组合曲面

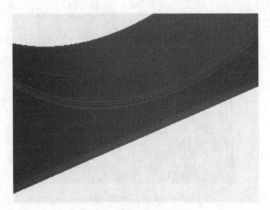

图 6-161 边缘圆角效果

STEP 4 绘制图6-162所示的曲线，单击工具列中的 / 【旋转成形】工具，选择刚绘制的曲线，然后捕捉镜头的圆心，按住鼠标左键同时按住Shift键在【Left】窗口中水平拖动一定距离，单击鼠标右键确定，得到的效果如图6-163所示。

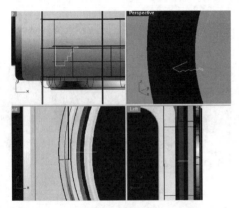

图 6-162 绘制曲线

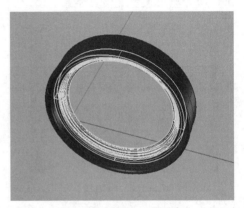

图 6-163 旋转成形效果

STEP 5 对图6-164所示的边缘进行圆角处理，效果如图6-165所示。

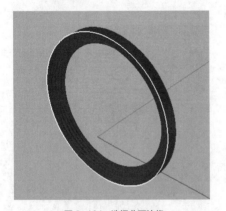

图 6-164 选择曲面边缘

图 6-165 边缘圆角效果

STEP 6 绘制曲线，如图6-166所示；使用【旋转成形】工具 做出曲面，如图6-167所示。

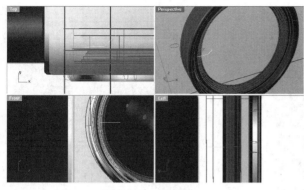
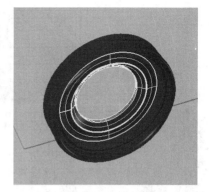

图6-166　绘制曲线　　　　　　　　　　　　　　　图6-167　旋转成形效果

STEP 7 对图6-168所示的边缘进行圆角处理，效果如图6-169所示。

图6-168　选择曲面边缘　　　　　　　　　　　　　图6-169　边缘圆角效果

STEP 8 绘制曲线，如图6-170所示；使用【直线挤出】工具 ⬛ 挤出曲面，然后使用【混接曲面】工具 ⬒ 生成图6-171所示的曲面并组合。

图6-170　绘制曲线　　　　　　　　　　　　　　　图6-171　混接曲面

STEP 9 绘制曲线，如图6-172所示，靠近圆心的3个CV点一定要在一条直线上。使用【旋转成形】工具 💡 生成曲面，如图6-173所示。

STEP 10 选择图6-174所示的曲线，单击【直线挤出】工具 ⬛ ，在适当的位置单击鼠标右键确定，构建镜头玻璃，得到图6-175所示的效果。注意，指令提示栏中的【加盖】选项须改为"是"。隐藏玻璃后的镜头效果如图6-176所示。

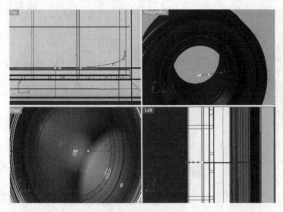

图6-172　绘制曲线　　　　　　　　　　　图6-173　旋转成形

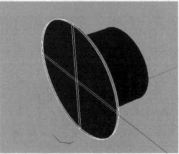

图6-174　选择曲面边缘　　　　　图6-175　挤出实体　　　　　图6-176　镜头效果

6.2.6　构建插口部分

本小节构建投影仪后部的数据插口，后面板部分虽然不常被作为最终渲染表现的重要视角，但是这部分的建模精细度却往往是衡量一个产品品质的关键所在。这部分的建模过程如下。

STEP 1 绘制曲线，如图6-177所示。选择刚绘制的曲线，使用【直线挤出】工具 挤出实体，再使用【布尔运算差集】工具 处理，得到的效果如图6-178所示。

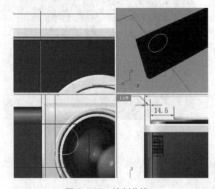

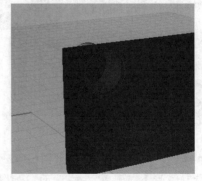

图6-177　绘制曲线　　　　　　　　　　图6-178　运算后的效果

STEP 2 绘制曲线，如图6-179所示。

STEP 3 选择刚绘制的曲线，使用【直线挤出】工具 挤出实体，如图6-180所示。注意，要把指令提示栏中的【加盖】选项改为"是"。

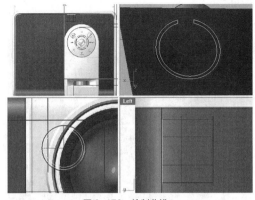

图 6-179 绘制曲线

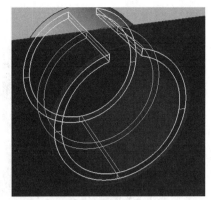

图 6-180 挤出实体

STEP 4 绘制曲线，如图6-181所示，并挤出实体【加盖】，效果如图6-182所示。

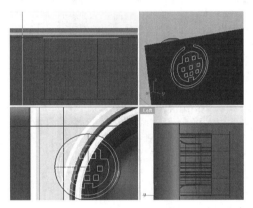

图 6-181 绘制曲线

图 6-182 挤出实体

STEP 5 绘制图6-183所示的曲线。复制曲线，单击工具列中的 ◎/▣【二轴缩放】工具，选中复制的曲线，放大成图6-184所示的大小，然后移动到图6-185所示的位置。接下来通过【复制】及【移动】命令得到图6-186所示的曲线。

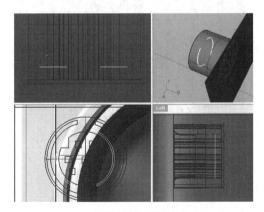

图 6-183 绘制曲线

图 6-184 缩放曲线

STEP 6 单击工具列中的 ▨/◪【放样】工具，依次选取一侧的曲线，单击鼠标右键确定，效果如图6-187所示。

STEP 7 单击工具列中的 ◎/◈【平面加盖】工具，选择放样得到的曲面，单击鼠标右键确定，效果如图6-188所示。

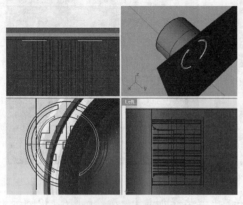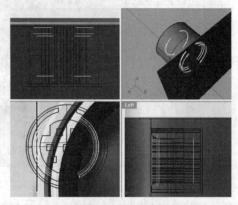

图6-185　移动曲线　　　　　　　　　　图6-186　最终所得曲线

图6-187　放样生成曲面　　　　　　　　图6-188　曲面加盖

STEP 8 单击工具列中的 / 【镜像】工具，选择加盖后的实体，然后捕捉插口的中心进行镜像，效果如图6-189所示。重复以上操作，做出其他插口，最终效果如图6-190所示。

图6-189　镜像实体　　　　　　　　　　图6-190　生成其他插口

6.2.7　细节处理

细节处理包括调节滚轮、散热槽、底座等，具体操作如下。

STEP 1 绘制曲线，如图6-191所示。单击工具列中的 / 【放样】工具，生成曲面如图6-192所示。

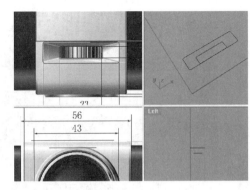

图 6-191 绘制曲线

图 6-192 放样生成曲面

STEP 2 单击工具列中的 /【平面加盖】工具，将STEP1所得的加盖曲面，效果如图6-193所示。

STEP 3 单击工具列中的 /【布尔运算差集】工具，先选择主体部分，然后选择STEP2中所生成的加盖曲面，单击鼠标右键确定，得到的效果如图6-194所示。

图 6-193 将曲面加盖

图 6-194 布尔运算差集

STEP 4 单击工具列中的 /【抽离曲面】工具，选择布尔运算后的曲面底部，抽离效果如图6-195所示。单击工具列中的 /【挤出曲线】工具，将曲面挤出一定距离，单击鼠标右键确定，如图6-196所示。

图 6-195 抽离曲面

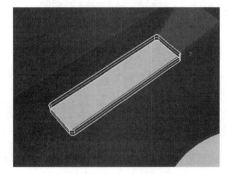

图 6-196 挤出曲面

STEP 5 单击工具列中的 /【不等距边缘圆角】工具，选择图6-197所示的边缘进行圆角处理，效果如图6-198所示。

STEP 6 绘制曲线，如图6-199所示。挤出实体并对边缘进行圆角处理，效果如图6-200所示。

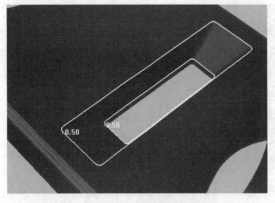

图 6-197　选择曲面边缘

图 6-198　边缘圆角效果

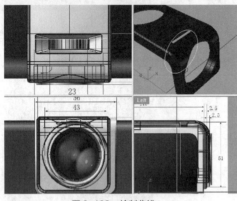

图 6-199　绘制曲线

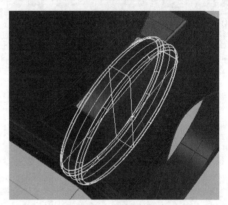

图 6-200　边缘圆角效果

STEP 7 单击工具列中的 🔾/🔾 【圆柱体】工具，生成的圆柱体如图6-201所示。使用【环形阵列】工具 ⚙，以STEP6所生成实体的圆心为中心，阵列出40个圆柱体，效果如图6-202所示。

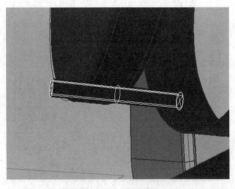

图 6-201　生成实体

图 6-202　阵列实体

STEP 8 使用【布尔运算差集】工具 🔾，得到图6-203所示的效果。使用【不等距边缘圆角】工具 🔾 对边缘进行圆角处理，效果如图6-204所示。

STEP 9 绘制曲线，如图6-205所示。使用【直线挤出】工具 🔾 挤出实体，如图6-206所示。

图6-203　布尔运算差集

图6-204　边缘圆角效果

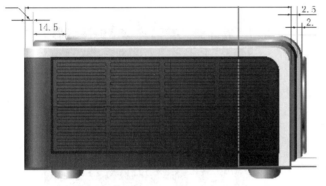

图6-205　绘制曲线

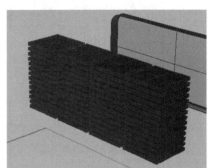

图6-206　挤出实体

STEP 10 移动实体到图6-207所示的位置，然后使用【布尔运算差集】工具 🔵，得到效果如图6-208所示。

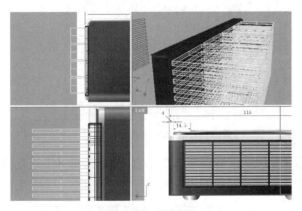

图6-207　移动实体

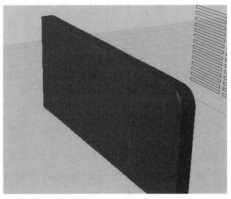

图6-208　布尔运算差集

STEP 11 使用【抽离曲面】工具 📚 抽离出图6-209所示的曲面，然后删除抽离后的曲面，效果如图6-210所示。

STEP 12 单击【文字物件】工具 🇹，在弹出的对话框中输入"LOGO"字样，如图6-211所示；在【Front】窗口中单击鼠标右键确定，效果如图6-212所示。

STEP 13 进行移动及缩放操作，得到的效果如图6-213所示；然后对文字边缘进行斜角处理，效果如图6-214所示。

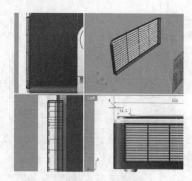

图 6-209　抽离曲面

图 6-210　删除抽离的曲面效果

图 6-211　【文字物件】对话框

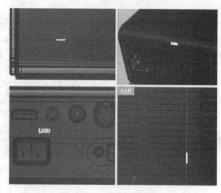

图 6-212　输入文字

图 6-213　移动、缩放文字

图 6-214　文字边缘斜角效果

STEP 14 使用【圆柱体】工具 得到实体，如图6-215所示。然后使用【不等距边缘圆角】工具 对圆柱体边缘进行圆角处理，效果如图6-216所示。

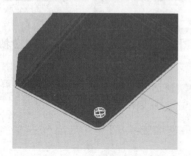

图 6-215　生成圆柱体

图 6-216　边缘圆角效果

STEP 15 将刚构建的圆角处理后的实体复制两份，移动到图6-217所示的位置。

STEP 16 投影仪建模完成，效果如图6-218所示。

图6-217　投影仪支撑脚

图6-218　建模效果

6.2.8　KeyShot 渲染

下面对该模型进行渲染，具体操作如下。

STEP 1 启动KeyShot，选择【文件】/【打开】命令，打开本书配套光盘中"案例源文件"目录下的"投影仪_模型.3dm"文件进行渲染。

STEP 2 对模型赋予材质。单击【库】 按钮，打开材质库，选择相应的材质，拖曳材质球到指定的部分后释放鼠标即可。投影仪机身为工程塑料，操作部分为塑料。依次选择【材质库】/【塑胶】，选择【硬质类】/【光泽类】中的【硬质抛光塑胶 – 黑色】为机身主体材质，其中的【硬质抛光塑胶 – 白色】为机身白色部分和按键；选择【金属】/【钢铁类】中的【钢铁】为机身及镜头镶边部分材质，【玻璃】/【白色折光玻璃】为镜头部分材质。细节部分的材质设置同上。

 要点提示

一般在赋予产品材质时，很难一次就得到满意的效果，用户选定材质的效果和需要的效果往往有出入。所以需要不断地尝试不同的材质，并不断调试这些材质的参数。以上材质仅供参考，选择并不唯一，读者还可以尝试其他材质参数。

STEP 3 调节环境系数。环境对渲染的影响是很大的，包括环境的亮度和对比度，光源的亮度、高度、方向等，这些参数不是固定不变的，需要根据实际的渲染效果来调整。在这里选择环境文件"startup.hdr"，【对比度】为"1"，【亮度】为"1"，【大小】为"25"，【高度】为"0.01"，光源角度【旋转】为"126.5"，【背景】设置为白色便于做展板时抠图，勾选【地面阴影】和【地面反射】复选框，【相机】选项卡中的【视角】设置为"30"，相关参数和选项如图6-219所示。

STEP 4 单击【渲染】 按钮，设置渲染参数，【打印大小】根据需要制作展板的大小设置，【格式】为"TIFF"，【分辨率】为"300DPI"，如图6-220所示。

STEP 5 单击【渲染】按钮进行渲染，渲染效果如图6-221所示。

STEP 6 选择【文件】/【保存】命令，对上述操作结果进行保存。

图 6-219 【环境】选项卡

图 6-220 渲染参数设置

图 6-221 最终渲染效果

小结

　　本章通过打印机和投影仪两个实例的建模与渲染，系统地介绍 Rhino 5.0 建模和 KeyShot 渲染的基本方法和要点，内容涉及 Rhino 建模中各种曲面成型的命令和方法，如放样、挤出、单轨和双轨扫掠、旋转及布尔运算等常见命令，以及混接曲面等构建辅助曲面的操作，渲染方面有基本材质的调节、灯光及场景的设置、相关参数的设置等内容。通过本章的学习，相信读者会对数码类产品的设计要点及建模、渲染方法有更深刻的理解。

第 7 章
小家电建模渲染实例

　　小家电是产品设计中门类最丰富的一块，有着广阔的市场空间。为了满足消费者求新求异的需求，生产商家不断推陈出新，持续采用新工艺、新材质，在外观方面追求造型多变、曲面流畅、符合人机结合的设计趋势。

　　本章将使用 Rhino 进行小家电类产品设计创意表达，通过剃须刀和电熨斗的外观设计两个实例，向读者介绍小家电产品的设计方法和相关知识。

7.1 剃须刀建模案例

本节介绍家用剃须刀的建模和渲染，向读者展示 Rhino 5.0 建模和 KeyShot 渲染的基本方法和要点。此小家电产品结构简单，建模时要做到优化、平顺，就需要对产品进行整体的把握和精确的细节处理，并且选择恰当的建模方式。

剃须刀（1）

剃须刀（2）

7.1.1 最终效果、三视图及建模流程

该剃须刀以造型简洁大气、人机交互合理、操作方便为设计要点，最终效果图与产品正、侧视图分别如图 7-1 和图 7-2 所示。

图 7-1 最终效果图

图 7-2 产品正、侧视图

为方便读者理解和操作，本书将剃须刀的建模流程大致分为 5 个步骤，即构建剃须刀主体部件、添加主体部件的文字与图案细节、制作刀头部件、制作刀头网罩细节、组装刀头。建模流程如图 7-3 所示。

（1）构建剃须刀主体

（2）添加产品细节部分

（3）制作刀头部件

（4）制作刀头网罩细节

（5）组装刀头

图 7-3 建模流程

7.1.2 构建剃须刀主体部件

该剃须刀主体部件为几块变化平顺的曲面组成的实体，简洁的造型中也包含着比较丰富的曲面变化，包括机体部分的区域划分，希望读者通过本小节的学习，掌握建模过程中结合多种手法表现曲面间衔接过渡的方法。具体操作如下。

STEP 1 启动 Rhino 5.0，单击【标准】工具列中的 ⊞ / ▣ 【放置背景图】工具，或在各视图左上角（视图名称的蓝色区域）右键单击，在弹出的快捷菜单中选择【背景图】/【放置】命令，将本书配套资源中 "Map" 目录下的正、侧视图 "txdfront.jpg" "txdright.jpg" 文件分别导入 Rhino 5.0 各相应窗口，再使用【背景图】中的【移动】、【对齐】、【缩放】等命令将图片调整至合适大小及位置，如图 7-4 所示。

STEP 2 新建一个图层，命名为【主体】，并设置为当前图层，再在【Front】窗口中参考底图，单击工具列中的【控制点曲线】工具 ℃，绘制剃须刀机体轮廓曲线，如图 7-5 所示。

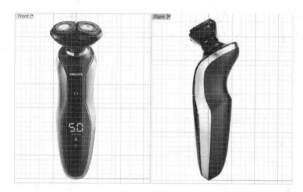 

图 7-4　放置背景图　　　　　　　　　　　　　图 7-5　绘制机体轮廓曲线

STEP 3 按 F10 键打开曲线的 CV 点，在【Right】窗口中调整曲线的形态到与底图吻合，如图 7-6 所示。

STEP 4 单击工具列中的 ↘ / ✓ 【插入节点】工具，查看曲线的节点分布，如图 7-7 所示。

STEP 5 单击工具列中的 ∘ 【单点】工具，利用【节点】捕捉，分别在上下端头处第一节点位置放置一个点物件，如图 7-8 所示。

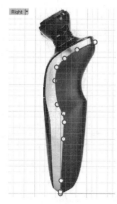  

图 7-6　调整曲线的形态　　　　图 7-7　查看曲线的节点分布　　　图 7-8　在节点位置放置点物件

要点提示

这里的机体背壳面想以双轨命令的【最简扫掠】来完成，可以参考3.9.2小节的内容。这里需要注意的是要以节点分割曲线，并且路径要属性一样。

STEP 6 后面建模还需要用到完整的曲线来生成剃须刀机体的侧面曲面，所以，新建一个图层，命名为【curve】，将上面步骤中绘制的曲线复制一份后切换到【curve】图层，并隐藏该图层，以备后面使用。

STEP 7 单击工具列中的 【分割】工具，利用点物件分割未隐藏的曲线。

STEP 8 单击工具列中的 / 【2点定位】工具，指令提示栏里面【复制】选项修改为"是"，【缩放】选项修改为"三周"，将分割后的中间段曲线定位到另外两条线的端头上，如图7-9所示。

STEP 9 在【Top】窗口中，单击工具列中的 / 【设定XYZ坐标】工具，将定位后的曲线对齐到【Top】窗口工作平面的y轴0点位置，【设置点】面板选项设置如图7-10所示，以【以工作平面坐标对齐】模式，勾选【设置X】复选框。对齐后的曲线状态如图7-11所示。

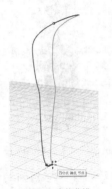

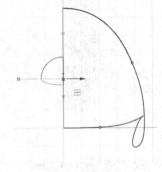

| 图 7-9 定位曲线 | 图 7-10 【设置点】面板选项设置 | 图 7-11 对齐后的状态 |

STEP 10 在【Right】窗口中，参考底图调整曲线的形态，调整前后的效果如图7-12所示。

STEP 11 单击工具列中的 / 【双轨扫掠】工具，利用前面做好的4条曲线双轨扫掠形成曲面，效果如图7-13所示。

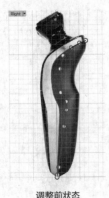

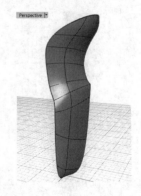

调整前状态　　　　　　　　　调整后状态

图 7-12 调整曲线　　　　　　　　　图 7-13 双轨扫掠形成曲面

STEP 12 单击工具列中的 ⚒ / ⬌【镜像】工具，沿y轴镜像STEP11得到的曲面，效果如图7-14所示。

STEP 13 单击工具列中的 ✎ / ✍【衔接曲面】工具，将镜像后的曲面与原始曲面互相衔接为相切连续，【衔接曲面】对话框的参数设置如图7-15所示，衔接后的曲面效果如图7-16所示。

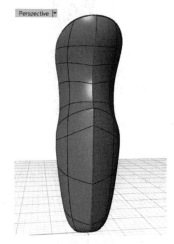

图 7-14 镜像曲面

图 7-15 【衔接曲面】对话框

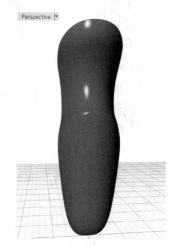

图 7-16 衔接后的效果

🎯 **要点提示**

对称的曲面只需要建一半，然后利用【衔接曲面】工具与原始曲面互相衔接为相切连续。

STEP 14 显示STEP6中隐藏的曲线，并单击工具列中的 ⚒ / ⬌【镜像】工具，沿y轴镜像；然后单击工具列中的 ⬛ / ⬛【放样】工具，利用镜像前后的两条曲线放样形成曲面，【放样选项】对话框参数设置如图7-17所示，放样得到的曲面效果如图7-18所示。单击工具列中的【组合】工具 ⬛，再将图中的3个曲面组合成一个物件。

图 7-17 【放样选项】对话框

图 7-18 放样形成曲面

STEP 15 将STEP14中放样用到的曲线复制一份，参考底图调整曲线的形态，调整后的状态如图7-19所示。

STEP 16 单击工具列中的 / 【放样】工具，利用调整前后的两条曲线，放样形成曲面，【放样选项】对话框参数设置如图7-20所示，放样得到的曲面效果如图7-21所示。

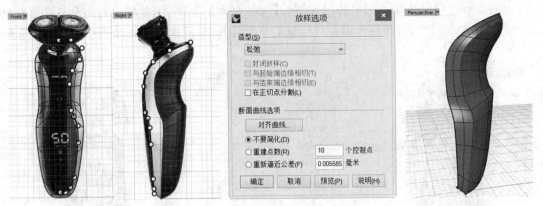

图7-19　调整复制的曲线　　　　图7-20　【放样选项】对话框　　　　图7-21　放样形成曲面

STEP 17 单击工具列中的 / 【镜像】工具，沿y轴镜像STEP16得到的曲面。然后单击工具列中的 / 【衔接曲面】工具，将镜像后的曲面与原始曲面上下两组曲面边缘互相衔接为相切连续，如图7-22所示。

STEP 18 单击工具列中的 / 【放样】工具，利用镜像前后的两组曲面的曲面边缘放样形成曲面，注意，这里得到是两个放样曲面，放样得到的曲面效果如图7-23所示。单击工具列中的 【组合】工具，再将图中的4个曲面组合成一个封闭的物件。

STEP 19 以相同的方式再复制一条曲线，并参考底图调整复制后的曲线，如图7-24所示。

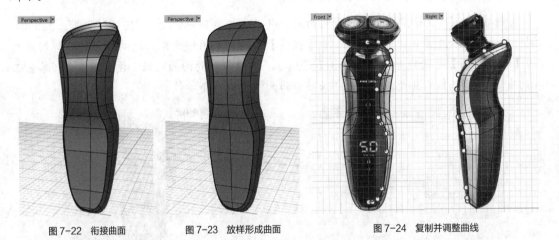

图7-22　衔接曲面　　　　图7-23　放样形成曲面　　　　图7-24　复制并调整曲线

STEP 20 利用调整前后的两条曲线放样形成曲面，沿y轴镜像后，再互相衔接为相切连续，如图7-25所示。

STEP 21 单击工具列中的 / 【放样】工具，利用STEP20中两个侧面曲面的边缘，放样形成曲面，【放样选项】对话框参数设置如图7-26所示，放样得到的曲面效果如图7-27所示。

STEP 22 按F10键打开曲面的CV点，选择图7-28所示的中间两排CV点，在【Right】窗口中调整CV点，使其曲面中间剖面轮廓线的造型与底图吻合，如图7-29所示。

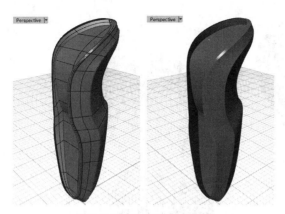

图 7-25　放样出机身的侧面曲面

图 7-26　【放样选项】对话框

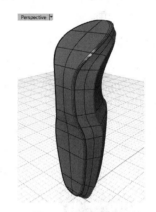

图 7-27　放样形成曲面

STEP 23 单击【标准】工具列中的 ◉【着色】工具，查看目前曲面状态，着色效果如图7-30所示。

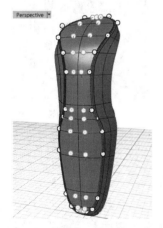

图 7-28　选择曲面中间两排 CV 点

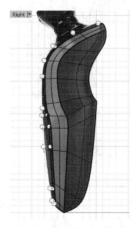

图 7-29　调整 CV 点位置

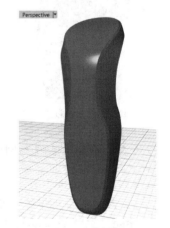

图 7-30　着色效果

STEP 24 单击工具列中的 ⬭ / ⬛【不等距边缘圆角】工具，对机体的3个实体边缘做圆角处理，圆角大小为"0.2"。倒角前曲面效果如图7-31所示，倒角后的曲面着色效果如图7-32所示。

STEP 25 单击工具列中的 ⋀【多重直线】工具，绘制图7-33所示的两条直线。

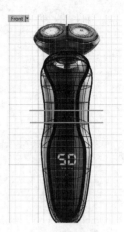

图 7-31　倒角前　　　　　　　　图 7-32　倒角后　　　　　　　　图 7-33　绘制直线

STEP 26 单击工具列中的 / 【直线挤出】工具，将STEP25绘制的两条直线挤出成面，长度穿透机体即可，效果如图7-34所示。

STEP 27 单击工具列中的 【分割】工具，利用两个挤出的面将机体最前面的实体分割为3份，如图7-35所示。

STEP 28 单击工具列中的 / 【不等距边缘圆角】工具，对分割后的实体边缘做圆角处理，圆角大小为"0.15"，倒角后的曲面着色效果如图7-36所示。

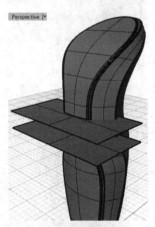

图 7-34　挤出成面　　　　　　　图 7-35　分割　　　　　　　　　图 7-36　倒角后

7.1.3　添加主体部件的文字与图案细节

STEP 1 单击工具列中的 【抽离曲面】工具，指令提示栏内的【复制】选项修改为"是"，然后单击机体前面上部的曲面，将其复制并提取为单一的曲面，如图7-37所示。

STEP 2 单击工具列中的 【文字物件】工具，弹出【文字物件】对话框，在文字输入框内输入"PHILIPS"，参数设置如图7-38所示，然后在【Front】窗口中单击鼠标右键确认，建立文字物件的曲线，微调曲线间距、大小、位置与形态，效果如图7-39所示。

STEP 3 选择STEP1中提取的曲面，然后单击工具列中的 【分割】工具，利用文字曲线分割提取后的曲面，注意分割操作应在【Front】窗口中执行。

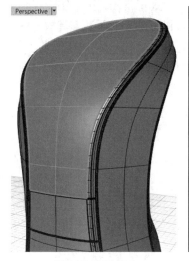

图 7-37　提取曲面　　　　　图 7-38　【文字物件】对话框　　　　　图 7-39　文字物件

STEP 4 将文字区域外围的曲面删除掉，然后单击工具列中的 ⬛【群组】工具，将文字造型的曲面群组为一个整体，并向机体外侧微微移动一点距离，目的是让文字物件与机体留出微小的间隙，以保证后面利用KeyShot渲染时不会产生花斑现象。将产品Logo做成实际的曲面物件，可以免去在KeyShot渲染时以贴图的方式来制作产品Logo的步骤。用贴图制作Logo也是常用的手段，用这种实际物件的方式的好处是，可以为Logo图案制作出不同的材质效果，甚至可以赋予Logo灯光材质来实现发光的效果。做好的Logo曲面效果如图7-40所示。

STEP 5 绘制曲线，并分割机体前面，制作出产品表面其他图案和文字细节，效果如图7-41所示。

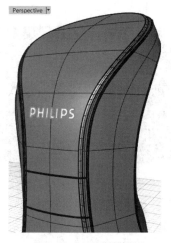

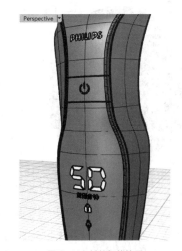

图 7-40　Logo 曲面效果　　　　　　　　　　图 7-41　其他细节效果

7.1.4　制作刀头部件

刀头是倾斜安装在主体部件上的，直接以倾斜的角度建模不方便，可以先以世界坐标轴正方向建好刀头，再倾斜摆到主体部件上。这样的建模方式精确度更高，速度更快。

　　背景图没有旋转命令来调整角度，而且一个窗口中只能放一张背景图，背景图变换后不能用撤销命令撤销。所以先不要修改已经存在的背景图，可以利用【帧平面】工具放置一个贴有底图的矩形平面作为背景。

STEP 1 激活【Right】窗口，然后单击【标准】工具列中的 ⊞ / ▣ / ⊩【隐藏背景图】工具，将此窗口内的背景图隐藏起来。

STEP 2 新建一个图层，命名为【刀头背景图】，并设置为当前图层，然后再单击工具列中的 ▨ / ▦【帧平面】工具，将本书配套资源中 "Map" 目录下的侧视图 "txdright.jpg" 文件导入【Right】窗口，再使用【变换】子工具列中的【移动】⊡、【旋转】⊡、【缩放】⊡ 等工具将图片调整至合适大小及位置，如图7-42所示。

STEP 3 新建一个图层，命名为【刀头】，并设置为当前图层，再将【刀头背景图】图层锁定，以防止建模中被移动或捕捉到。

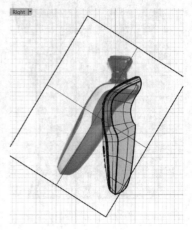

图7-42　摆放【帧平面】

STEP 4 由于这个模型建模时没有很好的顶视图作为参考来绘制曲线，可以先绘制一个基础曲线，再依据另外两个角度的背景图来推测顶视图的造型曲线，所以单击工具列中的 ∘【单点】工具，切换到【Front】窗口，在背景图刀头左边网罩的中心位置单击，放置一个点物件。

STEP 5 单击工具列中的 ⊙【圆：中心点、半径】工具，在【Top】窗口中绘制一个正圆，正圆的大小先估测，再到其他角度调整圆的大小，然后利用操作轴调整圆的大小与位置，直到图7-43所示的状态。

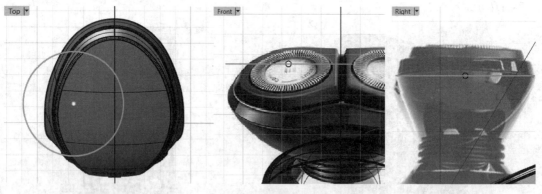

图7-43　调整圆的大小与位置

STEP 6 单击工具列中的 ∧【多重直线】工具，在【Top】窗口中绘制一条直线，位置与长度如图7-44所示。注意，由于直线与【Front】窗口的工作平面垂直，在【Front】窗口中看这个直线会是一个点的状态。

STEP 7 单击工具列中的 ⊡ / ⼻【镜像】工具，在【Top】窗口内将直线与圆沿着此视图的y轴镜像一份，效果如图7-45所示。

STEP 8 单击工具列中的 ⼑【修剪】工具，指令提示栏内的【视角交点】选项修改为"是"，然后利用直线修剪圆，结果如图7-46所示。

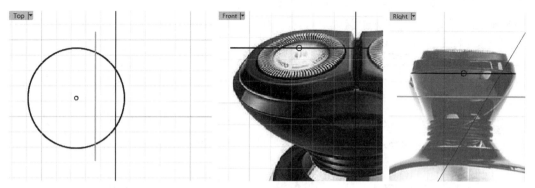

图 7-44　绘制直线

STEP 9 删除直线，然后单击工具列中的 ⬚ / ⬚【可调式混接曲线】工具，在修剪后的圆之间生成混接曲线，效果如图 7-47 所示；【调整曲线混接】对话框的参数设置如图 7-48 所示。

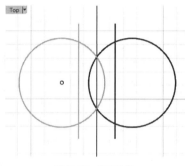

图 7-45　镜像物件

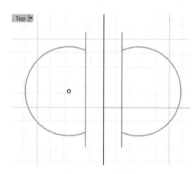

图 7-46　修剪圆

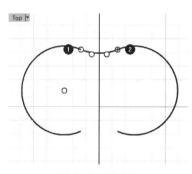

图 7-47　混接曲线

图 7-48　【调整曲线混接】对话框

STEP 10 在下端也生成混接曲线，然后单击工具列中的 ⬚【组合】工具，将这 4 段曲线组合成一条封闭的曲线，如图 7-49 所示。

STEP 11 单击工具列中的 ⬚ / ⬚【调整封闭曲线的接缝】工具，将曲线的接缝位置调整到上端对称轴中点处，如图 7-50 所示。

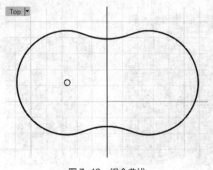

图 7-49　组合曲线

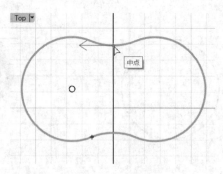

图 7-50　调整接缝

STEP 12 单击工具列中的 ┐ / 🎨【重建曲线】工具，将组合后的曲线重建为3阶26点的曲线，重建后的曲线CV点分布如图7-51所示；【重建】对话框参数设置如图7-52所示。

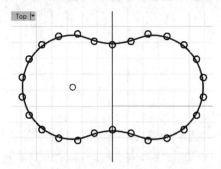

图 7-51　重建后的曲线 CV 点分布

图 7-52　【重建】对话框

STEP 13 单击工具列中的 ∧【多重直线】工具，捕捉封闭曲线左右两侧的【四分点】位置，绘制一条直线，如图7-53所示。

STEP 14 单击工具列中的 ○【单点】工具，捕捉直线【中点】的位置，放置一个点物件，如图7-54所示。

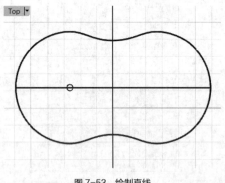

图 7-53　绘制直线

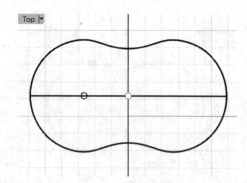

图 7-54　放置点物件

STEP 15 单击工具列中的 ⊙【圆：中心点、半径】工具，以STEP14中的点物件为圆心绘制一个正圆。注意，按住Shift键将圆的接缝放在正上方，单击工具列中的 ▱【分析方向】工具，可以看到圆的接缝位置已改在上方对称轴位置，如图7-55所示。

STEP 16 利用操作轴在【Right】窗口中调整圆的大小与位置，如图7-56所示。

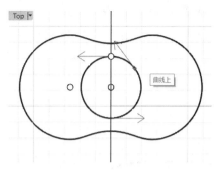

图 7-55　绘制图

图 7-56　调整大小和位置

STEP 17 单击工具列中的 / 【重建曲线】工具，将圆重建为3阶26点的曲线。

STEP 18 单击工具列中的 / 【放样】工具，在指令提示栏中显示"移动曲线接缝点，按 Enter 键完成"步骤时单击选择"原本的（N）"选项，在弹出的【放样选项】对话框中设置【造型】选项栏的选项为【标准】，放样的结果如图7-57所示。

STEP 19 显示曲面的CV点，选中中间两排CV点，如图7-58所示。

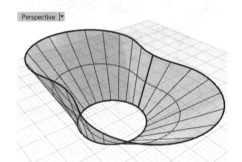

图 7-57　放样形成曲面

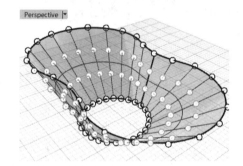

图 7-58　选择曲面CV点

STEP 20 单击工具列中的 / 【UVN 移动】工具，参考【Right】窗口背景图刀头部分曲面的弧度，将选中的CV点沿N方向向外调整，如图7-59所示。

STEP 21 单击【标准】工具列中的 【着色】工具，查看目前曲面的状态，着色效果如图7-60所示。

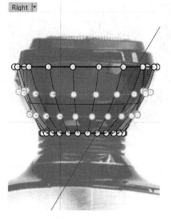

图 7-59　调整曲面

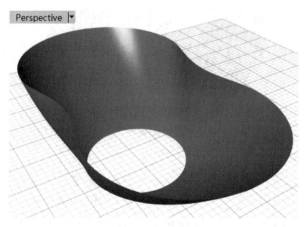

图 7-60　着色效果

STEP 22 将上端的曲线复制一份，在【Right】窗口中向上调整，位置如图7-61所示。

STEP 23 单击工具列中的 / 【直线挤出】工具，将复制后的曲线挤出成曲面，如图7-62所示。

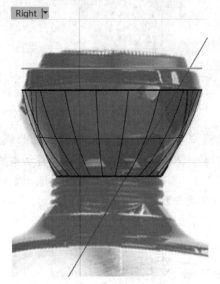

图7-61 复制并调整曲线

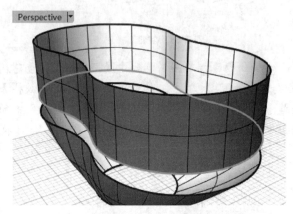

图7-62 挤出曲面

STEP 24 单击工具列中的 / 【偏移曲面】工具，选择STEP23中挤出的曲面，再将指令提示栏内的【距离】设置为"5"，【松弛】选项设置为"是"，生成的偏移曲面如图7-63所示，再将偏移前的曲面删除。

STEP 25 单击工具列中的 / 【放样】工具，依次选择两个曲面的曲面边缘，在指令提示栏中显示"移动曲线接缝点，按Enter键完成"步骤时单击选择"原本的（N）"选项。在弹出的【放样选项】对话框中设置【造型】选项栏的选项为【松弛】，放样的结果如图7-64所示。

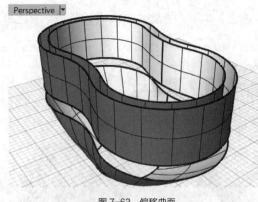

图7-63 偏移曲面

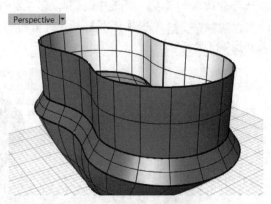

图7-64 放样形成曲面

STEP 26 删除偏移后的挤出曲面，目前视图中的曲面状态如图7-65所示。

STEP 27 单击工具列中的 / 【将平面洞加盖】工具，将放样后的曲面上下加盖形成实体，如图7-66所示，然后将下面的曲面也加盖形成实体。

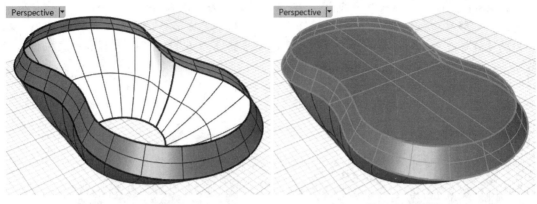

图 7-65　目前曲面状态　　　　　　　　　　图 7-66　加盖效果

STEP 28 以与STEP23～STEP24相同的方式向内偏移曲面0.5个单位，如图7-67所示。

STEP 29 单击工具列中的 🛢 / 🔷 【复制边缘】工具，复制出偏移后曲面的底端边缘，如图7-68所示。

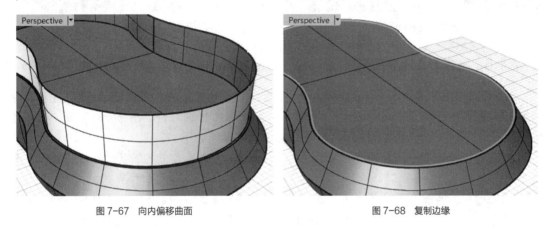

图 7-67　向内偏移曲面　　　　　　　　　　图 7-68　复制边缘

STEP 30 以相同的方式，再次得到向内偏移"3"单位的曲线，曲线位置如图7-69所示。

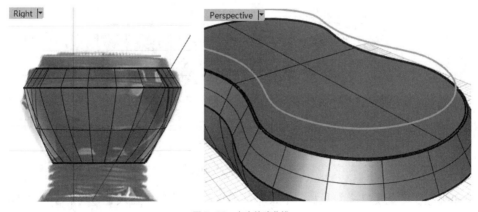

图 7-69　向内偏移曲线

STEP 31 单击工具列中的 ◢ / ◿ 【放样】工具，依次选择两条曲线，在指令提示栏中显示"移动曲线接缝点，按 Enter 键完成"步骤时单击选择"原本的（N）"选项。在弹出的【放样选项】对话框中设置【造型】选项栏的选项为【松弛】，放样的结果如图7-70所示。

STEP 32 单击工具列中的 ◔ / ◙ 【将平面洞加盖】工具，将放样后的曲面上下加盖形成实体，如图7-71所示。

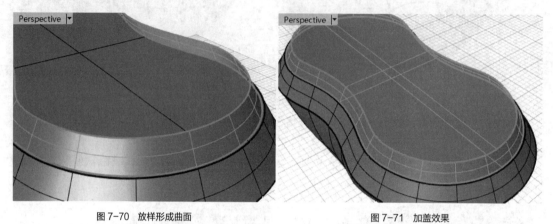

图 7-70　放样形成曲面　　　　　　　　　　　图 7-71　加盖效果

7.1.5　制作刀头网罩细节

刀头网罩部分在整体中所占比重较小，但是其细节丰富，往往成为人们视觉的中心。这些细节的建模要到位，才能渲染出丰富的层次感，所以要仔细对待。该部分只需要创建一个单元图形，然后以环形阵列命令阵列出来即可，具体操作如下。

STEP 1 新建一个图层，命名为【网罩图案】，并设置为当前图层，然后将【刀头】图层锁定。

STEP 2 单击工具列中的 ⊙ 【圆：中心点、半径】工具，以7.1.4小节中STEP4的点为圆心创建一个圆形，圆的大小如图7-72左图所示。在【Front】窗口中垂直上下移动圆，圆应该与底图刀头顶面边缘同宽，如图7-72右图所示。比对完后，再将圆调整到与底图顶面等高的位置。

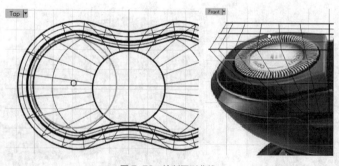

图 7-72　绘制圆形曲线

STEP 3 隐藏【刀头】图层，单击工具列中的 ⋀ 【多重直线】工具，参考图7-73绘制一条多重直线。

STEP4 单击工具列中的 【抽离曲面】工具，将线调整到图7-74所示的状态。

图 7-73　绘制多重直线

图 7-74　调整线

STEP5 单击工具列中的 / 【重建曲线】工具，将STEP4中调整后的斜线重建为3阶4点的曲线。

STEP6 显示曲线的CV点，选择图7-75所示的两个CV点，单击工具列中的 / 【设定 XYZ 坐标】工具，以右侧的CV点为基点水平对齐两个点，如图7-76所示。

图 7-75　重建曲线

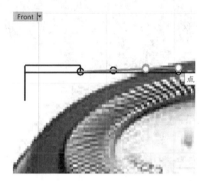

图 7-76　对齐点

STEP7 单击工具列中的 【曲线圆角】工具，将调整好的曲线转角处处理成圆角，圆角大小为"0.2"，效果如图7-77所示，再将圆角处理后的曲线组合成一个整体。

STEP8 单击工具列中的 / 【偏移曲线】工具，将STEP8中圆角处理后的曲线向内偏移0.3个单位，如图7-78所示。

图 7-77　圆角曲线

图 7-78　偏移曲线

STEP9 单击工具列中的 【多重直线】工具，将偏移前后的曲线底端以直线连接起来，如图7-79所示，再将3条曲线组合为一个整体。

STEP10 单击工具列中的 / 【旋转成形】工具，形成图7-80所示的旋转面。

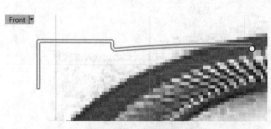

图 7-79　多重曲线

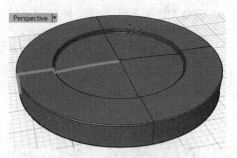

图 7-80　旋转形成曲面

STEP 11 单击工具列中的 🛢 / 🔲 【复制边缘】工具，复制出旋转曲面的底部边缘，如图7-81所示。

STEP 12 单击工具列中的 ⌐ / ⌐ 【偏移曲线】工具，将STEP11复制的曲线边缘向内偏移0.3个单位，如图7-82所示。

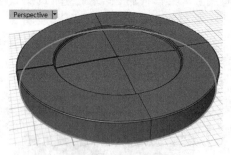

图 7-81　复制曲面边缘

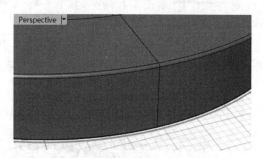

图 7-82　偏移曲线

STEP 13 单击工具列中的 ▱ / ▭ 【直线挤出】工具，将指令提示栏的【实体】选项修改为"是"，挤出图7-83所示的实体，挤出高度超过旋转面的上端即可。

STEP 14 显示【刀头】图层，将旋转面与挤出面一起沿世界坐标的z轴移动到图7-84所示的状态。

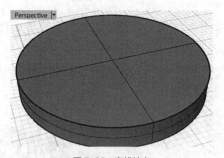

图 7-83　直线挤出

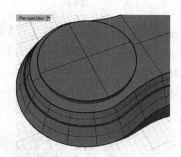

图 7-84　调整位置

STEP 15 单击工具列中的 ⬭ / ⬭ 【布尔运算差集】工具，用挤出的曲面剪掉刀头最上部的实体，结果如图7-85所示。

STEP 16 单击工具列中的 ▭ 【矩形：角对角】工具，绘制图7-86所示的矩形。

STEP 17 单击工具列中的 ▱ / ▭ 【直线挤出】工具，指令提示栏里面【两侧】选项修改为"是"，【实体】选项修改为"是"，挤出效果如图7-87所示。

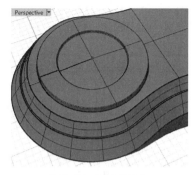

图 7-85　布尔运算差集

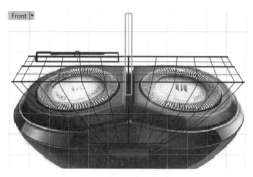

图 7-86　绘制矩形

STEP 18 单击工具列中的 / 【布尔运算差集】工具，用挤出的曲面剪掉刀头最上部的实体，结果如图7-88所示。

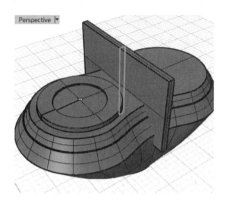

图 7-87　挤出形成曲面

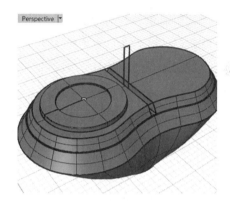

图 7-88　布尔运算差集

STEP 19 隐藏【刀头】图层，单击工具列中的 【多重直线】工具，从旋转曲面中心点开始绘制图7-89所示的直线。

STEP 20 单击工具列中的 【旋转】工具，指令提示栏选项【复制】修改为"是"，以底部端点为基点旋转角度"3"与"-3"，分别旋转出两条线，如图7-90所示。

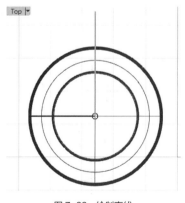

图 7-89　绘制直线

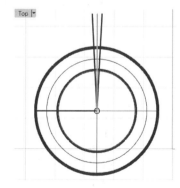

图 7-90　旋转曲线

STEP 21 单击工具列中的 【圆：中心点、半径】工具，绘制图7-91所示的两个圆，圆的大小比旋转曲面的内圈与外圈边缘稍微大一点即可。

STEP 22 开启【交点】捕捉，绘制图7-92所示的两条直线。

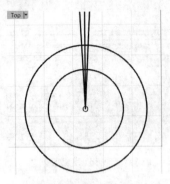

图 7-91　绘制两个圆

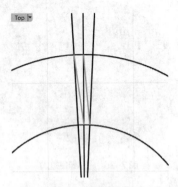

图 7-92　绘制两条直线

STEP 23 单击工具列中的 □ / ◠ 【在两条曲线之间建立均分曲线】工具，指令提示栏里面【数目】修改为 "2"，在两条斜线中生成均分线，如图7-93所示。

STEP 24 将左边两条斜线删除，只保留右边的两条斜线，如图7-94所示。

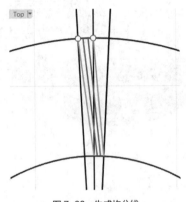

图 7-93　生成均分线

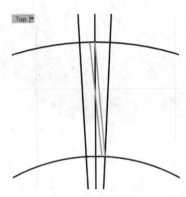

图 7-94　删除左边两条斜线

STEP 25 单击工具列中的 ◠ / ▭ 【延伸曲线】工具，将保留的两条斜线两端都以【直线】方式延长1个单位，延伸效果如图7-95所示。

STEP 26 单击工具列中的 ∧ 【多重直线】工具，将斜线的首尾连接起来，并组合成一个对象，如图7-96所示。

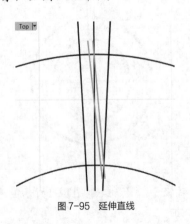

图 7-95　延伸直线

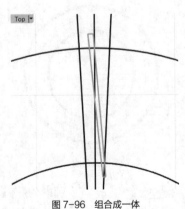

图 7-96　组合成一体

STEP 27 单击工具列中的 / 【直线挤出】工具，指令提示栏里面【两侧】选项修改为"是"，【实体】选项为"是"，挤出效果如图7-97所示。

STEP 28 单击工具列中的 / 【环形阵列】工具，以原点为基点，阵列数为"120"，阵列360°，阵列效果如图7-98所示。

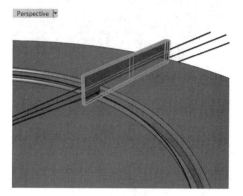

图 7-97　挤出形成曲面

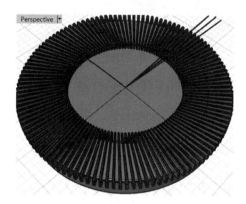

图 7-98　阵列效果

STEP 29 单击工具列中的 / 【布尔运算差集】工具，用挤出的曲面剪掉网罩，结果如图7-99所示。

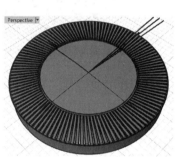

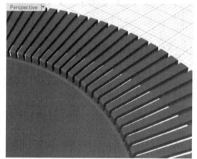

图 7-99　布尔运算差集

STEP 30 单击工具列中的 / 【不等距边缘圆角】工具，对图7-100所示的两个边缘做圆角处理，圆角大小为"1.5"。倒角后的曲面着色效果如图7-101所示。

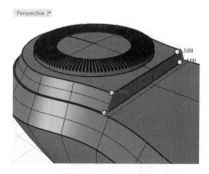

图 7-100　选择边缘

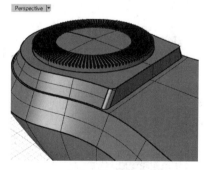

图 7-101　倒角后

STEP 31 单击工具列中的 / 【不等距边缘圆角】工具，对图7-102所示的边缘做圆角处理，底边的圆角大小为"1"，其余为"0.5"。倒角后的曲面着色效果如图7-103所示。

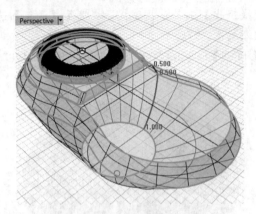

图 7-102　选择边缘

图 7-103　倒角后

STEP 32 将刀头底部的圆形曲线复制一份，向下调整到图7-104所示的状态。

STEP 33 开启【四分点】捕捉，绘制图7-105所示的直线。

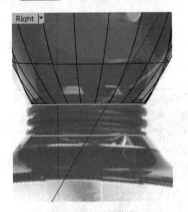

图 7-104　移动曲线

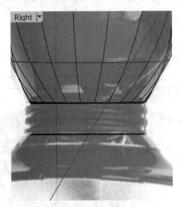

图 7-105　绘制直线

STEP 34 单击工具列中的 ⬚ / 🚲 【重建曲线】工具，将直线重建成1阶12点，如图7-106所示。

STEP 35 显示CV点，选择CV点，向左移动。

STEP 36 选择每一组凹陷或凸起处的两个CV点，利用操作轴单轴缩小"0.8"倍，如图7-107所示。

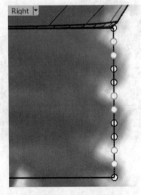

图 7-106　重建曲线

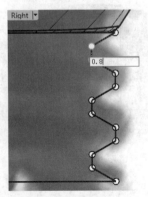

图 7-107　调整曲线

STEP 37 调整好的线如图7-108所示。

STEP 38 先暂时只显示这3条曲线，如图7-109所示。

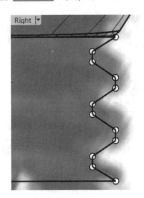

图 7-108　调整曲线效果

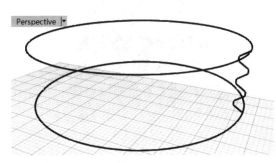

图 7-109　仅显示这些曲线

STEP 39 单击工具列中的 ▨ / ▨ 【双轨扫掠】工具，形成双轨曲面，注意勾选【最简扫掠】选项，曲面的状态如图7-110所示。

STEP 40 单击工具列中的 ▨ / ▨ 【将平面洞加盖】工具，为双轨面加盖，如图7-111所示。

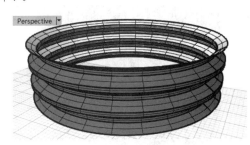

图 7-110　双轨扫掠形成曲面

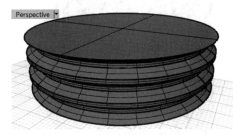

图 7-111　加盖

STEP 41 单击工具列中的 ▨ / ▨ 【不等距边缘圆角】工具，图7-112所示的边缘做圆角处理，最上边与最下边的圆角大小为"0.2"，其余为"0.5"。圆角处理后的曲面着色效果如图7-113所示。

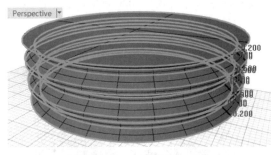

图 7-112　双轨形成曲面

图 7-113　圆角效果

STEP 42 将刀头底部的圆形曲线复制一份，向下调整到图7-114所示的状态。

STEP 43 单击工具列中的 ▨ / ▨ 【放样】工具，选择复制前后的两条曲线，在指令提示栏中显示"移动曲线接缝点，按 Enter 键完成"步骤时单击选择"原本的（N）"选项。

在弹出的【放样选项】对话框中将【造型】选项栏的选项设置为【松弛】，放样的结果如图7-115所示。

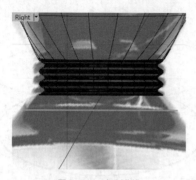

图7-114　复制曲线

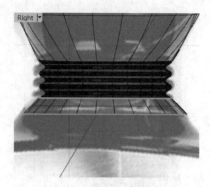

图7-115　放样形成曲面

STEP 44 单击工具列中的 🔘 / 🔲【将平面洞加盖】工具，为放样后的曲面加盖，如图7-116所示。

STEP 45 单击工具列中的 🔘 / 🔲【不等距边缘圆角】工具，圆角大小为"0.5"。圆角处理后的曲面着色效果如图7-117所示。

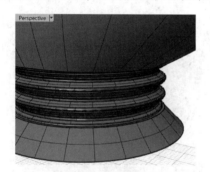

图7-116　加盖

图7-117　圆角效果

STEP 46 绘制图7-118所示的图形。

STEP 47 单击工具列中的 🔩【抽离曲面】工具，将网罩中间的弧面抽离并复制出来，再在【Top】窗口中用STEP46中绘制的曲线分割弧面，再删除图案外的部分，效果如图7-119所示。

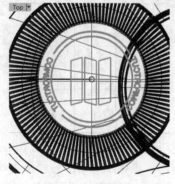

图7-118　绘制图形

图7-119　分割弧面

STEP 48 将刀头上部的网罩沿y轴镜像，最终的刀头效果如图7-120所示。

图 7-120　刀头效果

7.1.6　组装刀头

刀头创建好以后就可以用定位工具摆放到机体上了，具体操作如下。

STEP 1 将刀头底部的圆形曲线复制一份，向下调整到图7-121所示的状态。

STEP 2 先将所有物件曲线与曲面整理到不同的图层，然后复制一份刀头的所有物件到一个新的图层。

STEP 3 将【刀头背景图】图层隐藏，激活【Right】窗口，然后右键单击【标准】工具列中的 ⊞ / ▣ / ▢【显示背景图】工具，将此窗口内的背景图显示出来。再参考原来的背景图调整刀头的角度为"30"，调整好的状态如图7-122所示。

图 7-121　复制并调整曲线

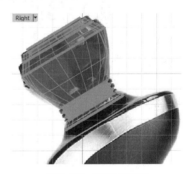

图 7-122　调整刀头角度

STEP 4 显示剃须刀主体部分的前面，并将图7-123所示的曲面复制并提取出来。

STEP 5 单击工具列中的 ▤ / ▤【拉回曲线】工具，将STEP2中的曲线拉回到提取出来的曲面上，如图7-124所示。

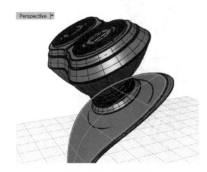

图 7-123　提取曲面

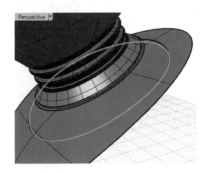

图 7-124　拉回曲线

STEP 6 单击工具列中的 ⬚ 【修剪】工具，利用拉回的曲线修剪曲面，如图7-125所示。

STEP 7 单击工具列中的 ⬚ / ⬚ 【以平面曲线建立曲面】工具，以图7-126所示的曲线成面。

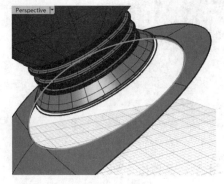

图 7-125　修剪曲面

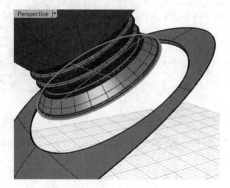

图 7-126　曲线成面

STEP 8 单击工具列中的 ⬚ / ⬚ 【混接曲面】工具，选择两个曲面的边缘，形成混接曲面，如图7-127所示，【调整曲面混接】对话框选项设置如图7-128所示。

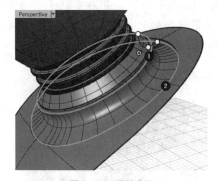

图 7-127　混接曲面

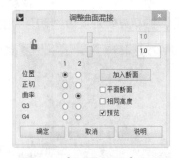

图 7-128　【调整曲面混接】对话框

STEP 9 最终的建模效果如图7-129所示。

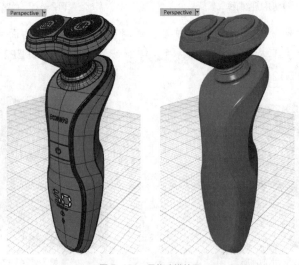

图 7-129　最终建模效果

7.1.7 KeyShot 渲染

下面使用 KeyShot 对构建的模型进行渲染，最终渲染效果如图 7-130 所示。

为方便对模型进行渲染，首先应按照模型的材质与色彩进行分层。因为线不需要渲染，所以把"线"单独分成一层并隐藏，其余各个部分根据材质不同分别放置在不同的图层内。

STEP⬇1 启动KeyShot，新建一个文件，将文件以"剃须刀.bin"为名保存。

STEP⬇2 在KeyShot中打开创建的剃须刀模型，如图7-131所示。

STEP⬇3 单击【库】按钮📖，如图7-132所示。

图 7-130   最终渲染效果

图 7-131   导入模型

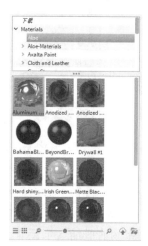

图 7-132   材质库

STEP⬇4 在【材质】选项卡中打开【Axalta Paint】选项栏，如图7-133所示，选择一款黑色的烤漆材质拖曳到主体面上，如图7-134所示。

图 7-133   【Axalta Paint】材质

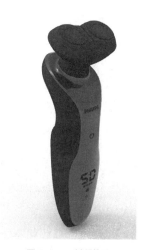

图 7-134   材质效果

STEP 5 单击【库】按钮，切换到【环境】选项卡，选择合适的环境（可以多试一试不同的环境并调节亮度，达到自己满意的效果），然后调节亮度和角度，再设置【背景】为"色彩"模式，并将颜色调整为白色，如图7-135所示。

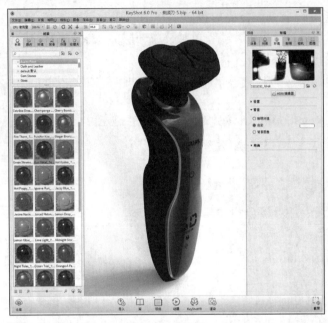

图 7-135　调节环境

STEP 6 先赋予刀头网罩一个【金属】/【铝】材质，在材质库里面任意选择一个该类材质即可，然后到【项目】面板下单击 材质图 按钮，弹出【材质库】对话框，导入一幅KeyShot材质库内自带的刮痕纹理图"scratches.jpg"，将纹理图链接到金属材质的【色彩】与【凹凸】通道内，参数设置如图7-136所示，材质效果如图7-137所示。

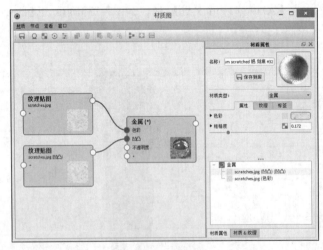

图 7-136　编辑材质

图 7-137　材质效果

STEP 7 先赋予刀头网罩一个【金属漆】材质，在材质库里面任意选择一个【金属漆】材质即可，然后到【项目】面板下单击【材质图】按钮，弹出【材质图】对话框，在【纹理】

选项卡下调整纹理样式，【纹理】类型选择"拉丝"选项，纹理参数设置如图7-138所示，将编辑好的拉丝纹理复制一份，拖曳到【凹凸】通道内，材质效果如图7-139所示。

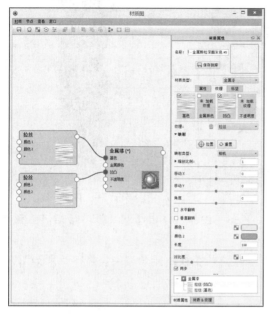

图 7-138　编辑材质

图 7-139　材质效果

STEP 8 为机体上的开机按钮与数值显示赋予一个【自发光】材质，然后到【项目】面板下单击【材质图】按钮，弹出【材质图】对话框，调整自发光材质的参数，如图7-140所示。再将蓝色自发光材质复制给其他几个图标，将发光颜色调整为白色。材质效果如图7-141所示。

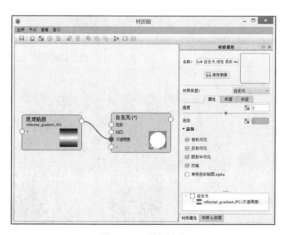

图 7-140　编辑材质

图 7-141　材质效果

STEP 9 赋予刀头与机体连接处的橡胶圈【Mold-Tech】材质，这个材质类型需要额外安装，或者将本书配套资源中的材质库导入KeyShot资源夹目录，即可加载这些材质，然后到【项目】面板下单击【材质图】按钮，在弹出的【材质图】对话框中调整材质选项，如图7-142所示。再将网罩的金属材质复制给橡胶圈下的金属圈，材质效果如图7-143所示。

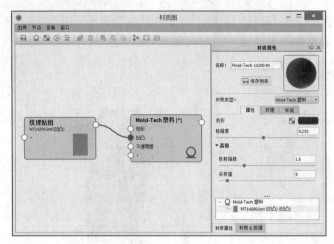

图 7-142　编辑材质　　　　　　　　　　　　　　　图 7-143　材质效果

STEP 10 各项调节完成后开始渲染。单击 渲染 按钮，弹出【渲染】对话框，参数调整如图 7-144 所示。

STEP 11 调整物体到合适的角度，单击【渲染】按钮开始渲染，最终效果如图 7-145 所示。

图 7-144　【渲染】对话框　　　　　　　　　　　　图 7-145　最终渲染效果

7.2　电熨斗建模案例

本节介绍家用电熨斗的建模和渲染。这个小家电产品造型曲面转折复杂，分面思路是难点，建模时要做到曲面优化、搭接平顺，就需要对建模原理有深入的了解，并且选择恰当的建模方式。这些都需要读者反复操练。

电熨斗（1）　　电熨斗（2）

7.2.1　最终效果、三视图及建模流程

该电熨斗造型时尚、曲面流畅，其最终渲染效果图与产品三视图分别如图 7-146 和图 7-147 所示。

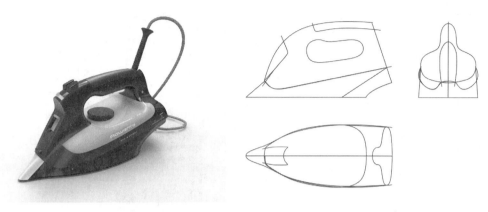

图 7-146　渲染效果图　　　　　　　　　　　　图 7-147　产品三视图

为方便读者理解和操作，本书将电熨斗的建模流程大致分为 4 个步骤，即构建电熨斗主体部件、切割形体和制作手柄、制作旋钮等细节、制作电线与产品 Logo，建模流程如图 7-148 所示。

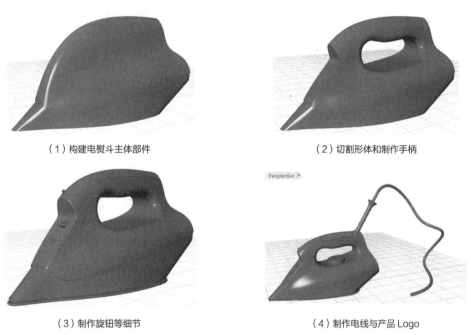

（1）构建电熨斗主体部件　　　　　　　　　　（2）切割形体和制作手柄

（3）制作旋钮等细节　　　　　　　　　　（4）制作电线与产品 Logo

图 7-148　建模流程

7.2.2　构建电熨斗主体部件

该电熨斗主体部分曲面变化丰富，曲面的分面思路是难点，这里采用 UV 相切的方式来拆解曲面结构。另外，空间曲线的绘制也是难点，希望读者通过本节内容的学习，掌握建模过程中结合多种手法表现曲面间衔接过渡的方法，具体操作如下。

STEP 1　启动 Rhino 5.0。在开始建模时，应当配置好文档的单位、公差等，基于不同的模型，选择的单位和公差不尽相同。图 7-149 所示为本产品建模所使用的单位及公差。

单位与公差			套用格线改变为		
模型单位(U)：	毫米 ▾		○ 仅使用中的工作视窗(Front)(V)		
绝对公差(T)：	0.001	单位	● 全部工作视窗(A)		
相对公差(R)：	1.0	百分比	格线属性		
角度公差(A)：	1.0	度	总格数(E)：	70	
自定义单位			子格线，每隔(G)：	10.0	毫米
名称(N)：	Custom model units		主格线，每隔(M)：	5	子格线
每米单位数(M)：	1000.0				
距离显示			☑ 显示格线(H)		
● 十进制(D)			☑ 显示格线轴(O)		
○ 分数(F)			☑ 显示世界座标轴图标(W)		
○ 英尺 & 英寸(I)			格点锁定		
显示精确度(E)：	1.000 ▾		锁定间距(S)：	10.0	毫米

图 7-149　单位及公差设置

STEP 2 单击【标准】工具列中的 ⊞ / ▣【放置背景图】工具，或在各视图左上角（视图名称的蓝色区域）单击鼠标右键，在弹出的快捷菜单中选择【背景图】/【放置】工具，将本书配套资源中"Map"目录下的正、侧视图"dydtop.jpg、dydfront.jpg、dydright.jpg"文件分别导入Rhino 5.0各相应窗口中，再使用【背景图】中的【移动】、【对齐】、【缩放】等命令将图片调整至合适大小及位置。在调整背景图时可以放置参考点、参考线或方体来帮助定位，如图7-150所示。

STEP 3 单击【标准】工具列中的 ◯【控制点曲线】工具，参考顶视图绘制曲线，曲线只用绘制一半，注意左侧和右侧端头处两组CV点应垂直对齐，这样可以保证镜像后的曲线G2连续，如图7-151所示。

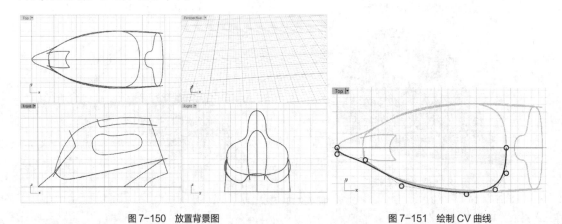

图 7-150　放置背景图　　　　　　　　　　图 7-151　绘制 CV 曲线

STEP 4 单击工具列中的 ◯【控制点曲线】工具，参考顶视图绘制曲线，曲线只用绘制一半，注意左侧端头位置的两个CV点也要垂直对齐，如图7-152所示。

STEP 5 选中图7-153所示的CV点，下面要将这4个CV点调整到倾斜的直线上。

STEP 6 切换到【Front】窗口，利用【标准】工具列中的 ▱ / ▱【以三点设定工作平面】工具，参照图7-154～图7-156，分别设置工作平面的基点和x轴方向，设置y轴方向时单击鼠标右键接受默认值。

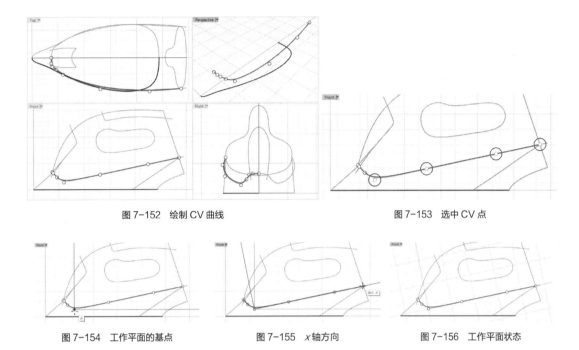

图 7-152　绘制 CV 曲线　　　　　　　　　　图 7-153　选中 CV 点

图 7-154　工作平面的基点　　　　图 7-155　*x* 轴方向　　　　图 7-156　工作平面状态

STEP 7 选中图7-157所示的4个CV点。

STEP 8 单击工具列中的 ⬚ / ⬚ 【设定 XYZ 坐标】工具，在弹出的【设置点】对话框中单独勾选【设置Y】复选框，单击选中【以工作平面坐标对齐】单选按钮，如图7-158所示，这样这些CV点就对齐到一条倾斜的直线上了。

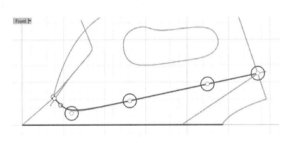

图 7-157　选中 CV 点

图 7-158　【设置点】对话框

STEP 9 单击【标准】工具列中的 ⬚ / ⬚ 【设定工作平面为世界 Front】工具，将【Front】窗口中的工作平面恢复到默认状态。

STEP 10 绘制图7-159所示的曲线，参考前面调整CV点到倾斜的直线上的方式，在【Front】窗口中将绘制好的曲线的所有CV点调整为倾斜角度与底图吻合的共面状态。

STEP 11 绘制图7-160所示的一条直线和一条3阶4点的曲线。

STEP 12 单击工具列中的 ⬚ / ⬚ 【直线挤出】工具，挤出成面，如图7-161所示。挤出长度不限。

STEP 13 利用VSR插件的 ⬚ 【Surface Matching】工具，将挤出曲面的边缘衔接到曲线的局部，【Surface Matching】对话框的参数设置如图7-162右图所示，然后将首尾的圆球标记拖曳到图7-162左图所示的位置。

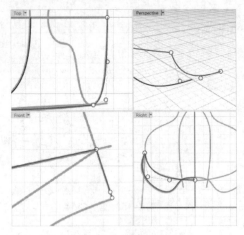

图7-159　绘制 CV 曲线

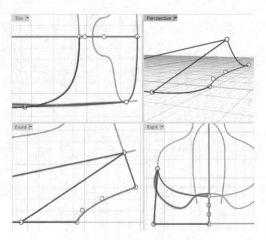

图7-160　绘制一条直线和一条曲线

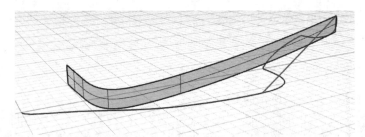

图7-161　挤出曲面

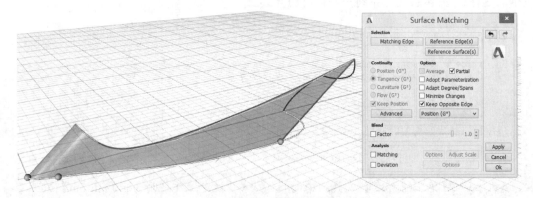

图7-162　衔接曲面边缘到曲线

 要点提示

VSR 插件是 Autodesk 公司开发的一款功能强大的 Rhino 建模插件，需要额外安装。VSR 插件的 【Surface Matching】工具与 Rhino 工具列的 / 【衔接曲面】工具功能相似，但是 VSR 插件的【Surface Matching】工具拥有更强大的控制能力和更多的选项。

STEP 14　单击工具列中的 / 【直线挤出】工具，挤出曲面，如图7-163所示，挤出长度不限。

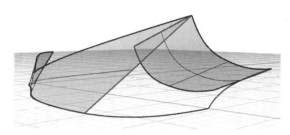

图 7-163　挤出曲面

STEP 15 利用 VSR 插件的 ⬛【Surface Matching】命令将挤出曲面的边缘衔接到曲线的局部，【Surface Matching】对话框的参数设置如图 7-164 右图所示，然后将首尾的圆球标记拖曳到图 7-164 左图所示的位置。

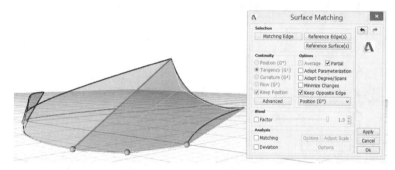

图 7-164　衔接曲面边缘到曲线

STEP 16 利用【标准】工具列中的 ⬤【着色】工具查看目前曲面状态，目前曲面着色效果如图 7-165 所示。

图 7-165　目前曲面着色效果

STEP 17 显示曲面的 CV 点，调整曲面的形态，如图 7-166 所示。

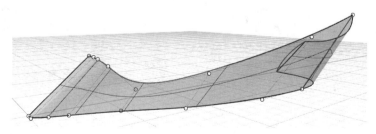

图 7-166　调整曲面的形态

STEP 18 处理曲面之间的缝隙，单击工具列中的 🖍 / 🖌【衔接曲面】工具，选择两个曲面相邻的边缘做相切连续，如图7-167所示。

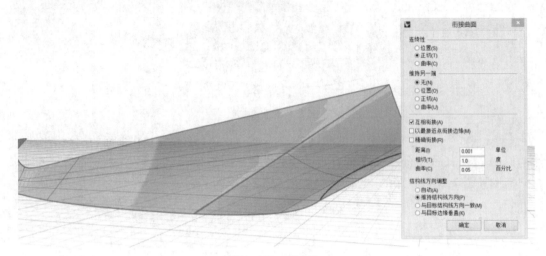

图 7-167　衔接曲面

STEP 19 衔接后的效果如图7-168所示。

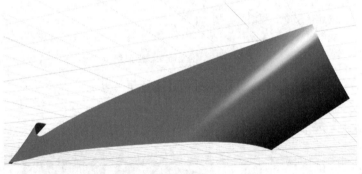

图 7-168　衔接后的效果

STEP 20 单击工具列中的 ⬡ / ⬚【更改曲面阶数】工具，将曲面UV两个方向都升为3阶，升阶后曲面的CV点状态如图7-169所示。

STEP 21 单击工具列中的 ⬡ / ⬚【衔接曲面】工具，将升阶后的曲面右侧的边缘与相接的曲线衔接，衔接结果如图7-170所示。

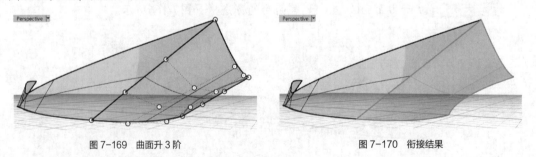

图 7-169　曲面升 3 阶　　　　　　　　　图 7-170　衔接结果

STEP 22 单击工具列中的 ⬚ / ⬚【镜像】工具，将两个曲面沿世界坐标轴的x轴镜像，镜像结果如图7-171所示。

STEP⤵23 单击工具列中的 🔲/🔲【衔接曲面】工具，将镜像后的曲面相接处的曲面边缘【互相衔接】为相切连续，衔接结果如图7-172所示。

图 7-171　镜像曲面　　　　　　　　　　　　　图 7-172　衔接结果

STEP⤵24 单击工具列中的 🔲/🔲【偏移曲面】工具，将图7-173所示的曲面向外偏移2个单位，指令提示栏里面的【松弛】选项修改为"是"。

STEP⤵25 单击工具列中的 🔲/🔲【放样】工具，然后利用曲面边缘放样形成侧面狭长的面，在弹出的【放样选项】对话框中将【造型】选项栏的选项设置为【标准】，效果如图7-174所示。

图 7-173　偏移曲面　　　　　　　　　　　　图 7-174　放样形成曲面

STEP⤵26 单击工具列中的 🔲【控制点曲线】工具，绘制图7-175所示的两条曲线。注意，在【Front】窗口中参考STEP6～STEP9的方式调整尾部曲线的CV点到倾斜的直线上，以保证这条曲线与STEP10中绘制的曲线处于共面状态。

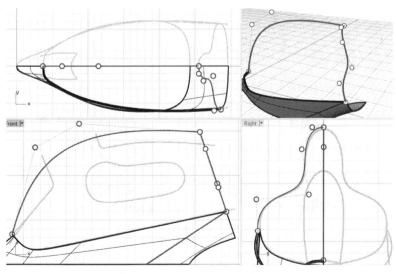

图 7-175　绘制曲线

STEP 27 单击工具列中的 ▦ / ▧ 【显示边缘】工具，显示STEP25中的放样曲面的曲面边缘；再单击工具列中的 ▦ / ▧ / ⊥ 【分割边缘】工具，结合【节点】捕捉，将放样形成的曲面边缘在图7-176所示的节点位置分割。这里一定要以节点分割曲面边缘，这样形成的曲面才可以做到CV点最简化。

STEP 28 单击工具列中的 ▱ / ▤ 【以二、三或四个边缘曲线建立曲面】工具，形成图7-177所示的曲面。

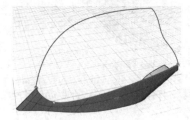
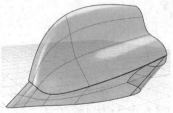

图 7-176　分割曲面边缘　　　　　　图 7-177　以二、三或四个边缘曲线建立曲面

STEP 29 单击工具列中的 ⊙ 【圆：中心点、半径】工具，绘制图7-178所示的几个圆，半径大小为"14"。圆的摆放位置与角度参考图7-178，每个圆的最上方四分点位于曲线CV点上，圆所处平面与曲线之间切线垂直。

STEP 30 单击工具列中的 ▱ / ▨ 【放样】工具，在指令提示栏中显示"移动曲线接缝点，按Enter键完成"步骤时单击选择"原本的（N）"选项。在弹出的【放样选项】对话框中将【造型】选项栏的选项设置为【松弛】，放样的结果如图7-179所示。

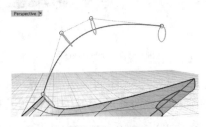
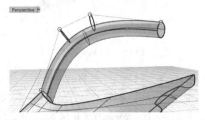

图 7-178　绘制圆　　　　　　　　图 7-179　放样形成曲面

STEP 31 放样形成的圆管曲面着色效果如图7-180左图所示，未来把手位置会放置圆形断面的旋钮，所以，参考这个圆管调整STEP28中4边成面曲面的形态。注意，这里的外围曲面没有完全包裹住圆管，如图7-180右图所示，调整后需要完全包裹住圆管，以方便放置旋钮。

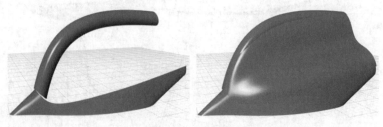

图 7-180　曲面状态

STEP 32 参考圆管调整曲面CV点来改变曲面的形态，使之可以完全包裹住圆管物件，调整的结果如图7-181所示。

图 7-181　调整曲面形态

STEP 33 单击工具列中的 ▦ / ◉ 【以平面曲线建立曲面】工具，选择底部曲面与尾部曲面的曲面边缘，形成底面与后面，如图7-182所示。

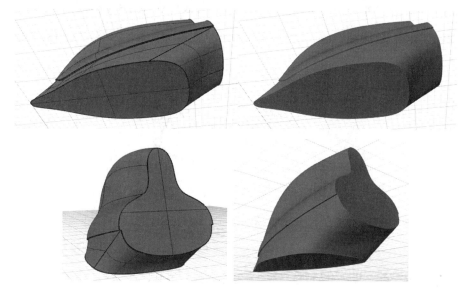

图 7-182　以平面曲线建立曲面

7.2.3　切割形体和制作手柄

下面切割出产品表面的手柄洞口与前端的喷水孔、调节按钮的基底面，具体操作如下。

STEP 1 单击工具列中的 ▧ 【控制点曲线】工具，参考底图绘制图7-183所示的蓝色曲线。

STEP 2 复制两条曲线后微调形态，如图7-184所示。

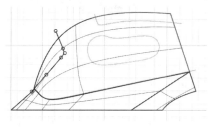

图 7-183　绘制曲线　　　　图7-183　彩图　　　　图 7-184　复制两条曲线

STEP 3 单击工具列中的 ▦ / ▨ 【放样】工具，在弹出的【放样选项】对话框中将【造型】选项栏的选项设置为【标准】，放样的结果如图7-185所示。

STEP 4 单击工具列中的 🔘 / 🔘【布尔运算差集】工具，利用放样的曲面修剪电熨斗机身前侧部分，如图7-186所示。

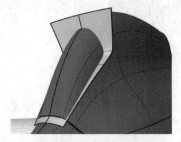

图 7-185　放样形成曲面　　　　　　　　　　　图 7-186　布尔运算差集

STEP 5 单击工具列中的 🔘【控制点曲线】工具，参考底图绘制图7-187所示的曲线。

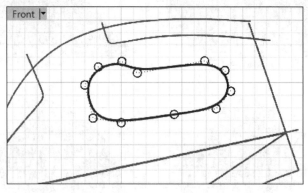

图 7-187　绘制曲线

STEP 6 单击工具列中的 🔘 / 🔘【直线挤出】工具，将绘制好的曲线沿直线挤出，指令提示栏选项修改为"两侧（B）=是"，挤出效果如图7-188所示。

STEP 7 确认挤出曲面的法线方向朝外，然后单击工具列中的 🔘 / 🔘【布尔运算差集】工具，做布尔运算，如图7-189所示。

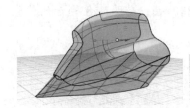

图 7-188　挤出成面　　　　　　　　　　　图 7-189　布尔运算差集

STEP 8 单击工具列中的 🔘 / 🔘【不等距边缘圆角】工具，圆角大小为"10"，圆角效果如图7-190所示。

STEP 9 单击工具列中的 🔘 / 🔘【不等距边缘圆角】工具，选择图7-191所示的边缘圆角，圆角大小分别为"2"与"5"，半径位置设置如图7-191左图所示，圆角效果如图7-191右图所示。

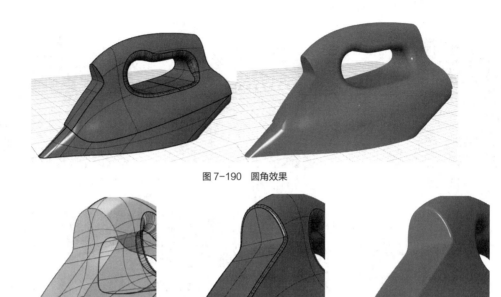

图 7-190　圆角效果

图 7-191　边缘圆角

STEP 10 单击工具列中的 / 【不等距边缘圆角】工具，然后对曲面分界处的边缘做圆角效果，圆角大小为 "0.5"，圆角前后效果如图7-192所示。

图 7-192　圆角前后效果对比

STEP 11 直接以 / 【不等距边缘圆角】工具对尾部的曲面边缘做圆角处理，会发现倒角不能成功。所以先不要倒角，单击工具列中的 / 【复制边缘】工具，提取尾部的曲线，并在曲线的尖角转折处各修剪掉一小段曲线，然后用 / 【可调式混接曲线】工具生成过渡曲线。最后组合曲线，得到图7-193所示的一条闭合曲线。

STEP 12 单击工具列中的 / 【圆管（平头盖）】工具形成曲面，圆管半径为 "2"，效果如图7-194所示。

STEP 13 单击工具列中的 【分割】工具，用圆管分割曲面，并删除圆管与中间的曲面，形成图7-195所示的缝隙。

STEP 14 单击工具列中的 / 【混接曲面】工具混接圆角，发现混接结果不是太好，提取曲面边缘放大看局部，曲线有自相交，如图7-196所示，删除自相交处的CV点，然后将尾部的平面取消修剪，再用调整后的曲线重新修剪尾部的曲面。

图 7-193　闭合曲线

图 7-194　形成圆管曲面

图 7-195　分割曲面

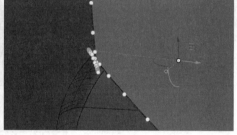

图 7-196　重新修剪曲面

STEP 15 单击工具列中的 🖊 / 🖋 【混接曲面】工具，重新混接曲面，效果如图 7-197 所示。再将前面做好的所有曲面组合为一个实体。

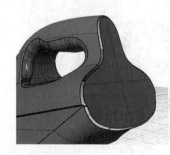

图 7-197　混接曲面

STEP 16 绘制图 7-198 所示的与尾部平面平行且间距为 "0.5" 的两条平行线。

STEP 17 单击工具列中的 🔲 / 🔲 【直线挤出】工具，将绘制好的两条直线挤出，指令提示栏选项修改为 "两侧（B）=是"，挤出效果如图 7-199 所示。

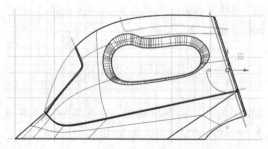

图 7-198　绘制两条直线

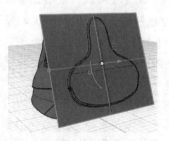

图 7-199　挤出成面

STEP 18 单击工具列中的 / 【布尔运算分割】工具，用挤出曲面分割机体部分，然后删除细小间隙，制作出分模线效果，如图7-200所示。

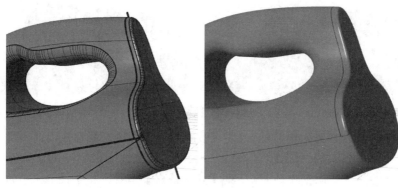

图 7-200　分割曲面形成分模线

STEP 19 单击工具列中的 【抽离曲面】工具，抽离曲面并仅保留图7-201所示的曲面。

STEP 20 单击工具列中的 【控制点曲线】工具，绘制图7-202所示的曲线。

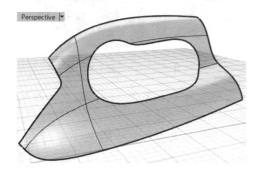
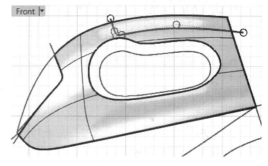

图 7-201　抽离曲面　　　　　　　　　　图 7-202　绘制曲线

STEP 21 单击工具列中的 / 【直线挤出】工具，将曲线沿直线挤出，指令提示栏选项修改为"两侧（B）=是"，挤出效果如图7-203所示。

STEP 22 单击工具列中的 / 【偏移曲面】工具，将挤出的曲面向外偏移1个单位，机体曲面向内外偏移1个单位，指令提示栏选项修改为"松弛（L）=是"，效果如图7-204所示。

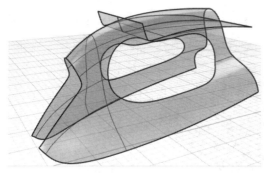
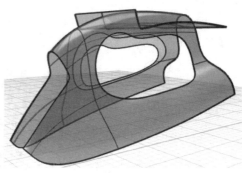

图 7-203　挤出曲面　　　　　　　　　　图 7-204　偏移曲面

STEP 23 单击工具列中的 / 【布尔运算分割】工具，曲面之间做分割运算处理，删除不要的曲面，分模线效果如图7-205所示。

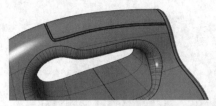 

图7-205　分模线效果

STEP 24 单击工具列中的 / 【复制边缘】工具，提取底面的曲线，利用操作轴调整曲线，效果如图7-206所示。

STEP 25 单击工具列中的 / 【直线挤出】工具，指令提示栏中的【实体】选项修改为"是"，挤出形成封闭实体，效果如图7-207所示。

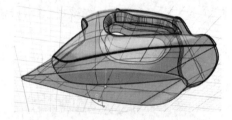 

图7-206　复制并调整曲线　　　　　　　　图7-207　挤出成实体

STEP 26 利用操作轴调整曲线，并挤出曲面形成熨斗底部金属板，效果如图7-208所示。

STEP 27 单击工具列中的 【抽离曲面】工具，抽离出STEP27挤出曲面的侧面，并删除，效果如图7-209所示。

图7-208　挤出形成曲面　　　　　　　　图7-209　删除侧面

STEP 28 单击工具列中的 / 【混接曲面】工具，利用挤出曲面的上下曲面边缘混接形成侧面有弧度的曲面，效果如图7-210所示。

图7-210　混接曲面

7.2.4　制作旋钮等细节

旋钮、喷嘴等部件可以增加产品的细节表现，使产品结构更丰富，渲染效果更精细，是不可忽视的建模细节部分。具体操作如下。

STEP 1 单击工具列中的 ⚲【多重直线】工具、⊘【圆：中心点、半径】工具，绘制图7-211所示的曲线。

STEP 2 单击工具列中的 ✄【修剪】工具与 ⌐【曲线圆角】工具，参考图7-212所示的标注修剪曲线，并做圆角处理。

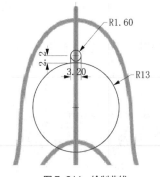

图 7-211　绘制曲线

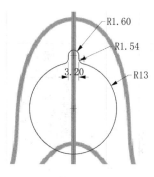

图 7-212　修剪后圆角处理

STEP 3 单击工具列中的 ⚲【多重直线】工具，参考图7-213绘制直线。

STEP 4 单击工具列中的 ⌐ / ⌐【可调式混接曲线】工具，参考图7-214混接曲线。

STEP 5 单击工具列中的 ▷【圆弧：中心点、起点、角度】工具，参考图7-215绘制圆弧。绘制完成后将STEP3～STEP5中绘制好的曲线组合成4条封闭曲线。

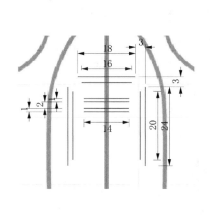

图 7-213　绘制直线

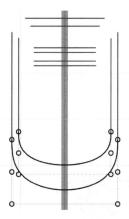

图 7-214　混接曲线

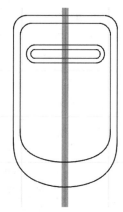

图 7-215　绘制圆弧

STEP 6 单击工具列中的 🖧【组合】工具，将前面绘制的曲线组合为5条封闭曲线。在【Front】窗口中调整曲线的间距，大小参考图7-216所示的标注。

STEP 7 单击工具列中的 ▨ / ▤【直线挤出】工具，参考图7-217将两条曲线挤出成面。

STEP 8 单击工具列中的 ▨ / ◉【以平面曲线建立曲面】工具，以图7-218所示的曲线建立曲面。

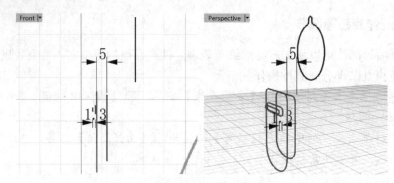

图7-216　曲线的间距

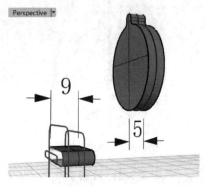

图7-217　挤出成面

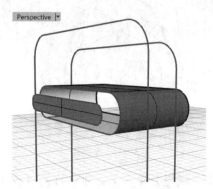

图7-218　以平面曲线建立曲面

STEP 9 单击工具列中的 ⬚ / ⬚ 【放样】工具，选择STEP7与STEP8的两个曲面的曲面边缘，在指令提示栏中显示"移动曲线接缝点，按Enter键完成"步骤时单击选择"原本的（N）"选项。在弹出的【放样选项】对话框中设置【造型】选项栏的选项为【标准】，勾选【与起始端边缘相切】和【与结束端边缘相切】复选框，放样的结果如图7-219所示。

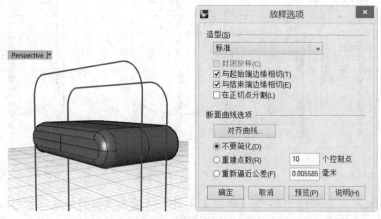

图7-219　放样形成曲面

STEP 10 单击工具列中的 ⬚ / ⬚ 【放样】工具，选择STEP5中外侧的两条封闭曲线，在指令提示栏中显示"移动曲线接缝点，按Enter键完成"步骤时单击选择"原本的（N）"选项。在弹出的【放样选项】对话框中设置【造型】选项栏的选项为【标准】，放样的结果如图7-220所示。

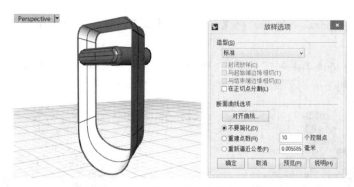

图 7-220　放样形成曲面

STEP 11 单击工具列中的 🔲 / ⭕ 【以平面曲线建立曲面】工具，以图7-221所示的曲线建立曲面。

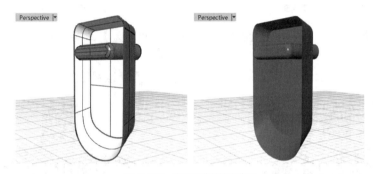

图 7-221　以平面曲线建立曲面

STEP 12 单击工具列中的 🔷 / 🔶 【2点定位】工具，将调节按钮定位到曲面上，如图7-222所示。

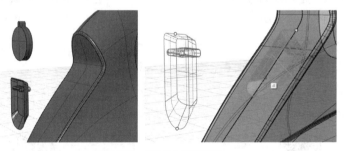

图 7-222　将物件定位到曲面上

STEP 13 单击工具列中的 🔧 【修剪】工具，修剪掉多余的曲面，效果如图7-223所示。

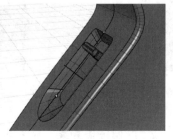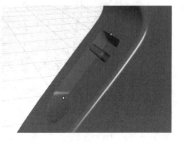

图 7-223　修剪曲面

STEP▲**14** 单击工具列中的↙【抽离曲面】工具，将旋钮的侧面提取出来，如图7-224所示。

STEP▲**15** 单击工具列中的◈ / ◈【偏移曲面】工具，将圆形旋钮的侧面向外偏移0.5个单位，并沿侧面方向单轴放大一些，如图7-225所示。

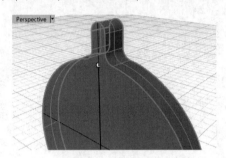
图7-224　提取侧面

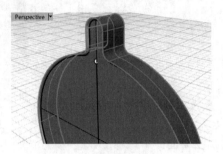
图7-225　偏移并放大曲面

STEP▲**16** 单击工具列中的◈ / ◈【将平面洞加盖】工具，将偏移后的曲面加盖成实体，如图7-226所示。

STEP▲**17** 单击工具列中的∧【多重直线】工具，绘制图7-227所示的直线。

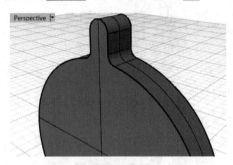
图7-226　加盖

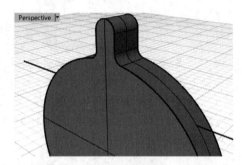
图7-227　绘制直线

STEP▲**18** 单击工具列中的▨ / ▣【直线挤出】工具，指令提示栏里面【两侧】选项修改为"是"，将直线挤出成曲面，如图7-228所示。

STEP▲**19** 单击工具列中的◈ / ◈【布尔运算差集】工具，用挤出面分割实体，效果如图7-229所示。

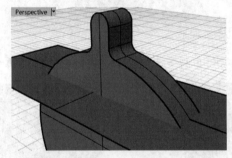
图7-228　直线挤出

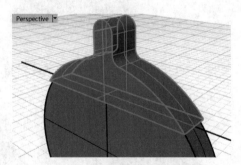
图7-229　布尔运算差集

STEP▲**20** 单击工具列中的∧ / ◔【直线：曲面法线】工具，在要摆放旋钮的位置绘制一条曲面法线，再在旋钮中轴上绘制一条直线，效果如图7-230所示。

STEP 21 单击工具列中的 ⬚ / ◈ 【2点定位】工具，指令提示栏里面【复制】选项修改为"是"，再将旋钮定位到曲面法线方向上，效果如图7-231所示。

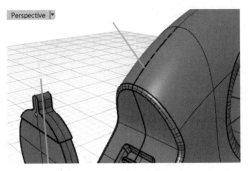

图 7-230　绘制曲面法线

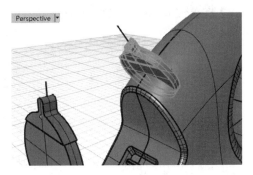

图 7-231　定位物体

STEP 22 单击工具列中的 ⬚ 【移动】工具，利用【最近点】捕捉，沿着曲面法线调整定位后的旋钮到图7-232所示的位置。

STEP 23 单击工具列中的 ◐ / ◑ 【布尔运算差集】工具，利用定位调整后的STEP19中做好的只剩一半的旋钮剪掉电熨斗机体面，露出旋钮，如图7-233所示。

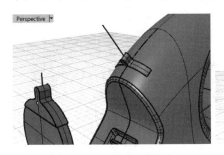

图 7-232　调整定位后的物件

图 7-233　布尔运算差集

STEP 24 单击【标准】工具列中的 ● 【着色】工具，查看目前的曲面状态，目前模型着色效果如图7-234所示。

图 7-234　模型着色效果

7.2.5　制作电线与产品 Logo

电线、接头等部件可以丰富渲染场景，Logo、文字图标等可以丰富渲染细节，具体操作如下。

STEP 1 在视图中参考图7-235绘制曲线。

STEP 2 单击工具列中的 🔲 / 🔑【旋转成形】工具，将STEP1绘制好的曲线旋转成面，效果如图7-236所示。

STEP 3 将STEP1绘制好的曲线炸开，选择中间的圆弧曲线，如图7-237所示。

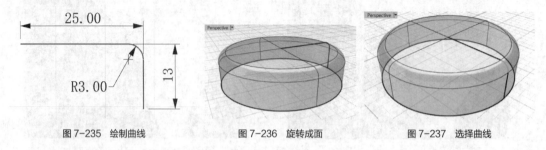

图 7-235 绘制曲线　　　图 7-236 旋转成面　　　图 7-237 选择曲线

STEP 4 单击工具列中的 🔳/ 🔵【圆管（圆头盖）】工具形成曲面，圆管半径为"0.5"，效果如图7-238所示。

STEP 5 单击工具列中的 🔳/ 🔵【环形阵列】工具，旋转曲面的中心点为基点，阵列数为"60"，阵列360°，效果如图7-239所示。

STEP 6 单击工具列中的 🔵 / 🔵【布尔运算差集】工具，利用阵列的物件剪掉旋钮曲面，效果如图7-240所示。

图 7-238 圆管曲面　　　图 7-239 阵列　　　图 7-240 布尔运算差集

STEP 7 单击工具列中的 🔳/ 🔷【2点定位】工具，将做好的旋钮定位到曲面上，效果如图7-241所示。

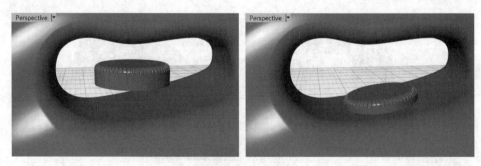

图 7-241 定位旋钮

STEP 8 参考图7-242绘制曲线，虚线是旋转轴，将绘制好的剖面组合起来。

STEP 9 单击工具列中的 🔲 / 🔑【旋转成形】工具，将STEP8绘制的曲线以虚线为旋转轴旋转成面，效果如图7-243所示。

STEP 10 参考图7-244绘制曲线，再沿虚线镜像一份，将绘制好的线组合起来。

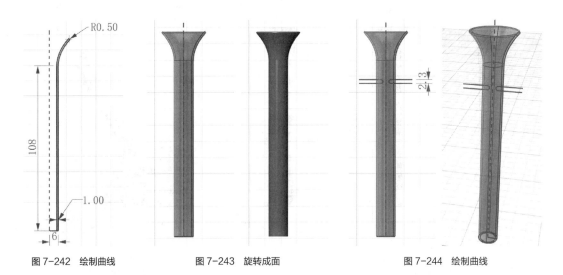

图 7-242　绘制曲线　　　　　　　图 7-243　旋转成面　　　　　　　图 7-244　绘制曲线

STEP 11 单击工具列中的 ▨ / ▥【直线挤出】工具，将STEP10绘制的曲线挤出成面，效果如图7-245所示。

STEP 12 将挤出的曲面沿z轴向下复制5份，间距为"13"，效果如图7-246所示。

STEP 13 将复制后的曲面群组后再复制一份，并旋转90°，沿z轴向下移动7.5个单位，效果如图7-247所示。

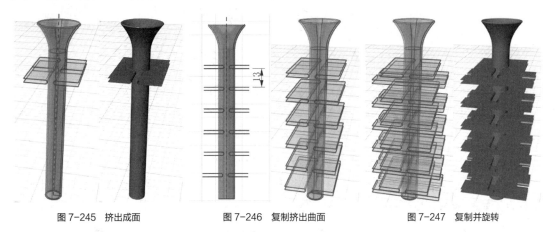

图 7-245　挤出成面　　　　　　　图 7-246　复制挤出曲面　　　　　　图 7-247　复制并旋转

STEP 14 单击工具列中的 ◔ / ◕【布尔运算差集】工具，利用复制的物件剪掉旋转成形的曲面，效果如图7-248所示。

STEP 15 单击工具列中的 ▣ / ⬤【球体：中心点、半径)】工具，在底部位置创建一个半径为"12.5"的球体，效果如图7-249所示。

STEP 16 将图7-249所示的所有物件群组，然后单击工具列中的 ◪ / ◈【2点定位】工具，将群组后的物件定位到电熨斗把手尾部，效果如图7-250所示。

STEP 17 单击工具列中的 ◝【控制点曲线】工具和 ⊤【文字物件】工具，绘制图7-251所示的图形。

STEP 18 单击工具列中的 ◪ / ◈【2点定位】工具，参考图7-252所示的位置和角度摆放图形。

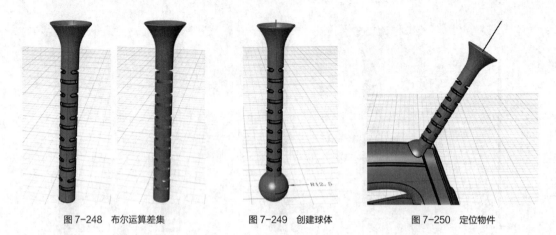

图 7-248　布尔运算差集　　　　　图 7-249　创建球体　　　　　图 7-250　定位物件

图 7-251　Logo 与标识图形

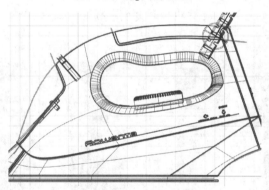

图 7-252　定位 Logo 与标识图形

STEP **19** 单击工具列中的 凸【分割】工具，用STEP18摆放的图形分割电熨斗的机身曲面，效果如图7-253所示。

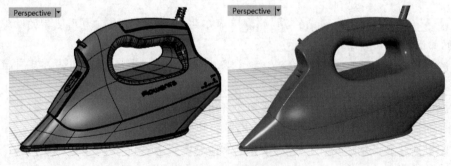

图 7-253　分割效果

STEP **20** 单击工具列中的 ◯【控制点曲线】工具，绘制图7-254所示的两条曲线。

STEP **21** 单击工具列中的 ▨ / ▥【直线挤出】工具，将STEP20绘制的曲线挤出成面，效果如图7-255所示。

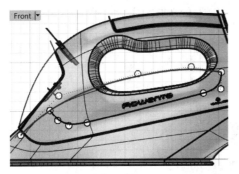

图 7-254　绘制曲线

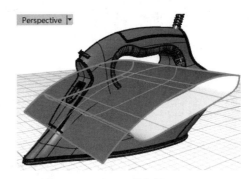

图 7-255　挤出成面

STEP 22 单击工具列中的 ⬚【分割】工具，利用挤出曲面分割电熨斗机体，然后删掉挤出曲面，分割后的效果如图7-256所示。

STEP 23 选择图7-256所示的分割后的水箱部件，单击工具列中的 🖋 / 🖋【偏移曲面】工具，指令提示栏里的【实体】选项修改为 "是"，【距离】修改为 "0.5"，向内偏移曲面，形成有厚度的水箱壳体，效果如图7-257所示。

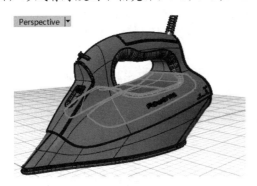

图 7-256　分割机体

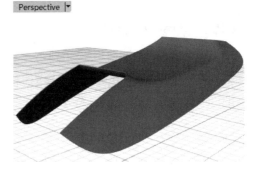

图 7-257　偏移曲面

STEP 24 单击工具列中的 ⬚【控制点曲线】工具，绘制图7-258所示的曲线；单击工具列中的 ⬚ / ⬚【衔接曲线】工具，使绘制好的曲线与相接的直线相切连续。

STEP 25 单击工具列中的 ⬚ / ⬚【圆管（平头盖）】工具形成曲面，效果如图7-259所示。

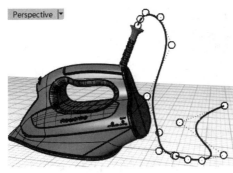

图 7-258　绘制曲线

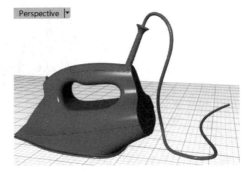

图 7-259　圆管

STEP 26 再依照前面增加小部件的方式，制作出其他按钮与细节，建模方式和前面的部件建模方式相似，这里不再赘述，最终的电熨斗建模效果如图7-260所示。

图 7-260　最终建模效果

7.2.6　KeyShot 渲染

下面使用 KeyShot 对构建的模型进行渲染，最终渲染效果如图 7-261 所示。

为方便对模型进行渲染，首先应按照模型的材质与色彩进行分层。因为线不需要渲染，所以把"线"单独分成一层并隐藏，其余各个部分根据材质不同分别放置在不同的图层内。

图 7-261　最终渲染效果

STEP 1 启动KeyShot，新建一个文件，将文件以"电熨斗.bin"为名保存。

STEP 2 在KeyShot中打开构建的电熨斗模型，如图7-262所示。

STEP 3 单击【库】按钮，如图7-263所示。

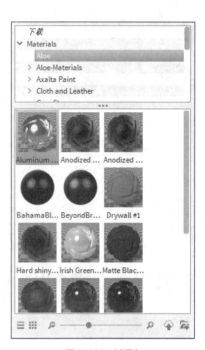

图 7-262 导入模型

图 7-263 材质库

STEP 4 在【材质】选项卡中打开【Paint】选项栏，如图7-264所示，选择一款黑色的烤漆材质拖曳到主体面上，如图7-265所示。

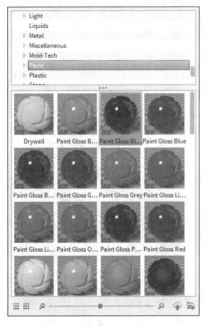

图 7-264 【Paint】材质

图 7-265 材质效果

STEP 5 单击【库】按钮，切换到【环境】选项卡，保持默认的环境图，再设置【背景】为【色彩】模式，并将颜色调整为白色，然后单击【HDRI编辑器】按钮，参照图7-266增加两盏灯。

图 7-266　调节环境

STEP 6 先赋予电熨斗一个【Aloe】/【Silicone硅胶】材质，在材质库里面任意选择该类的一个材质，拖曳到电熨斗水箱部件上。双击该部件编辑材质，材质的参数设置如图7-267所示。这是一个绿色的半透明材质，效果如图7-268所示。

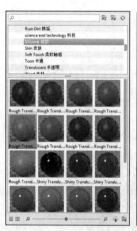

图 7-267　编辑材质

图 7-268　材质效果

STEP 7 在【项目】面板【材质】选项卡下的【标签】选项栏中单击 按钮，为材质增加一个标签，将标签的材质类型修改为【油漆】，再单击【材质图】按钮，在弹出的【材质图】对话框中编辑标签材质，右键单击【材质图】对话框内的空白区域，在弹出的快捷菜单中选择【纹理】/【颜色渐变】命令，再将其链接到标签材质的【透明度】通道内。【颜色渐变】纹理的参数设置如图7-269所示，材质渲染效果如图7-270所示。

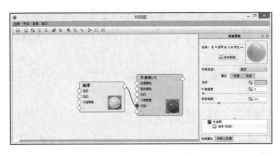

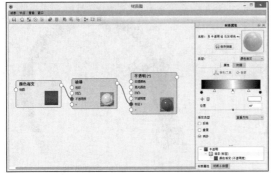

图 7-269 编辑材质　　　　　　　　图 7-270 材质效果

STEP 8 将STEP6中的材质复制给其下的部件，并取消材质的链接关系，然后双击该部件，在【项目】面板【材质】选项卡下的【标签】选项栏中单击 + 按钮，为材质增加一个标签，将标签的材质类型修改为【塑料】；再单击【材质图】按钮，在弹出的【材质图】对话框中编辑标签材质，右键单击【材质图】对话框内的空白区域，在弹出的快捷菜单中选择【纹理】/【污点】命令，再将其链接到标签材质的【透明度】通道内。【污点】纹理的参数设置如图7-271所示，材质渲染效果如图7-272所示。

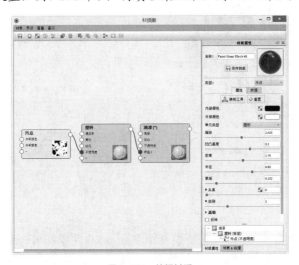

图 7-271 编辑材质　　　　　　　　图 7-272 材质效果

STEP 9 在材质库中任意拖曳一个材质球到电线上，然后双击电线，在【项目】面板【材质】选项卡下单击【材质图】按钮，在弹出的【材质图】对话框中编辑标签材质。右键单击【材质图】对话框内的空白区域，在弹出的快捷菜单中选择【纹理】/【纹理贴图】命令，参照图7-273链接到相应的通道内，然后调整这个【纹理贴图】的参数。纹理图片可以使用本书配套资源中的"criss-cross_white.jpg、criss-cross_spec.jpg、criss-cross_norm.jpg"贴图。材质渲染效果如图7-274所示。

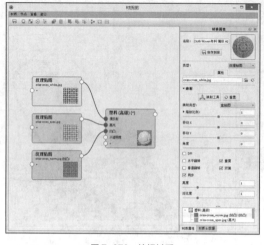

图 7-273　编辑材质

图 7-274　材质效果

STEP 10 电熨斗其他部件的材质直接使用默认材质库内的金属或塑料材质即可，不需要额外调整。可多试几个材质，搭配出满意的效果。最终渲染效果如图7-275所示。满意后即可输出清晰度更高的大图。

图 7-275　最终渲染效果

小结

本章通过剃须刀和电熨斗两个实例的建模与渲染，系统地介绍 Rhino 5.0 建模和 KeyShot 渲染的基本方法和要点，内容涉及 Rhino 建模中各种曲面成型的命令和方法，如放样、挤出、单轨和双轨扫掠、旋转及布尔运算等常见命令，以及混接曲面、衔接曲面等构建辅助曲面的操作，渲染方面有基本材质的调节、灯光及场景的设置、相关参数的设置等内容。通过本章的学习，相信读者会对小家电类产品的设计要点及建模、渲染方法有更深刻的理解。